Innovative Design

创新设计丛书
上海交通大学设计学院总策划

国家公园生态系统评价与管理

陶 聪

著

上海交通大学出版社
SHANGHAI JIAO TONG UNIVERSITY PRESS

内容提要

从 2013 年 11 月十八届三中全会提出要"建立国家公园体制",到 2018 年 3 月我国国家公园管理局正式成立,初步建立了我国国家公园的体制。除了管理体制外,科学合理的管理方法也是国家公园得以健康发展的重要支撑。本书引入生态系统管理思想,结合我国国家公园的现实状况,构建了适合我国国家公园特征的生态系统管理的理论和方法体系,从管理方法层面探讨了我国国家公园可持续发展的技术路径,可为我国国家公园的建设发展提供技术支持。

图书在版编目(CIP)数据

国家公园生态系统评价与管理/陶聪著. 一上海:上海交通大学出版社,2019
ISBN 978 - 7 - 313 - 22549 - 8

Ⅰ.①国… Ⅱ.①陶… Ⅲ.①国家公园-生态系-系统评价-研究-中国②国家公园-生态系-系统管理-研究-中国 Ⅳ.①S759.992

中国版本图书馆 CIP 数据核字(2020)第 134120 号

国家公园生态系统评价与管理
GUOJIA GONGYUAN SHENGTAI XITONG PINGJIA YU GUANLI

著　　者:陶　聪
出版发行:上海交通大学出版社　　　　　地　　址:上海市番禺路 951 号
邮政编码:200030　　　　　　　　　　　电　　话:021 - 64071208
印　　制:当纳利(上海)信息技术有限公司　经　　销:全国新华书店
开　　本:710mm×1000mm　1/16　　　　印　　张:20.25
字　　数:318 千字
版　　次:2019 年 12 月第 1 版　　　　　印　　次:2019 年 12 月第 1 次印刷
书　　号:ISBN 978 - 7 - 313 - 22549 - 8
定　　价:78.00 元

前言

　　自 2013 年党的十八届三中全会提出要"建立国家公园体制"以来,国家公园的研究成了热点。近年来国家公园的相关研究主要集中于对国家公园管理体制的探讨,而对于国家公园具体规划管理方法的研究并不多。其实除了管理体制外,合理可行的管理方法也是国家公园得以健康发展的重要保障。本书主要从管理的技术方法层面探讨我国国家公园的管理问题,以期对我国国家公园的建设发展提供技术支撑。

　　我国保护地管理中普遍存在忽视保护地生态系统的整体性特征、管理方法不够科学、规划管理体系缺乏反馈机制和适应性、忽视社区的合理发展需求等问题,使得我国保护地的保护管理总是难以达到预期效果。从国际经验看,与我国国家公园相类似的各国国家公园和世界自然保护联盟(IUCN)保护地都采用了生态系统管理的方法,并取得了一定成效。生态系统管理是由于人们对生态系统认识不断深化而出现的管理方法,是一种遵循生态系统特征的具有综合性、系统性、适应性的管理方法。由此,本书认为我国国家公园管理也有必要引入生态系统管理思想,通过对整个国家公园生态系统的管理来实现资源保护,协调人与自然的关系,促进国家公园的可持续发展。

　　但是生态系统管理方法尚不成熟,当前还没有一个统一的操作模式,需要根据不同的研究对象,来制订与之相适应的具体的生态系统管理模式。根据文献研究发现,我国当前对保护地进行生态系统管理的研究和实践还很少见,各国国家公园也还没有形成统一的生态系统管理模式,而 IUCN 提出的生态系统管理原则也较为笼统,难以直接借用。因此,本书尝试构建适合我国国家公园特征的生态系统管理的理论和方法体系。

由于生态系统管理是基于生态系统特征的管理，所以，首先需要了解我国国家公园生态系统特征，然后弄清楚我国国家公园生态系统管理需要解决的基本理论问题以及如何构建国家公园生态系统管理方法体系，最后还要验证该方法体系的可行性。

为了实现上述目标，本书设计了四个部分的研究内容。第一部分主要论述了研究背景、研究问题、研究目的和意义、相关概念界定、研究技术路线和方法、文献综述等内容；第二部分主要是国家公园生态系统管理的理论分析，包括生态系统管理理论阐释，国家公园生态系统研究，国家公园生态系统管理目标、基本原理、管理思路和原则的探讨以及管理方法体系的建构；第三部分详细阐释了国家公园生态系统管理方法体系，包括国家公园生态系统可持续评价方法、国家公园生态系统胁迫机制分析方法和国家公园生态系统调控管理方法；第四部分总结了本书的主要研究内容和结论以及探讨了国家公园生态系统的研究前景。

本书完成过程中，得到同济大学吴承照教授的悉心指导，以及同济大学沈清基教授、金云峰教授、严国泰教授、张德顺教授、吴伟教授，华东师范大学的蔡永立教授和上海交通大学的陆邵明教授等前辈们的鼓励与支持。在案例研究中，天目山自然保护区管理局的王祖良书记、赵明水高工等管理者为作者提供了大量的基础资料，并在工作上给予大力支持。在此，谨向他们致以最衷心的感谢！

本书出版得到了上海交通大学设计学院学术著作出版基金、国家社科基金重点项目"国家公园管理规划理论及其标准体系研究(14AZD107)"、国家青年科学基金项目"基于健康目标的大城市社区公园景观绩效评价和优化研究(51708343)"的资助。

目 录

第一章

绪　　论

第一节　研究背景和研究意义

2013 年,十八届三中全会《中共中央关于全面深化改革若干重大问题的决定》中提出"建立国家公园体制",之后国家公园的研究渐成热点。2015 年发布的《中共中央　国务院关于加快推进生态文明建设的意见》《生态文明体制改革总体方案》等相关政策文件对建立国家公园制度做了进一步明确;继《建立国家公园体制试点方案》《国家公园 2015 工作要点与实施方案大纲》等文件的发布,我国先期建立了 9 个国家公园试点,后增加到 11 个[①]。通过国家公园试点,不断探索和调整国家公园体制建设。2017 年 9 月国务院发布了《建立国家公园体制总体方案》,这是我国国家公园体制建设的纲领性文件,该文件系统阐明了我国国家公园体制建设的内涵、目标和定位,并指出到 2020 年我国将正式设立第一批国家公园,到 2030 年,国家公园体制将更加健全。2017 年 10 月,十九大报告进一步明确要"建立以国家公园为主体的自然保护地体系"。2018 年 3 月,中共中央根据《深化党和国家机构改革

---

① 2017 年新增祁连山国家公园试点,2019 年新增海南热带雨林国家公园试点。

方案》,组建了中华人民共和国国家公园管理局,隶属于自然资源部。国家公园管理局负责管理以国家公园为主体的自然保护地体系。国家公园管理局成立后,自然保护地纳入统一管理,改变了过去"九龙治水"的混乱状况,我国国家公园体制建立迈出了重要一步。2019年6月,国务院发布了《关于建立以国家公园为主体的自然保护地体系的指导意见》,从多角度对我国国家公园体制建设提出了具体指导意见。社会各界关于我国国家公园建设的讨论逐渐从最初的是否有必要建立国家公园转向如何更好地建立我国国家公园体制的问题上来。

从建立国家公园体制的背景来看,我国设立国家公园并不仅是为了引入国际模式来建设几个保护地,而是要实践以制度保障生态文明建设的目标[①]。当前需要对我国所有类型的保护地进行统一梳理,破除保护地体系混乱、多头管理、利益相争、管理问题凸显、保护不力等问题,根本上解决中国保护地体系管理中的深层问题和矛盾,建立更加"系统性、整体性、协同性"的保护地管理体系[②],完善我国的自然保护管理体制,从而促进保护地事业健康发展,这对我国的经济发展、文化传承、社会稳定等都有重要意义。

一、我国国家公园的相关界定

我国国家公园体制尚未健全,对于我国国家公园建设还没有形成普遍性的共识,对此本书认为在探讨我国国家公园管理方法问题之前首先有必要对我国国家公园的相关内容进行界定。

1. 我国国家公园的定义

国家公园这个概念在国内外并没有通用的严格定义。我国2015年5月发布的《中共中央 国务院关于加快推进生态文明建设的意见》指出要"建立国家公园体制,实行分级、统一管理,保护自然生态和自然文化遗产原真性、完整性"。2015年9月中央发布的《生态文明体制改革总体方案》又指出,"国家公园实行更严格保护,除不损害生态系统的原住民生活生产设施改造和自然观光科研教育旅游外,禁

---

① 吴承照,刘广宁. 中国建立国家公园的意义[J]. 旅游学刊,2015(06):14-16.
② 杨锐. 论中国国家公园体制建设中的九对关系[J]. 中国园林,2014(08):5-8.

止其他开发建设,保护自然生态和自然文化遗产原真性、完整性"。2017年9月我国在《建立国家公园体制总体方案》中对国家公园进行了定义:国家公园是指由国家批准设立并主导管理,边界清晰,以保护具有国家代表性的大面积自然生态系统为主要目的,实现自然资源科学保护和合理利用的特定陆地或海洋区域①。文件还指出国家公园是我国自然保护地最重要类型之一,首要功能是保护重要自然生态系统的原真性、完整性,同时兼具科研、教育、游憩等综合功能。可见我国国家公园是一种承担自然文化资源保护和利用双重任务,能够有效协调保护与利用矛盾的保护地类型②。

2. 国家公园与国家公园制度的关系

从我国相关文件对国家公园的规定③来看,国家公园应该是我国自然保护地体系中的一个类别。但从我国建立国家公园制度的目的看,建立国家公园体制就是为了解决中国自然保护地管理中的多头管理的问题和矛盾④,所以,国家公园体制应该包含整个自然保护地体系⑤。美国国家公园体系就包括国家公园、国家纪念物、国家保护区、国家禁猎地、国家海洋、国家历史区、国家历史公园等⑥。

我国国家公园制度在建构初期存在的主要分歧点之一是将我国当前的保护地体系全部打乱重组,还是保留我国原有九大类保护地类型,并将国家公园列为第10类⑦。鉴于自然保护区、风景名胜区、国家森林公园、国家地质公园等各类保护地,经过长期的发展已经形成了相对成熟和稳定的管理模式,所以《建立国家公园体制总体方案》已经明确指出,我国国家公园是我国自然保护地的一个新类型,而且是最重要的类型。

那么,国家公园与其他类型的保护地是什么关系? 2017年10月,十九大报告

① 引自2017年9月中共中央、国务院发布的《建立国家公园体制总体方案》。
② 周睿,钟林生,刘家明,等.中国国家公园体系构建方法研究——以自然保护区为例[J].资源科学,2016(04):577-587.
③ 《建立国家公园体制总体方案》指出,国家公园是我国自然保护地最重要类型之一。
④ 《生态文明体制改革总体方案》指出,要改革各部门分头设置自然保护区、风景名胜区、文化自然遗产、地质公园、森林公园等的体制,对上述保护地进行功能重组。
⑤ 杨锐.论中国国家公园体制建设中的九对关系[J].中国园林,2014(08):5-8.
⑥ 欧阳志云,徐卫华.整合我国自然保护区体系,依法建设国家公园[J].生物多样性,2014(04):425-427.
⑦ 王佳鑫,石金莲,常青,等.基于国际经验的中国国家公园定位研究及其启示[J].世界林业研究,2016(29):58.

明确指出要"建立以国家公园为主体的自然保护地体系"。2019 年 6 月,国务院印发的《关于建立以国家公园为主体的自然保护地体系的指导意见》中,按照自然生态系统原真性、整体性、系统性及其内在规律,依据管理目标,将自然保护地按生态价值和保护强度高低依次分为以下 3 类。

国家公园:是指以保护具有国家代表性的自然生态系统为主要目的,实现自然资源科学保护和合理利用的特定陆域或海域,是我国自然生态系统中最重要、自然景观最独特、自然遗产最精华、生物多样性最富集的部分,保护范围大,生态过程完整,具有全球价值、国家象征,国民认同度高。

自然保护区:是指保护典型的自然生态系统、珍稀濒危野生动植物种的天然集中分布区、有特殊意义的自然遗迹的区域。具有较大面积,确保主要保护对象安全,维持和恢复珍稀濒危野生动植物种群数量及赖以生存的栖息环境。

自然公园:是指保护重要的自然生态系统、自然遗迹和自然景观,具有生态、观赏、文化和科学价值,可持续利用的区域。确保森林、海洋、湿地、水域、冰川、草原、生物等珍贵自然资源,以及所承载的景观、地质地貌和文化多样性得到有效保护。包括森林公园、地质公园、海洋公园、湿地公园等各类自然公园。

从而形成以国家公园为主体、自然保护区为基础、各类自然公园为补充的自然保护地体系。

3. 我国国家公园准入标准和包含范围

不是所有的保护地都可以成为国家公园的,需要确定其准入标准。

根据国家公园的内涵特征和功能目标,以及相关学者的研究[1][2],本书总结出我国国家公园的准入标准如下:①国家代表性,国家公园中的生态系统、物种、自然景观等资源在全球或国家层面具有代表性;②原真性,国家公园中的生态系统处于高质量的自然状态,人类活动没有留下永久性痕迹;③完整性,国家公园要具有高度原始性的完整的生态系统,应包含至少一个完整的生态系统的结构、过

---

[1] 王梦君,唐芳林,孙鸿雁,等. 我国国家公园总体布局初探[J]. 林业建设,2017(03):7-16.
[2] 杨锐. 中国国家公园设立标准研究[J]. 林业建设,2018(05):103-112.

程和功能;④适宜性,国家公园要具有一定规模范围,适宜开展科研、教育、游憩等活动。

国家公园作为新增的保护地类型,主要由现有保护地中符合国家公园基本特征和设立条件的保护地调整而成。根据以上国家公园的准入标准和我国现有各类保护地的特征,最有可能成为国家公园的主要是自然保护区和风景名胜区(见图1-1)①。

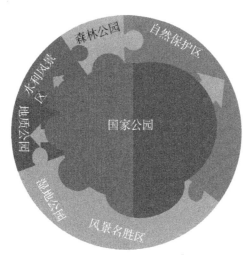

图 1-1 我国国家公园组成②

二、我国自然保护地管理存在的问题

我国各类自然保护地中资源破坏、保护效果不佳等问题都比较突出③④,除了管理体制存在缺陷外,管理方法不科学、不合理也是其重要原因。我国保护地管理的技术方法层面存在的问题主要有:

① 苏杨.大部制后三说国家公园和既有自然保护地体系的关系——解读《建立国家公园体制总体方案》之五(上)[J].中国发展观察,2018(09):44-47.
② 同上.
③ 苏杨,王蕾.中国国家公园体制试点的相关概念、政策背景和技术难点[J].环境保护,2015(14):17-23.
④ 杨锐.中国自然文化遗产管理现状分析[J].中国园林,2003,19(09):38-43.

1. 资源管理方面

我国的保护地往往重视对自然人文遗产资源的管理①，且往往将资源进行孤立管理，没有从整体来看待资源②。但是资源往往和周边环境紧密联系，就自然遗产资源而言，如古树名木、瀑布等，如果不从大的生态系统进行综合考虑，往往很难实现保护目的③。如果忽视对生态系统的整体考虑，仅对一个生态问题进行孤立的管理还可能导致其他生态问题的出现等④。

2. 规划管理方面

我国保护地体系中规划管理种类繁多，比如自然保护区、风景名胜区、森林公园等保护地分别形成了自己的规划管理体系，但繁多的规划类型、不同的规划要求，使不同规划间的矛盾频出⑤。现有的规划体系多处在总体规划层面，保护措施和原则较为笼统概括，缺少具体的控制手段，往往难以实施与管理⑥，且规划较为僵化，比如我国风景区总体规划的有效期为 20 年，期望通过一次规划就能解决未来20 年发展中遇到的所有问题是不现实的。规划管理又缺乏有效的信息反馈机制和规划调整的理念，在实践中难以应对实际情况的变化，因此，使得保护地规划常常难以发挥应有的作用⑦。

3. 社区发展方面

我国的自然保护区和风景名胜区等保护地大都居住着较多居民，当前管理往往主要从资源的保护利用角度出发，而忽视了社区的发展问题⑧。保护地的设立限制了居民对很多资源利用的权限，但是生态补偿严重不足，居民受到其负面影响，得不到正面的好处⑨⑩。这些都导致某些保护地居民对保护地管理工作产生对抗情绪，甚至采取某些不当行为阻碍保护地的可持续发展⑪。

---

① 刘锋，苏杨.建立中国国家公园体制的五点建议[J].中国园林，2014(08)：9－11.
② 魏民.试论中国国家公园体制的建构逻辑[J].中国园林，2014(08)：17－20.
③ 黄林沐，张阳志.国家公园试点应解决的关键问题[J].旅游学刊，2015(06)：1－3.
④ 杨锐.改进中国自然文化遗产资源管理的四项战略[J].中国园林，2003(10)：40－45.
⑤ 魏民.试论中国国家公园体制的建构逻辑[J].中国园林，2014(08)：17－20.
⑥ 严国泰，沈豪.中国国家公园系列规划体系研究[J].中国园林，2015(02)：15－18.
⑦ 张景华.风景名胜区保护培育规划技术手段研究[D].北京：北京林业大学，2011.
⑧ 胡洋，金笠铭.庐山风景名胜区居民社会问题与整合规划[J].城市规划，2006(10)：55－59.
⑨ 郭洁，赵宁.利益平衡视野下自然保护区农民利益保护研究[J].社会科学辑刊，2012(01)：84－86.
⑩ 曾彩琳.风景名胜区保护利用与居民权益保障的冲突与协调[J].中国园林，2013(07)：54－57.
⑪ 同上.

4. 公众参与方面

保护地居民的社会参与意识不强。在管理中,由于参与渠道不畅通、制度保障缺乏、信息公开不足等因素,社区居民、经营者、游客、科研机构等各利益相关者参与的力度和范围都十分有限①。由于社会参与不足,公众利益诉求难以得到保障,造成公众的生态环保意识薄弱,对保护地的保护政策和规划实施漠不关心,甚至有抵触情绪,这对保护地的生态保护和持续发展造成不利的影响。

正是因为管理方法层面存在以上的种种问题,我国保护地的保护管理才总是难以达到预期效果,所以改进当前的保护管理思路和方法技术显得十分必要。

三、国际经验借鉴

在国际上,与我国国家公园管理相似的有各国国家公园和世界自然保护联盟(IUCN)的保护地体系。

从国际经验来看,虽然美国国家公园管理方式也存在一些问题,但仍是公认的较为成功的保护地管理模式②。而 IUCN 是当今世界最广泛、最有代表性的自然保护组织③。它们的管理经验和教训值得我们学习和借鉴。

IUCN 在 1996 年成立了生态系统管理委员会,致力于生态系统管理方法的应用推广。IUCN 生态系统管理委员会在 2000 年《生物多样性公约》第五次缔约方大会上,推出了生态系统管理的 12 条原则,随后又提出了生态系统管理的五项行动指南。在 IUCN 的推动下,生态系统管理方法在全球范围内得到推广应用,取得了不错的效果。

可见,当前美国国家公园和 IUCN 保护地体系都积极倡导和推广生态系统管理理念和方法,并取得了一定的效果。

---

① 郑淑玲. 当前风景名胜区保护和管理的一些问题[J]. 中国园林,2000(03):12-14.
② 王蕾,苏杨. 从美国国家公园管理体系看中国国家公园的发展(上)[J]. 大自然,2012(05):14-17.
③ 王献溥. 自然保护实体与 IUCN 保护区管理类型的关系[J]. 植物杂志,2003(06):3-5.

四、我国国家公园引入生态系统管理思想的意义

从前面的论述中可以看到,我国当前保护地资源管理存在生态系统整体性特征缺乏、保护地社区的合理发展需求无法得到满足、规划管理体系缺乏反馈机制和适应性等缺陷,所以难以解决当前资源破坏和生态环境恶化等问题。从国际经验来看,美国国家公园和IUCN都将生态系统管理方法作为保护地资源管理的重要工具,并取得了一定成效。生态系统管理是因人们对生态系统认识的不断深化而出现的管理方法,正是一种遵循生态系统特征的综合性、系统性、科学性、适应性的管理方法。

因此,本书认为我国国家公园有必要引入生态系统管理理念,通过对整个国家公园生态系统的管理,充分考虑国家公园生态系统的整体性和系统性特征,兼顾人类的合理发展需求,尊重科学指导管理的理念,加强规划管理的反馈,以增加管理的灵活性和适应性,从而有效地保护自然和人文遗产资源,协调保护与利用的矛盾,实现国家公园的可持续发展(见图1-2)。

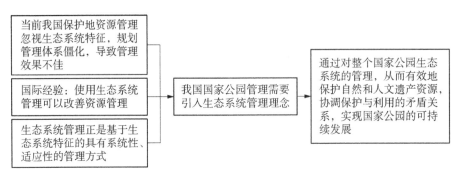

图1-2 我国国家公园进行生态系统管理的必要性

我国国家公园生态系统管理方法研究的逐步推进,有助于改进我国当前保护地的管理思想,改善管理方法和管理效果,为我国国家公园的建设发展提供技术支撑,具有重要的理论和现实意义。

第二节 相关概念界定

为了便于大家更好地理解,这里对一些主要概念进行阐释。

1. 生态系统

生态系统,是指在一定的空间范围内,生物群落与非生物环境相互作用共同构成的具有一定功能的统一整体[①]。生态系统和所有其他系统一样,是人们主观识别和想象的产物[②]。一般来讲,生态系统在概念上指的是一个空间单元,把特定生态系统作为研究对象时,可以根据研究目的对生态系统范围进行界定。

2. 国家公园生态系统

根据生态系统概念,国家公园生态系统可以表述为国家公园范围内的所有生物和非生物环境之间相互作用所形成的具有一定功能的统一整体。

根据前文中对我国国家公园内涵的界定,我国国家公园不仅包括了生物要素及非生物环境等自然要素,还包括了人类要素及其活动。由于我国公园的国家生态系统不仅要保护自然和人文遗产资源,还要为公众提供生活、旅游、科研等多种功能的服务。所以国家公园生态系统是一个包含自然和人类要素的复合生态系统,它既有自然生态系统的特性,又有经济社会系统的特性。

3. 国家公园生态系统评价

国家公园生态系统评价,主要是指对系统的可持续性进行的评价,即通过分析国家公园自然生态系统和人类系统的状况,了解它们是否处于可持续状态,并寻找可能存在的生态问题,以使其服务于生态系统管理的科学行为。

[①] 常杰,葛滢.生态学[M].北京:高等教育出版社,2010;曹凑贵.生态学概论[M].北京:高等教育出版社,2006;蔡晓明,蔡博峰.生态系统的理论和实践[M].北京:化学工业出版社,2012.

[②] 刘增文,李雅素,李文华.关于生态系统概念的讨论[J].西北农林科技大学学报(自然科学版),2003,31(06):204 - 208.

4. 生态系统管理

生态系统管理(ecosystem management)就是基于对生态系统结构、功能、作用过程的充分了解,利用生态学、社会学和管理学等多学科知识,进行适应性管理,以实现整个生态系统(包括自然生态系统与人类社会经济系统)的协调可持续发展。

生态系统管理是人们对生态系统认识的不断深化而出现的管理方法,是基于生态系统特征的管理方式。类似的称谓还有"基于生态系统的管理(ecosystem-based management)[1]""生态系统方法(ecosystem approach)[2]"等,虽然叫法略有不同,但基本内涵是一致的[3]。

5. 国家公园生态系统管理

国家公园生态系统管理就是基于对国家公园生态系统结构、功能和特征的充分了解,运用多学科知识对整个国家公园生态系统进行适应性管理,协调国家公园中人与自然的关系,协调保护与利用的关系,从而保护好自然与人文遗产资源,促进整个国家公园可持续发展的管理行为。

第三节 技 术 路 线

本研究的技术路线如图 1-3 所示。

---

[1] Slocombe D S. Defining goals and criteria for ecosystem-based management [J]. Environmental Management, 1998, 22(04): 483-493.

[2] Szaro R C, Berc J, Cameron S, et al. The ecosystem approach: science and information management issues, gaps and needs [J]. Landscape and Urban Planning, 1998,40(01): 89-101.

[3] 沃格特,王政权,王群力,等. 生态系统:平衡与管理的科学[M]. 北京:科学出版社,2002;蔡守秋. 论综合生态系统管理[J]. 甘肃政法学院学报,2006(03):19-26;秦艳英,薛雄志. 基于生态系统管理理念在地方海岸带综合管理中的融合与体现[J]. 海洋开发与管理,2009(04):21-26.

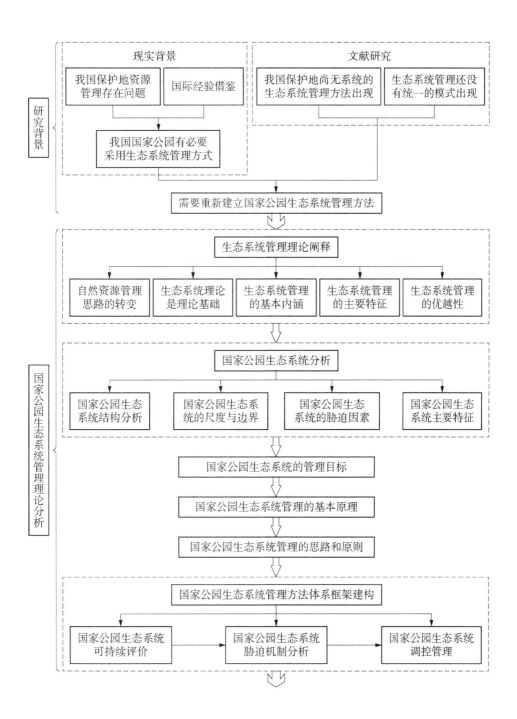

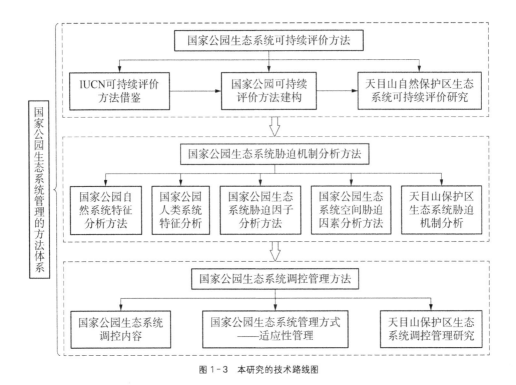

图 1-3　本研究的技术路线图

第四节　案例选择和问卷调查的说明

一、案例选择的说明

本书以位于自浙江临安区的天目山自然保护区为研究案例。选择此案例的原因主要有：

第一，当前我国国家公园试点主要以自然保护区为主，以天目山自然保护区为案例探讨国家公园生态系统管理方法，与我国当前国家公园试点的做法较为一致，可以为我国国家公园管理方法的探索提供参考。

第二，根据我国国家公园的准入标准[①]，天目山自然保护区具备国家公园的条

_____

① 参见第一章第一节。

件。另外,在有关学者对我国未来国家公园总体布局的研究中也将浙江天目山自然保护区划入国家公园类型①。可见,以天目山保护区为案例探讨国家公园的管理方法是较为合适的。

第三,天目山保护区作为国家级自然保护区,在基础资料、科研基础、本底调查等方面都具有很好的优势,为生态系统管理的顺利实施奠定了重要基础。

第四,生态系统管理是一个长期的系统工程,天目山自然保护区管理局与本研究团队有长期的合作关系,这为生态系统管理的实证研究提供了很多的便利。

二、问卷调查和访谈情况的说明

本研究课题组于 2013 年 8 月和 2014 年 2 月分别对天目山保护区的游客进行了问卷调查,共发放问卷 200 份,其中 2013 年 8 月发放了 150 份,2014 年 2 月发放了 50 份②,共回收 197 份,其中有效问卷 166 份,有效回收率为 83%;于 2013 年 8 月向僧侣和香客进行了问卷调查,共发放问卷 100 份,回收 97 份,有效问卷 94 份,有效回收率为 94%;于 2013 年 8 月对天目山保护区的经营者进行了访谈调查,其中旅游企业调查 1 家,调查管理者、员工等 5 人;餐饮住宿经营者调查 5 家,共 5 人;小商贩调查 5 家,共 5 人。

2013 年底,本研究课题组通过当面访谈和电子邮件等方式,对 20 位保护地管理、旅游规划、生态学、植物学、动物学、社会学等领域的专家学者就天目山保护区中的相关内容进行了访谈调查。

本研究课题组于 2014 年 2 月对天目山保护区的管理者进行了访谈,访谈人数为 6 人;采用随机抽样的方式对天目山保护区社区居民进行了问卷调查,共发放问卷 100 份,实际回收 94 份,其中有效问卷数为 91 份,有效回收率为 91%。

---

① 吴承照,刘广宁. 中国建立国家公园的意义[J]. 旅游学刊,2015(06):14-16.
② 由于天目山保护区夏季游客明显多于冬季(本书第五章中有详述),所以本研究中夏季发放问卷的数量多于冬季发放的数量。

第二章

国内外相关研究进展

作为国家公园生态系统管理研究的基础,本章主要对生态系统管理方法的研究发展状况、我国国家公园生态系统以及管理的研究状况、国外自然保护地的生态系统管理研究和实践状况等进行了综述,以期把握当前生态系统管理方法本身以及国内外对于国家公园(或自然保护地)生态系统管理研究的成功经验和不足,从而为本书提供借鉴。

第一节　生态系统管理方法的研究进展

一、生态系统管理的国际研究进展

通过对生态系统管理发展历程的分析可以将其发展分为四个阶段[①]:思想萌

---

① Vogt K A. Ecosystems: balancing science with management [M]. New York: Springer, 1996; Malone C. Ecosystem management: status of the federal initiative [J]. Bulletin of the Ecological Society of America, 1995,76 (03): 158 - 161; Grumbine R E. What is ecosystem management? [J]. Conservation Biology, 1994,8(01): 27 - 38.

芽期、早期研究期、发展活跃期、被广泛认可和推广实践期,本书从这四个阶段对生态系统管理的相关研究进行阐述。

1. 思想萌芽期(20世纪60年代之前)

格拉宾认为美国生态学会在1932和1950年相继提出的"综合自然圣地计划"和"自然圣地目录"中谈及了保护生态系统的想法。格拉宾认为这些建议和计划虽然最终未能实施,但已经体现了生态系统管理的思想[①]。

李奥帕德于1949年强调生态系统及其管理的整体性,他认为人类应该把土地当作一个"完整的生物体"对待,并且应该使"所有齿轮"保持良好的运转状态[②],他第一次尝试描述生态系统管理的概念[③]。李奥帕德认为自然资源管理中应包括生态学、社会学、经济学等相关学科的知识,这些原则至今仍然适用[④]。

2. 早期研究期(20世纪60—80年代)

20世纪60年代后,随着人们环境保护意识的不断增强,生态系统研究逐渐受到重视,研究方向也转向保护和资源管理[⑤]。

沃尔特于1960年强调在景观生态管理中整体对待各生态学因子的必要性,还特别强调了人类因子的重要性[⑥]。1972年,亚伯拉罕森提出,人类活动导致了生态系统的退化,以往的自然资源管理总是关注多重利用、单个物种的保护管理,但人们逐渐认识到传统的资源管理方法并没有起到预期的效果[⑦]。

考德威尔提倡将生态系统作为美国公共土地政策的基础[⑧]。克雷格黑德[⑨]和纽马克[⑩]通过对国家公园的研究,认为人为设定的地理或行政边界不能满足保护一个完整生态系统的要求。

---

① Grumbine R E. What is ecosystem management? [J]. Conservation Biology, 1994, 8(01): 27 - 38.

② [美]阿尔多·李奥帕德. 沙郡年记[M]. 岑月, 译. 北京: 三联书店, 2011.

③ [英]E. 马尔特比. 生态系统管理: 科学与社会问题[M]. 康乐, 韩兴国, 等, 译. 北京: 科学出版社, 2003.

④ 李笑春, 曹叶军, 叶立国. 生态系统管理研究综述[J]. 内蒙古大学学报(哲学社会科学版), 2009(04): 87 - 93.

⑤ [英]E. 马尔特比. 生态系统管理: 科学与社会问题[M]. 康乐, 韩兴国, 等, 译. 北京: 科学出版社, 2003.

⑥ 同上.

⑦ Vogt K A. Ecosystems: balancing science with management [M]. New York: Springer, 1996;任海, 邬建国, 彭少麟, 等. 生态系统管理的概念及其要素[J]. 应用生态学报, 2000, 11(03): 455 - 458.

⑧ Caldwell L. The ecosystem as a criterion for public land policy [J]. Natural Resources Journal, 1970(10): 203 - 221.

⑨ Craighead F. Track of the Grizzly [M]. San Francisco: Sierra Club Books, 1979.

⑩ Newmark W D. Legal and biotic boundaries of western North American national parks: a problem of congruence [J]. Biological Conservation, 1985(33): 197 - 208.

在学者们的研究和宣传下，20 世纪 80 年代初期，生态系统管理概念在美国得到了广泛认可。1980 年代，关于生态系统管理的论文大量出现，长期观测、大尺度和网络化等成为生态学研究的新关注点，生态系统管理与生态系统可持续研究、生态保育、恢复生态学等相互促进和发展[1]，美国农业部和国会等都积极倡导对生态系统的综合科学管理[2]。

艾吉和约翰逊于 1988 年出版了第一本关于生态系统管理的专著《公园和荒野地生态系统管理》[3]，给出了生态系统管理的理论框架，认为生态系统管理应包括确定合适的管理边界、明确的管理目标、跨机构的合作、管理结果的监测、国家政策的引导和公众参与 6 个方面。

3. 发展活跃期(20 世纪 80—90 年代)

在 20 世纪 80 年代后期至 90 年代初期，生态系统可持续性的问题成为焦点[4]，学者对生态系统管理相关研究的热情空前高涨[5]。

在 1991 年召开的美国科学发展协会年会上，"以生态系统为基础的多目标管理"的研究专题[6]中有两份重要倡议：美国生态学会提出了"可持续生物圈建议"[7]，美国农业部森林局提出了关于自然森林系统管理的新设想[8]。这两项倡议都倡导通过对生态系统的整体研究和管理来科学管理自然资源，实现地球、生物圈的持续发展[9]。1993 年 8 月，为了改进生态系统管理方法，美国成立了一个跨机构生态系统管理合作研究的课题组(Interagency Ecosystem Management Task Force)，根据

① 于贵瑞.生态系统管理学的概念框架及其生态学基础[J].应用生态学报,2001,12(05)：787 - 794.
② 任海,邬建国,彭少麟,等.生态系统管理的概念及其要素[J].应用生态学报,2000,11(03)：455 - 458.
③ Agee J，Johnson D．Ecosystem management for parks and wilderness [M]．Seattle：University of Washington Press，1988.
④ 徐国祯.森林生态系统经营——21 世纪森林经营的新趋势[J].世界林业研究,1997(02)：16 - 21；Lubchenco J, Olson A M. The sustainable biosphere initiative：an ecological research agenda [J]. Ecology, 1991,72(02)：371.
⑤ 冉东亚.综合生态系统管理理论与实践[D].北京：中国林业科学研究院,2005.
⑥ Swank W T，Van Lear D H．Ecosystem perspectives of multiple-use management [J]．Ecological Applications，1992,2(03)：220.
⑦ Lubchenco J，Olson A M．The sustainable biosphere initiative：an ecological research agenda [J]．Ecology，1991,72 (02)：371.
⑧ Kessler W B，Salwasser H，Cartwright C W，et al．New perspectives for sustainable natural resources management [J]．Ecological Applications，1992,2(03)：221 - 225.
⑨ 于贵瑞.生态系统管理学的概念框架及其生态学基础[J].应用生态学报,2001,12(05)：787 - 794.

案例研究提出管理实施的改进建议①。

1994年,格拉宾发表了《何谓生态系统管理》②一文,该文较全面地论述了生态系统管理的发展历程、结构框架,并总结了生态系统管理的10个主要议题。1996年美国生态学会发表了《关于生态系统管理的科学基础的报告》③,全面论述了生态系统管理的定义、生态学基础、管理原则、人在生态系统管理中的作用、管理步骤等内容。1998年,拉基也总结了生态系统管理的7个要素④。

20世纪80年代以来,科学家们从不同的角度出发,不断探索和改进对于生态系统管理思想的认识和看法。关于生态系统管理的专著陆续问世。这些专著总结了生态系统管理的要素、原则及适应性特点,形成了理论框架的雏形⑤。

4. 被广泛认可和推广实践期(2000年至今)

2000年,《生物多样性公约》将生态系统管理方法作为管理行动的基本框架,并号召各成员国和其他国家政府、国际机构应用生态系统管理方法。2003年联合国"千年生态系统评价"项目在《生态系统与人类福祉:评价框架》中明确指出其概念框架就是生态系统管理方法⑥,并积极在其成员国中推行生态系统管理方法的实际应用。此外,IUCN成立了生态系统管理委员会,将推动生态系统管理方法的实践作为首要任务⑦。2005年启动的"中国—欧盟生物多样性"项目,也将生态系统管理方法作为核心示范内容,以推动生态系统管理方法在中国的应用。生态系统管理方法逐渐渗透到自然资源管理、生物多样性保护、环境管理、流域管理等众多领域中,已经得到国际社会越来越多的认同。《雷克雅未克宣言》将生态系统管理方法作为实现渔业可持续发展的手段,2002年南非约翰内斯堡可持续发展世界首脑会

① Szaro R, Berc J, Cameron S. The ecosystem approach: science and information management issues, gaps and needs [J]. Journal of Architectural Engineering, 1998,40(01): 89 - 101.
② Grumbine R E. What Is Ecosystem Management? [J]. Conservation Biology, 1994,8(01): 27 - 38.
③ Christensen N L, Parsons D J, Peterson C H, et al. The report of the ecological society of america committee on the scientific basis for ecosystem management [J]. Ecological Applications, 1996,6(03): 665 - 691.
④ Lackey R T. Seven pillars of ecosystem management1[J]. Landscape and Urban Planning, 1998,40(01 - 03): 21 - 30.
⑤ 田慧颖,陈利顶,吕一河,等.生态系统管理的多目标体系和方法[J].生态学杂志,2006(09): 1147 - 1152.
⑥ 周杨明,于秀波,于贵瑞.自然资源和生态系统管理的生态系统方法:概念、原则与应用[J].地球科学进展,2007,22 (02): 171 - 178.
⑦ http://www.iucn.org/about/union/commissions/cem/.

议也将生态系统管理方法作为可持续发展和减缓贫困的一个重要手段①。

2000 年 5 月在肯尼亚召开的《生物多样性公约》第五次缔约方大会上正式提出了生态系统管理的 12 条原则②。2004 年 2 月《生物多样性公约》第七次缔约方会议上又为每条原则增加了实施准则。生态系统管理方法的 12 条原则逐渐成为全球实践生态系统管理的主要指导原则。许多国际组织与众多的国际合作项目,都以生态系统管理方法的 12 条原则为指导,在世界各地开展示范与推广③。此外,不少学者和组织根据自己研究的需要提出了一些管理原则④。

为了使生态系统管理方法更具操作性和规范性,IUCN 的生态系统管理委员会还将《生物多样性公约》的 12 条原则进行了重新组织,划归为生态系统管理的 5 个实施步骤⑤。

目前,生态系统管理的思想被许多关注资源管理、环境与生态问题的国际组织所倡导,并在实践中运用⑥。比如美国很多联邦机构已经采纳生态系统管理方法来引导管理,其目的就是要平衡长期保护和满足人类使用需要⑦。国家公园也是生态系统管理研究的重要阵地,美国、加拿大、澳大利亚等国的很多国家公园都开展了生态系统管理的研究和实践⑧。

---

① 周杨明,于秀波,于贵瑞. 自然资源和生态系统管理的生态系统方法:概念、原则与应用[J]. 地球科学进展,2007,22 (02):171 - 178.

② Secretariat of The Convention Diversity. Handbook of the convention on biological diversity:including its cartagena protocol on biosafety(3rd)[R]. Montreal:Secretariat of Convention Diversity, 2005.

③ 同上.

④ 冉东亚. 综合生态系统管理理论与实践[D]. 北京:中国林业科学研究院,2005;Pavlikakis G E, Tsihrintzis V A. A quantitative method for accounting human opinion, preferences and perceptions in ecosystem management [J]. Journal of Environmental Management, 2003,68(02):193 - 205.

⑤ Shepherd G. The ecosystem approach:five steps to implementation [R]. Gland, Switzerland and Cambridge, UK: IUCN, 2004.

⑥ 于贵瑞. 生态系统管理学的概念框架及其生态学基础[J]. 应用生态学报,2001,12(05):787 - 794;冉东亚. 综合生态系统管理理论与实践[D]. 北京:中国林业科学研究院,2005;角媛梅,肖笃宁,郭明. 景观与景观生态学的综合研究[J]. 地理与地理信息科学,2003(01):91 - 95;杨荣金,傅伯杰,刘国华,等. 生态系统可持续管理的原理和方法[J]. 生态学杂志,2004,23(03):103 - 108.

⑦ Rauscher H. Ecosystem management decision support for federal forests in the United States:a review [J]. Forest Ecology and Management, 1999,114(02 - 03):173 - 197.

⑧ William L H, Gary E D. Science and ecosystem management in the national parks [M]. Tucson:The University of Arizona Press, 1996.;Zorn P, Stephenson W, Grigoriev P. An ecosystem management program and assessment process for ontario national parks [J]. Conservation Biology, 2001,15(02):353 - 362.;Carpenter S, Brock W, Hanson P. Ecological and social dynamics in simple models of ecosystem management [J]. Conservation Ecology, 1999,3(02):4 - 25.;Lindenmayer D B, Macgregor C, Dexter N, et al. Booderee national park management: connecting science and management [J]. Ecological Management & Restoration, 2013,14(01):2 - 10.

二、生态系统管理的国内研究状况

生态系统管理的概念引入中国是在 20 世纪 90 年代后期,赵士洞和汪业勖首次论述了生态系统管理的基本问题[1]。此后又有多名学者就生态系统管理的概念框架及其生态学基础等[2]方面的问题展开研究。一些学者依据生态系统管理的特征和相应的原则提出了一些具体的行动步骤,如赵云龙等提出生态系统管理方法的 9 个步骤框架[3];于贵瑞提出生态系统管理的 7 个步骤和相应的行动[4]。

涉及具体领域的生态系统管理研究主要有:

在农业领域,陈利顶等做了农田生态系统管理的研究[5];王兆骞对农业生态系统管理理论和实践进行了总结[6]。

在保护区方面,韩念勇对锡林郭勒生物圈保护区退化生态系统管理做了研究[7];王献溥从理论分析和实际应用两方面探讨了保护区如何较好地实施生态系统管理的途径[8];孙胜等对芦芽山自然保护区生态系统存在的问题进行了分析,并提出了相应的生态系统管理对策和建议[9]。

在流域方面,刘永等对湖泊—流域生态系统管理的内涵进行了分析,提出了湖泊—流域生态系统管理的方法,并对琼海湖泊—流域进行了生态系统管理的实证研究[10];罗静伟探讨了鄱阳湖流域生态系统管理的框架,分析了鄱阳湖流域生态系

① 赵士洞,汪业勖.生态系统管理的基本问题[J].生态学杂志,1997(04):36-39.
② 任海,邬建国,彭少麟,等.生态系统管理的概念及其要素[J].应用生态学报,2000,11(03):455-458;于贵瑞.生态系统管理学的概念框架及其生态学基础[J].应用生态学报,2001,12(05):787-794;于贵瑞.略论生态系统管理的科学问题与发展方向[J].资源科学,2001,23(06):1-4.
③ 赵云龙,唐海萍,陈海,等.生态系统管理的内涵与应用[J].地理与地理信息科学,2004,20(06):94-98.
④ 于贵瑞.生态系统管理学的概念框架及其生态学基础[J].应用生态学报,2001,12(05):787-794.
⑤ 陈利顶,傅伯杰.农田生态系统管理与非点源污染控制[J].环境科学,2000(02):98-100.
⑥ 王兆骞.农业生态系统管理[M].北京:中国农业出版社,1997.
⑦ 韩念勇.锡林郭勒生物圈保护区退化生态系统管理[M].北京:清华大学出版社,2002.
⑧ 王献溥,于顺利,王宗帅.论"生态系统管理途径"的基本含义及其在保护区有效管理中的应用[J].野生动物,2009,30(06):326-330.
⑨ 孙胜,郝兴宇,杨秀清,等.芦芽山自然保护区生物多样性保护及生态系统管理对策[J].山西农业大学学报(社会科学版),2015(03):269-273.
⑩ 刘永,郭怀成,黄凯,等.湖泊—流域生态系统管理的内容与方法[J].生态学报,2007,27(12):5352-5360.

统管理的尺度和范围、生态系统服务可持续利用、适应性管理等问题①。

在森林生态系统方面,徐国祯阐释了森林生态系统管理研究的重大意义,并提出了森林生态系统管理的一些基本原则②;徐德应等论证了实行森林生态系统管理的必要性,认为应以森林生态学的基本原理和方法为指导,分析森林生态系统的基本特征,并对系统进行诊断,从而制订相应的生态系统管理措施③;林群等认为森林生态系统管理是实现森林可持续经营的重要生态途径,并讨论了森林生态系统管理的概念、主要研究方向和内容,指出森林生态系统管理不仅涉及自然科学问题,而且关系文化和社会问题,因此要根据特殊的国情,研究适合我国现阶段社会背景的森林生态系统管理模式④。

在海岛方面,唐伟等针对不同类型的海岛,从海岛开发的法制建设、可持续发展和海岛退化生态系统恢复等方面,提出我国海岛生态系统管理的方法和对策⑤。

在海岸带方面,于宜法等探讨了海岸带的价值和面临的问题,认为应该基于生态系统特征对海岸带资源利用进行适应性管理,呼吁我国应积极推行基于生态系统的海岸带管理方式⑥;秦艳英等认为生态系统管理是解决海岸带资源利用与生态环境矛盾的有效工具,并做了厦门海岸带生态系统综合管理的实证研究,认为生态系统管理为海岸带实现可持续发展提供了一种有效的管理模式⑦。

三、对生态系统管理的研究评述

随着人们对生态系统的认识不断加深,生态系统管理逐渐成为解决当前全球生态问题的一种方式,在国际上得到越来越多的认可,生态系统管理是一种必然趋

① 罗静伟,郑博福,钱万友,等. 鄱阳湖流域生态系统管理框架[J]. 南昌大学学报(工科版),2010(03):233-237.
② 徐国祯. 生态问题与森林生态系统管理[J]. 中南林业调查规划,2004,23(01):1-5.
③ 徐德应,张小全. 森林生态系统管理科学——21世纪森林科学的核心[J]. 世界林业研究,1998(02):2-8.
④ 林群,张守攻,江泽平,等. 森林生态系统管理研究概述[J]. 世界林业研究,2007(02):1-9.
⑤ 唐伟,杨建强,赵蓓,等. 我国海岛生态系统管理对策初步研究[J]. 海洋开发与管理,2010(03):1-4.
⑥ 于宜法,闫菊. 海岸带的生态系统管理分析[C]//中国海洋学会海岸带开发与管理分会学术研讨会论文集. 中国山东青岛,2006:5.
⑦ 秦艳英,薛雄志. 基于生态系统管理理念在地方海岸带综合管理中的融合与体现[J]. 海洋开发与管理,2009(04):21-26.

势。但是,当前生态系统管理的研究和实践都还不成熟,也没有统一的管理模式,需要根据具体生态系统特征制订具体的管理模式、方法。

国内对生态系统管理的研究主要包括概念的引入,对管理框架和管理原则等方面的探讨,并在农业、湖泊、流域、森林、海岛与海岸带等领域开展了生态系统管理的理论研究。

第二节　我国国家公园生态系统及其管理相关研究现状

从国家管理的角度看,我国的自然保护地体系中各类保护地的地位是不同的,作为法定保护地的只有自然保护区和风景名胜区两类;而地质公园和森林公园在《全国主体功能区规划》和《生态文明体制改革总体方案》中得到认可,可以说这四类保护地在我国自然保护地体系中地位最高,认可度也较高[1],因而,本书主要对这四类保护地中与生态系统管理相关的研究进行综述。

一、自然保护区生态系统及其管理的相关研究现状

自然保护区是我国保护地体系中较为关注生态系统研究和保护的保护地[2]。自然保护区生态系统及其管理的相关研究主要集中在:自然保护区生态系统特征、自然保护区生态系统服务、自然保护区生态系统评价、自然保护区生态系统恢复和自然保护区生态系统管理等。

1. 自然保护区生态系统特征研究

杨艳萍通过分区区划方法对内蒙古得耳布尔自然景观保护区的森林生态系统的多样性进行了定量分析[3]。刘青松等从生态系统结构、功能等方面分析江苏盐城

---

① 欧阳志云,徐卫华. 整合我国自然保护区体系,依法建设国家公园[J]. 生物多样性,2014(04):425 - 427.
② 周睿,钟林生,刘家明,等. 中国国家公园体系构建方法研究——以自然保护区为例[J]. 资源科学,2016(04):577 - 587.
③ 杨艳萍. 得耳布尔自然保护区森林生态系统结构及景观多样性分析[J]. 内蒙古林业调查设计,2000(03):9 - 11.

自然保护区滨海湿地的生态系统特征,并研究了生态系统对自然环境条件和人为扰动的响应①。王永安根据猫儿山自然保护区的特征,从植物区系复杂性、物种多样性、生态系统自然性、生态系统自我调节性、生态系统最佳区域性等方面对猫儿山自然保护区生态系统的复杂性特征进行了分析②。周德民运用遥感和GIS技术,从群落、植被型和景观带3个尺度对洪河国家级湿地自然保护区进行了景观格局分析研究,得出了植物生态系统的空间格局特征③。卢双珍等利用斑块数、斑块面积、多样性指数、丰富度和密度、均匀度指数和优势度指数对无量山国家级自然保护区及其周边地区的15个生态系统进行分析,研究表明保护区中优势生态系统是中山湿性常绿阔叶林生态系统④。

2. 生态系统服务

胡海胜定量计算了庐山自然保护区的森林生态系统的7项服务价值,各项服务功能价值按大小顺序依次为:森林游憩>固CO_2释O_2>土壤保持>净化空气>涵养水源>林果产品>保护生物多样性⑤。王玉涛等采用影子工程法、机会成本法、市场价值法等对昆嵛山自然保护区的生态系统服务功能价值进行了评估。研究表明,昆嵛山自然保护区面积仅占烟台市牟平区的9.71%,但贡献的生态服务价值相当于牟平区2003年GDP的7.00%,相当于当地每人每年可获得其生态服务价值达1 039元⑥。谢正宇等采用市场价值法、替代法、碳税法、费用支出法等评估方法对新疆艾比湖湿地自然保护区的生态服务价值进行了估算,得出其系统生态服务价值是该地区2007年社会生产总值的89.06%⑦。王燕等运用遥感和GIS技术对新疆6个国家级自然保护区在2000—2010年间的生态系统服务价值进行

① 刘青松,李杨帆,朱晓东.江苏盐城自然保护区滨海湿地生态系统的特征与健康设计[J].海洋学报(中文版),2003 (03):143-148.
② 王永安,黄金玲,孙志立,等.猫儿山自然保护区生态系统复杂性特征及初步评估[J].中南林业调查规划,2002 (01):29-30.
③ 周德民,宫辉力,胡金明,等.三江平原淡水湿地生态系统景观格局特征研究——以洪河湿地自然保护区为例[J].自然资源学报,2007(01):86-96.
④ 卢双珍,喻庆国,曹顺伟.无量山国家级自然保护区及其周边地区生态系统多样性测度[J].安徽农业科学,2008 (06):2426-2428.
⑤ 刘永杰,王世畅,彭皓,等.神农架自然保护区森林生态系统服务价值评估[J].应用生态学报,2014(05):1431-1438.
⑥ 王玉涛,郭卫华,刘建,等.昆嵛山自然保护区生态系统服务功能价值评估[J].生态学报,2009(01):523-531.
⑦ 谢正宇,李文华,谢正君,等.艾比湖湿地自然保护区生态系统服务功能价值评估[J].干旱区地理,2011(03):532-540.

了评估,研究表明水域、草地、林地生态系统的服务价值构成了研究区生态系统总价值量的主体,10 年间,除草地和水域生态系统服务价值略有降低外,其余生态系统服务价值均有所增长,生态系统总服务价值呈现先升高后降低的趋势[①]。

3. 生态系统评价

孙志高通过自然性、多样性、稀有性、代表性、适宜性、脆弱性和人类威胁等指标对三江自然保护区湿地生态系统质量进行了评价,认为三江自然保护区湿地生态系统的生态质量总体较好[②]。常学礼等运用遥感和GIS 技术,从生态系统服务价值变化的视角对呼伦贝尔辉河草原湿地自然保护区的生态系统健康进行分析。研究表明,保护区中生态系统达到健康水平的区域约占 93.31%,生态系统健康水平较差和很差的区域占 6.69%[③]。刘晓曼提出了基于环境一号卫星统计数据(CCD)的生态系统健康评价方法,评价了向海湿地自然保护区生态系统的健康现状,结果显示向海湿地自然保护区生态系统健康处于一般水平[④]。

4. 生态系统恢复

赵晓飞通过人工栽植先锋树种,进行不同密度的单株造林或簇株造林,对苗木采用生根粉处理、大穴整地、地膜覆盖、施肥、高强度抚育等措施,对长白山自然保护区被风灾破坏的森林生态系统进行了恢复研究,实验表明风灾区的植被结构由草本植物群落转变成了木本植物群落,生物多样性指数提高 0.5 以上,土壤物理性质也得到改善[⑤]。彭羽对"以地养地"模式的生态恢复效果和可行性进行了分析,发现通过建立自然保护地,可以恢复浑善达克退化生态系统,同时还能实现当地社区的经济发展[⑥]。哈登龙通过透光伐、乡土植物补种、抚育、植被恢复过程监测等方法和措施,对鸡公山自然保护区遭遇冰雪灾害后的森林生态系统进行人工修复,并将

---

① 王燕,高吉喜,王金生,等. 新疆国家级自然保护区土地利用变化的生态系统服务价值响应[J]. 应用生态学报,2014(05):1439 - 1446.

② 孙志高,刘景双. 三江自然保护区湿地生态系统生态评价[J]. 农业系统科学与综合研究,2008(01):43 - 48.

③ 常学礼,吕世海,叶生星,等. 辉河湿地国家自然保护区生态系统健康评价[J]. 环境科学学报,2010(09):1905 - 1911.

④ 刘晓曼,王桥,孙中平,等. 基于环境一号卫星的自然保护区生态系统健康评价[J]. 中国环境科学,2011(05):863 - 870.

⑤ 赵晓飞,牛丽君,陈庆红,等. 长白山自然保护区风灾干扰区生态系统的恢复与重建[J]. 东北林业大学学报,2004(04):38 - 40.

⑥ 彭羽. 浑善达克沙地退化生态系统生态恢复的自然保护区途径[D]. 北京:中国科学院研究生院(植物研究所),2005.

受损杉木人工纯林改造成与鸡公山天然林相似的针阔混交林,从而改善森林结构和抵御自然灾害的能力[①]。

5. 生态系统管理

鲜骏仁针对研究区水土流失、自然灾害频发、生物多样性锐减等生态问题,主要通过建立生态系统服务价值分类体系对保护区生态系统服务价值进行精确评估、分析生态系统变化的驱动机制、对生态系统进行功能区划等方法,对王朗国家级自然保护区进行了生态系统管理研究[②]。郭贤明通过对西双版纳自然保护区内林火特征的分析,认为控制性火烧方法可有效缩短保护区的火灾周期,减少重特大火灾的概率,对增加生物多样性、改善群落物种的组成结构、增加土壤肥力等都有积极作用[③]。孙胜对芦芽山自然保护区因自然环境和人为干扰等因素引起的生物多样性降低等问题进行了分析,建议引入综合生态系统管理理念,通过协调各级部门关系,完善基础设施建设、科研监测、生态修复、生态补偿、社区共建、生态旅游开发等各方面,改善芦芽山自然保护区生态系统,保护好生物多样性[④]。

二、风景名胜区生态系统及其管理的相关研究现状

关于风景名胜区生态系统的研究还不多,关于风景名胜区生态系统综合性管理的研究更少见,相关研究主要包括风景名胜区生态环境状况研究、风景名胜区资源保护利用协调管理研究、风景名胜区管理新技术研究、利益相关者研究等。

(一) 风景名胜区生态系统研究

关于风景名胜区生态系统的研究还较少,在中国知网搜索主题词"风景区生态系统"和"风景名胜区生态系统",总共只查到 20 多篇期刊文章和硕博士论文。对

---

① 哈登龙,刘丹,石冠红. 鸡公山自然保护区森林生态系统冰雪灾害修复与重建探讨[J]. 现代农业科技,2009(17):217-219.
② 鲜骏仁. 川西亚高山森林生态系统管理研究[D]. 雅安:四川农业大学,2007.
③ 郭贤明,汤忠明,陶庆,等. 利用林火对西双版纳国家级自然保护区生态系统进行有效管理的探讨[J]. 林业调查规划,2011(03):61-64.
④ 孙胜,郝兴宇,杨秀清,等. 芦芽山自然保护区生物多样性保护及生态系统管理对策[J]. 山西农业大学学报(社会科学版),2015(03):269-273.

风景名胜区生态系统的研究主要集中在风景区生态系统特征分析、风景区生态系统服务功能和价值、风景区生态系统状态的评价分析等方面。

1. 风景名胜区生态系统特征分析

陈向红等认为风景区生态系统不仅是一个自然生态系统,也是一个社会生态系统,该系统具有时空异质性、相对稳定性、多样性和动态特征等特性,具有生产功能、保护和恢复功能、消费和破坏功能[①]。杜丽等认为风景区生态系统是人与自然界共同作用的结果,是在人为干扰下遵循自然、经济和社会规律而形成的复合生态系统;并分析了风景区生态系统的形成和演替、风景区生态系统特征、风景区生态系统旅游干扰类型,并提出了风景区生态系统调控的策略[②]。芦维忠等对甘肃麦积山风景区生态系统的类型及特征进行了研究,认为麦积山风景区生态系统可以分为森林生态系统、湿地生态系统和草原生态系统三种类型,并分析了其特征[③]。朱俊英认为冶力关景区生态系统是复合生态系统,可分为森林、草原、水域等几大自然生态系统和农田生态系统[④]。王波分析了风景区生态系统的边界特征,综合考虑风景资源保护与风景区生态系统的完整性,提出了基于景源质量、景观敏感度、土地利用现状、地形地貌、生态植被等多因子评价的风景区范围划定方法,并以此划定了富春江—新安江—千岛湖风景区的边界范围[⑤]。

2. 风景名胜区生态系统服务功能与价值

王洪翠等参照全球生态系统服务价值的测算方法,初步估算了武夷山风景区生态系统服务价值[⑥]。丁晓荣等运用能值分析理论和方法,创建了能值评价指标体系,对浙江莫干山风景区生态系统进行研究,定量分析了整个系统的结构功能与经济效益[⑦]。苗莹用市场价值法、旅行费用法、影子工程法和支付意愿法计算了长春净月潭风景区的生态系统服务价值,结果显示长春净月潭国家级风景区的生态系

---

① 陈向红,方海川. 风景名胜区生态系统初步探讨[J]. 国土与自然资源研究,2003(01):64 - 66.

② 杜丽,吴承照. 旅游干扰下风景区生态系统作用机制分析[J]. 中国城市林业,2013(01):8 - 11.

③ 芦维忠,任继文. 甘肃麦积山风景区生态系统类型及特征研究[J]. 西北林学院学报,2005(02):67 - 68.

④ 朱俊英. 冶力关风景区生态系统的脆弱性与恢复重建措施初探[J]. 林业实用技术,2008(S1):7 - 9.

⑤ 王波. 基于多因子评价的风景名胜区范围划定研究——以富春江—新安江—千岛湖风景名胜区千岛湖分区为例[C]//和谐城市规划——2007中国城市规划年会论文集. 中国黑龙江哈尔滨,2007:6.

⑥ 王洪翠,吴承祯,洪伟,等. 武夷山风景名胜区生态系统服务价值评价[J]. 安全与环境学报,2006(02):53 - 56.

⑦ 丁晓荣,王利琳. 莫干山风景区生态经济系统能值分析及可持续性评价[J]. 浙江林学院学报,2010(06):916 - 922.

统服务价值远大于社会经济价值①。刘伟玲等借助地理信息系统(GIS)和遥感技术(RS),研究了井冈山风景区2000—2010年生态系统功能变化情况,结果表明景区的生态系统功能整体呈增加趋势,而景区外围部分和茨坪镇周围部分的功能逐渐降低,认为城镇建设和旅游活动是造成生态功能降低的主要原因②。王晓臣以遥感数据和地面数据为基础,借助3S技术对医巫闾山风景区2000—2010年生态系统功能进行研究,认为总体来说,10年间医巫闾山风景区的生态系统功能基本处于稳定状态③。

3. 风景名胜区生态系统状态分析研究

张寒月采用景观生态风险评价的方法对南湾水利风景区做了生态风险评价研究,根据案例风景区生态系统的现状,将其景观类型分为密林、疏林浅草、生态保育区、水域、农田、休闲娱乐区及建筑用地7种类型,从而对南湾水利风景区生态风险进行了评价,并制订了南湾水利风景区的生态预警机制④。余子萍等针对风景区生态系统特点,以生态系统健康理论为基础,以"压力—状态—响应"(PSR)模型为指标框架,结合信息熵理论、专家评判系统与模糊综合评价方法,建立了风景区生态系统健康评价模型,并评价了玄武湖风景区生态系统健康状况⑤。鲍青青等基于河流风景区生态系统特征及功能分析,提出了河流风景区生态系统健康的概念,并结合PSR评价框架和河流风景区生态系统的特点,建立了河流风景区生态系统健康评价模型,对漓江风景区生态系统健康状况进行了评价⑥。肖京武等通过建立风景区生态系统敏感性评价指标体系和综合评价模型,采用ArcGIS技术,对南宁市青秀山风景区生态系统进行了敏感性评价⑦。

① 苗莹. 长春净月潭国家级风景名胜区生态系统服务价值评估[D]. 长春:东北师范大学,2011.
② 刘伟玲,张丽丽,郑娇琦,等. 2000—2010年井冈山风景名胜区生态系统功能变化[J]. 生态科学,2014(05):1023-1029.
③ 王晓臣. 2000—2010年医巫闾山国家级风景名胜区生态系统功能变化评估[J]. 环境保护与循环经济,2015(02):45-49.
④ 张寒月. 水利风景区生态系统风险评价及预警机制构建[D]. 泉州:华侨大学,2012.
⑤ 余子萍,张彦儒,张丽洁. 基于PSR模型的旅游生态系统健康评价——以南京玄武湖风景区为例[J]. 安徽农业科学,2012(10):6029-6032.
⑥ 鲍青青,粟维斌. 河流风景区生态系统健康评价研究——以桂林漓江风景区为例[J]. 自然灾害学报,2015(02):122-127.
⑦ 肖京武,沈守云,廖秋林,等. 基于ARCGIS的青秀山生态敏感性研究[J]. 中南林业科技大学学报. 2010(07):19-25.

（二）风景名胜区生态环境研究

1. 生态环境评价

1）生态安全评价

董雪旺探讨了风景区生态安全评价的理论与方法,建立了风景区生态安全评价的理论框架结构,根据这一理论体系和工作方法,对镜泊湖风景名胜区进行了生态安全定量评价和定性分析[①]。王洪翠等依据 PSR 模型,从生态环境压力、生态环境状态、生态环境响应 3 个方面构建了风景区生态安全评价的指标体系,对武夷山风景区生态安全进行了定量评价[②]。杨美霞建立了包括旅游资源安全、旅游环境安全、生态系统服务功能与生态建设为主要内容的风景区生态安全评价体系和评价方法,对张家界风景区进行了生态安全评价[③]。覃德华采用生态足迹分析法,分析了武夷山风景区人类活动对生态环境的影响,对其生态安全进行了定量评价,结果表明武夷山风景区在整体上处于较为安全的状态,但其草地和水域生态系统尚处在不安全的状态[④]。

2）环境质量评价

谢君根据西岭雪山风景区的生态环境特征,选择大气质量、水质质量、土壤质量和植被质量四种环境要素,运用模糊数学方法对西岭雪山风景区环境质量做了综合评价研究[⑤]。李伟等从旅游环境容量、旅游区级别、旅游资源的综合价值三方面对银厂沟风景区的旅游环境质量进行了评价[⑥]。洪滔等建立了模糊综合评价的多层次、多因素的数学模型,评价了武夷山风景区的生态环境质量[⑦]。钟林生构建了水利风景区的旅游环境质量评价指标体系,对冶力关国家水利风景区进行了评价[⑧]。

---

① 董雪旺. 镜泊湖风景名胜区生态安全评价研究[J]. 国土与自然资源研究,2004(02)：74 - 76.

② 王洪翠,吴承祯,洪伟. P - S - R 指标体系模型在武夷山风景区生态安全评价中的应用[J]. 安全与环境学报,2006,6 (03)：123 - 126.

③ 杨美霞. 风景名胜区生态安全评价研究——以张家界国家森林公园为例[J]. 云南地理环境研究,2007(05)：106 - 113.

④ 覃德华,何东进,吴承祯,等. 基于生态足迹分析的武夷山风景名胜区生态安全评价[J]. 北华大学学报(自然科学版),2009(03)：253 - 257.

⑤ 谢君,刘俐,马新梅. 运用模糊数学评价西岭雪山风景名胜区环境质量的研究[J]. 四川环境,1997(03)：45 - 49.

⑥ 李伟,庄永红. 银厂沟风景区旅游环境质量评价[J]. 环境监测管理与技术,2002(04)：27 - 29.

⑦ 洪滔,王英姿,何东进,等. 武夷山风景名胜区生态旅游环境质量综合评价研究[J]. 地域研究与开发,2009(02)：117 - 122.

⑧ 钟林生,李晓娟,成升魁. 冶力关国家水利风景区旅游环境质量评价研究[J]. 水生态学杂志,2011(03)：71 - 77.

3) 敏感性评价、脆弱性评价

艾乔探讨了运用 GIS 技术对风景区进行生态敏感性分析和评价的方法,并对重庆黑石山—滚子坪风景区进行了生态敏感性评价研究[1]。孙道玮建立了山岳型风景区生态脆弱性评价指标体系和评价标准体系,并建构了山岳型风景区生态脆弱性评价方法,对长白山风景区的生态脆弱性进行了评价研究[2]。李抒音等建立了风景区生态敏感性评价的指标体系和评价方法,并运用 GIS 技术,对青龙山风景区进行了生态敏感性评价,最终确定了各级生态敏感区[3]。

2. 人类活动对风景名胜区的影响研究

人类活动对风景区的影响评价研究也是大家较为关注的研究点。

曲向荣对风景资源开发建设项目的环境影响评价程序和指标体系进行了研究,评价指标体系分三个层次:①规划指标和人为自然灾害指标;②景观指标和生态指标;③环境质量和环境感应指标,并对本溪水洞风景区的开发建设进行了环境影响评价[4]。刘玲建构了风景区开发建设的景观影响评价方法,对东坡赤壁风景区开发建设项目进行了景观影响评价[5]。王友保等采用游览频率、植被景观重要值、物种丰富度指数、旅游影响系数、环境质量重要值、伴人植物比例以及管理力度系数等指标研究风景区旅游开发的环境影响,结果表明旅游开发与风景区植被及环境质量变化关系显著[6]。庄优波等论述了风景区总体规划中环境影响评价的意义,并对风景区总体规划中环境影响评价的程序进行了分析,提出将环境影响评价嵌入风景区总体规划编制过程中的必要性[7]。章锦河构建了基于生态足迹的旅游废弃物生态影响评价模型,并以九寨沟、黄山风景区为例做了实证比较研究,认为因风景区规模、性质、游客构成以及游客选择交通工具的差异,旅游废弃物对不同旅

① 艾乔. 基于 GIS 的风景区生态敏感性分析评价研究[D]. 重庆:西南大学,2007.
② 孙道玮,陈田,姜野. 山岳型旅游风景区生态脆弱性评价方法研究[J]. 东北大学学报(自然科学版),2005(04):131 - 135.
③ 李抒音,姚崇怀,刘英. 青龙山风景区规划中生态敏感性分析方法研究[J]. 安徽农业科学,2010,38(35):20160 - 20162,20176.
④ 曲向荣,孙铁珩,李培军,等. 风景名胜区开发建设项目环境影响评价程序和指标体系——以本溪水洞国家级重点风景名胜区为例[J]. 城市环境与城市生态,2000(03):1 - 3.
⑤ 刘玲. 风景名胜区开发建设中的景观影响评价——以东坡赤壁为例[J]. 安徽师范大学学报(自然科学版),2005(04):468 - 471.
⑥ 王友保,刘登义. 风景环境质量的生态评价[J]. 安徽师范大学学报(自然科学版),2006,29(04):377 - 380.
⑦ 庄优波,杨锐. 风景名胜区总体规划环境影响评价的程序和指标体系[J]. 中国园林,2007(01):49 - 52.

游地生态影响程度的不同,降低游客规模、缩短旅行距离、减少飞机旅行方式等是降低旅游废弃物生态影响的关键因素①。

3. 风景名胜区生态环境保护和恢复研究

任志远等基于关山草原景区中旅游活动对环境质量的影响分析,提出了对旅游活动中产生的废物、废水、废气的处理方法以及风景区内植被保护措施②。吴峰在对黄山风景区中因旅游开发建设、旅游活动、松材线虫病威胁等引起的生态环境问题分析的基础上,提出了问题驱动因子的源头治理、污染控制、生态修复等生态环境保护的思路和措施③。孟雪松针对东灵山风景区山顶草地退化问题,根据当地的气候环境特征,通过室内模拟和室外试验区相结合的方法,对播种时间、恢复地、覆盖物类型、植物材料和播种量5项关键技术进行了分析,根据示范区建设效果,筛选出了14种水土保持先锋植物作为示范区草地恢复的主要物种④。牛松顷依据景观生态学和森林生态学等相关理论,对大叠水风景区几个重要的区域进行了植被恢复的研究和规划,提出了各个区域的主要恢复物种和恢复方式,力求达到生态和美观双重效益⑤。刘婧媛对2008年雨雪冰冻灾害后蜀南竹海风景区的主要观赏竹的生长状况及其环境生态指标进行了监测,分析了竹林在灾后的恢复情况,并对竹林的生态效益进行了测算⑥。孙青运用景观生态学、生态恢复学、植物生态学、土壤学等相关理论与技术,以湖南张家界大峡谷风景区为例探讨了峡谷植物景观的恢复方法⑦。

(三) 风景名胜区保护与利用研究

20世纪80年代,我国就有学者开始风景区资源保护与利用方面的研究⑧。随

---

① 章锦河. 旅游废弃物生态影响评价——以九寨沟、黄山风景区为例[J]. 生态学报,2008(06):2764 - 2773.

② 任志远,宋保平,张红. 关山草原旅游风景区开发中生态环境保护与建设[J]. 中国沙漠,2000,20(1):86 - 89.

③ 吴峰. 黄山风景区生态环境保护对策[J]. 安徽农业科学,2008,36(21):9234 - 9235,9259.

④ 孟雪松. 北京东灵山风景区山顶退化草甸恢复技术研究[J]. 科学技术与工程,2007(07):1439 - 1442.

⑤ 牛松顷,苏晓毅,樊国盛. 云南石林大叠水风景区景观植被恢复规划[J]. 西南林学院学报,2006(06):57 - 60.

⑥ 刘婧媛. 蜀南竹海风景区雪灾后竹林恢复状况分析及生态效益研究[D]. 雅安:四川农业大学,2010.

⑦ 孙青. 张家界大峡谷风景区植物景观恢复性营建研究[D]. 长沙:中南林业科技大学,2011.

⑧ 陈广万. 广东旅游资源初探[J]. 广东园林,1986(07):29 - 35;陈广万. 广东旅游资源初探(续第二期)[J]. 广东园林,1986(03):11 - 19;罗哲文. 论建筑文化(一)——在东京日本建筑技术交流协会邀请的恳谈会上的学术演讲[J]. 古建园林技术,1986(01):29 - 31;罗哲文. 论建筑文化(二)——在东京日本建筑技术交流协会邀请的恳谈会上的学术演讲[J]. 古建园林技术,1986(02):24 - 27.

着风景区保护与利用之间矛盾日渐突出,风景区保护与利用的研究关注度不断提升。

1. 风景名胜区保护研究

张景华对风景区资源保护体系进行了归纳,并指出当前保护体系的不足:基础资料欠缺、量化体系薄弱、分区划分缺乏现实依据与科学依据、信息反馈机制与长效监管机制缺失等[①]。曾彩琳认为在我国风景区的保护、利用过程中,社区居民权益未得到足够重视,且常受到不同程度的侵害,导致一些景区居民对风景区的保护管理工作不理解、不支持,甚至采取不当行为阻碍风景区的可持续发展[②]。顾丹叶指出了我国风景区分类、分级保护的问题,认为应从我国风景区发展的现状出发,增强资源评价的科学性和可操作性,构建一个以风景资源保护为核心的保护分区体系,并与其他分区相互协调[③]。

2. 风景名胜区利用管理研究

我国风景区资源利用的管理,管理者往往仅关注怎样把大批的游客吸引到景区来或做一些简单的人数统计与控制;环境容量控制是我国风景区主要的管理方法,一般通过单位面积的可容纳人数来控制游客量[④]。

以往对风景区环境容量的测算方法主要有三种:①测算风景区活动空间最大游客容量,即空间容量;②测算现有服务设施的最大游客容量,即设施容量;③通过测算游人和居民的心理承受容量来测算游客容量,即心理容量[⑤]。针对以往风景区环境容量的测算方法,一些学者提出了质疑和改进方法。黄羊山指出了以往风景区空间容量计算方法的错误,提出造成错误的根源在于计算中出现了虚拟游客,导致计算值比实际值高很多[⑥]。对于风景区环境容量控制方法本身,不少学者也表示

---

① 张景华. 风景名胜区保护培育规划技术手段研究[D]. 北京:北京林业大学,2011.
② 曾彩琳. 风景名胜区保护利用与居民权益保障的冲突与协调[J]. 中国园林,2013(07):54-57.
③ 顾丹叶,金云峰,徐婕. 风景名胜区总体规划编制——保护培育规划方法研究[C]//中国风景园林学会2014年会论文集(上册). 中国辽宁沈阳,2014:5.
④ 罗倩. 我国风景名胜区风景资源管理对策与评价初探[D]. 北京:北京林业大学,2008.
⑤ 刘会平,唐晓春,蔡靖芳,等. 武汉东湖风景区旅游环境容量初步研究[J]. 长江流域资源与环境,2001(03):230-235;杨锐. 风景区环境容量初探——建立风景区环境容量概念体系[J]. 城市规划汇刊,1996(06):12-15;郭静,张树夫. 南京东郊风景区旅游环境容量初步研究[J]. 资源开发与市场,2003(04):262-263;黄羊山. 风景区空间容量计算方法的错误[J]. 城市规划,2006(06):78-80;杨锐. LAC理论:解决风景区资源保护与旅游利用矛盾的新思路[J]. 中国园林,2003(03):19-21.
⑥ 黄羊山. 风景区空间容量计算方法的错误[J]. 城市规划,2006(06):78-80.

了质疑,认为风景区生态系统是动态变化的,其承载能力并不存在一个确定的阈值,另外风景区的环境容量跟旅游活动的类型、管理能力的高低、游客的素质等因素都有关系,单纯使用单位面积游客量控制的方法是不够科学的[①]。

    3. 保护与利用的协调研究

    谢凝高认为在风景区资源的保护利用关系中,保护是基础,风景资源的利用应主要发挥其精神文化与科教功能,而不是经济功能[②]。朱观海认为,风景区存在问题的实质在于风景区保护与开发的矛盾关系;当前人们对风景区的综合价值认识还不够,人们往往仅看到风景资源的旅游经济价值,而忽视了诸多更重要的科学、文化价值,导致一些地方错误地将风景区事业等同于旅游经济产业,这对风景区保护管理十分不利;风景名胜区应按照原真性、生态性、适度性、协调性、系统性、按规划建设、旅游宿分离等原则"合理开发"[③]。李如生认为关注风景区保护与开发的关系的同时,也要关注人与自然的关系和人与人的关系。人与自然的关系方面,主要是应正确处理好旅游和环境的关系,使风景区发生的旅游活动能够处于正确而系统的管理体系之内;人与人的关系方面,主要是通过实现各类利益主体的保护倾向度最大化、开发利用度合理化,防止对资源的过度掠夺和开采。他还重点论述了风景区保护性开发的机制,并以黔东南苗族侗族自治州风景区为研究对象,探讨保护性开发机制的可行性[④]。

(四) 风景名胜区管理新技术研究

    风景区管理新技术研究主要体现在将信息技术引入风景区的管理中,如 3S 技术的运用,管理效果的监控技术的发展等。

    3S 技术,即地理信息系统(GIS)、遥感(RS)和全球定位系统(GPS)。它为风景区的规划与研究提供了有力的工具。风景区空间信息的采集和定位、规划成图等均可在 3S 技术支持下完成,RS 可以方便空间信息采集,GPS 可用于空间信息定

---

① 罗倩.我国风景名胜区风景资源管理对策与评价初探[D].北京:北京林业大学,2008;杨锐.LAC 理论:解决风景区资源保护与旅游利用矛盾的新思路[J].中国园林,2003(03):19-21.
② 谢凝高.关于风景区自然文化遗产的保护利用[J].旅游学刊,2002(06):8-9.
③ 朱观海.论风景名胜区的"合理开发"[J].规划师,2005(05):12-14.
④ 李如生.风景名胜区保护性开发的机制与评价模型研究[D].长春:东北师范大学,2011.

位,GIS 则具有强大的空间分析功能和制图功能①。以"3S"技术为核心的空间信息技术,可以对风景区资源数据、生态环境数据进行有效采集、存储管理和空间分析处理,已成为当前资源环境调查和分析的主要技术手段。阳次中通过建立风景区生态环境敏感性分析评价指标体系,在"3S"技术支持下对黄山风景区生态环境敏感性进行了综合评价②。刘礼等以 GIS 为空间分析工具,对中山陵风景区的环境容量进行了测算③。

在风景资源管理监控方面,《风景名胜区条例》中第三十一条规定"国家建立风景名胜区管理信息系统,对风景名胜区规划实施和资源保护情况进行动态监测"。但实际上,我国风景区中已建立管理监测系统的还较少,有些国家级风景名胜区及世界遗产地也只进行过管理评价考核的研究④。近年来,国家建设部门正在逐步建立遥感监管机制,通过将风景区的卫星遥感图片与地形图数据、规划数据等进行对比,来监测风景区内建设活动与用地变化情况,希望通过国家宏观监管方式来管控风景区中的违法建设行为⑤。

(五) 风景名胜区利益相关者研究

生态系统管理将人类要素作为系统的重要组成部分,因此,风景区利益相关者的研究对于风景区生态系统管理有重要意义。

"利益相关者(stakeholder)"是一个来自管理学的概念,最早出现于 20 世纪 60 年代,确立于 20 世纪 80 年代,是指"任何能影响组织目标实现或被该目标影响的群体或个人"⑥。

20 世纪 80 年代末,利益相关者研究开始在旅游地和国家公园等领域兴起⑦。国外

① 金丽芳,刘雪萍. 3S 技术在风景区规划中的应用研究[J]. 中国园林,1997(06):23 - 25.
② 阳次中. 3S 技术支持下的黄山风景区生态地质环境敏感性分析[D]. 合肥:合肥工业大学,2013.
③ 刘礼,李明阳. 基于 GIS 的中山陵风景区环境容量计算方法研究[J]. 内蒙古林业调查设计,2007(02):42 - 45.
④ 罗玲. 我国风景名胜区风景资源管理对策与评价初探[D]. 北京:北京林业大学,2008.
⑤ 张景华. 风景名胜区保护培育规划技术手段研究[D]. 北京:北京林业大学,2011.
⑥ 周玲. 旅游规划与管理中利益相关者研究进展[J]. 旅游学刊,2004(06):53 - 59;Freeman R E. Strategic management:a stakeholder approach [M]. Boston:Pitman Publishing Inc,1984;Freeman R E,William M E. Corporate governance:a stakeholder interpretation [J]. Journal of Behavioral Economics,1990(19):337 - 359.
⑦ 郭华. 国外旅游利益相关者研究综述与启示[J]. 人文地理,2008(02):100 - 105.

有关旅游地和国家公园利益相关者研究主要集中在利益相关者主体的界定[①]和利益相关者参与规划管理决策方面[②]。

国内于 2000 年左右首先将利益相关者理论引入旅游领域[③]。之后,风景区利益相关者研究也逐步展开,主要集中于对利益相关者的界定,对各自利益诉求和利益相关者博弈的分析。姚国荣、陆林运用专家评分法和频度法对安徽九华山风景区核心利益相关者进行实证研究,结果表明员工、居民、经营户、游客、僧尼和九华山风景区管理委员会为风景区的核心利益相关者[④]。郑仕华对云南石林风景区的利益相关者的界定及其关系进行了探索,确定了石林风景区主要利益相关者的构成以及他们之间的关系[⑤]。王芳和姚崇怀认为风景区的利益相关者来自不同的行业和部门,这些不同利益诉求的组织或群体共同构成了一个错综复杂的利益网络,并在此分析的基础上建构了基于利益相关者的风景区评价指标体系和评价模型,对湖北省郊野型风景区进行了可持续发展评价[⑥]。张瑞林根据利益相关者理论,确定政府、景区管理机构、资源主管部门、经营企业、旅游者、社区居民和旅游中介机构为风景区经营管理中主要的利益主体,并在对利益主体的利益诉求分析和博弈分析的基础上,探讨了构建新的经营管理体制模式的研究[⑦]。吴亚平等以贵州省贵

---

① Chris R, Montgomery D. The attitudes of bakewell residents to rourism and issues in community responsive tourism [J]. Tourism Management, 1994, 15(5): 358 - 369；Marilynn P F, Patricia H. Ethics in tourism-reality or hallucination [J]. Journal of Business Ethics, 1999, 19(01): 137 - 142；Robson J, Robson I. From shareholders to stakeholders: critical issues for tourism marketers [J]. Tourism Management, 1996, 17(07): 533 - 540；Ryan C. Equity, management, power sharing and sustain ability: issue of "new tourism"[J]. Tourism Management, 2002, 23(01): 17 - 26.

② Bramwell B, Sharman A. Collaboration in local tourism policymaking [J]. Annals of Tourism Research, 1999, 26 (02): 392 - 415；Ritchie J R B. Crafting a value-driven vision for a national tourism treasure [J]. Tourism Management, 1999, 20(03): 273 - 282；Mow J M, Taylor E, Howard M. Collaborative planning and management of the San Andres Archipelago's coastal and marine resources: a short communication on the evolution of the seaflower marine protected area [J]. Ocean & Coastal Management, 2007, 50(03/04): 209 - 222；李正欢,郑向敏. 国外旅游研究领域利益相关者的研究综述[J]. 旅游学刊, 2006, 21(10): 85 - 90.

③ 张广瑞. 全球旅游伦理规范[J]. 旅游学刊, 2000, 15(03): 71 - 74；保继刚,钟新民. 桂林市旅游发展总体规划 (2001—2020)[M]. 北京: 中国旅游出版社, 2002；张伟,吴必虎. 利益主体理论在区域旅游规划中的应用——以四川省乐山市为例[J]. 旅游学刊, 2002, 17(04): 63 - 68.

④ 姚国荣,陆林. 旅游风景区核心利益相关者界定——以安徽九华山旅游集团有限公司为例[J]. 安徽师范大学学报 (人文社会科学版), 2007(01): 102 - 105.

⑤ 郑仕华. 石林风景区主要利益相关者及其关系分析[J]. 技术与市场, 2007(10): 86 - 88.

⑥ 王芳,姚崇怀. 基于利益相关者的郊野型风景名胜区可持续发展评价研究——以湖北省为例[J]. 自然资源学报, 2014(07): 1225 - 1234.

⑦ 张瑞林. 基于利益相关者理论的风景名胜区管理体制创新研究[D]. 武汉: 中南民族大学, 2008.

阳市红枫湖风景区为例,对风景区利益相关者的博弈演化做了研究。他认为在地方政府主导下,红枫湖景区利益相关者之间的博弈呈现出阶段性演化的特征。为实现政府自身的核心利益要求,不同时期地方政府管理目标及管理体制不断改变,政策的不断调整导致各方利益相关者之间权力关系急剧演变和更替,各利益相关者利益损失,最终风景区整体长期利益的严重受损①。

三、森林公园生态系统及其管理的相关研究现状

森林公园生态系统及其管理的研究较少,相关的研究主要包括森林公园资源管理、森林公园旅游影响分析、森林公园承载力和环境容量研究等。

1. 森林公园生态系统研究

关于森林公园生态系统研究的文献较少,主要包括森林公园生态系统服务、生态系统恢复、生态系统稳定性和承载力、生态系统健康评价等相关研究。

阳柏苏通过建立生态系统服务功能评价指标体系,采用物质量和价值量评价的方法,对张家界国家森林公园的生态系统服务功能进行了评价;并进一步探讨了旅游开发活动对森林公园土地利用格局和生态系统服务功能的影响②。贺锋论述了北京奥林匹克森林公园的生态系统服务功能,并通过意愿调查评价法对奥林匹克森林公园的美学、休闲娱乐和科研教育等生态系统非使用价值进行了评估③。

叶永忠根据地形、海拔、土壤质地、土壤养分、植物种类、植被类型、人类活动等因素将高山生态系统划分为 13 个生态类型区,并分析得出了适合高山森林公园不同生态类型区的生态系统恢复的植物树种和重建技术措施④。

王雪峦从构成森林生态系统的环境要素,树种的生物学、生态学、年龄结构特

---

① 吴亚平,陈志永,费广玉.国家风景名胜区利益相关者阶段性博弈演化分析——以红枫湖为个案[J].生态经济,2011(09): 145 - 149.
② 阳柏苏.景区土地利用格局及生态系统服务功能研究[D].长沙:中南林业科技大学,2005.
③ 贺锋,董金凯,谢小龙,等.北京奥林匹克森林公园人工湿地生态系统服务非使用价值的评估[J].长江流域资源与环境,2010(07): 782 - 789.
④ 叶永忠,范志彬,翁梅,等.嵩山国家森林公园退化生态系统恢复重建的研究[J].河南科学,1995(04): 349 - 354.

征儿方面分析了净月潭国家森林公园的生态系统稳定性,在此基础上以面积、线路、游乐设施为限制因子,计算了净月潭国家森林公园的旅游环境承载力[1]。

张启在对森林生态系统健康特征分析的基础上构建了生态系统健康评价指标体系,并进一步对雾灵山森林公园的植物、土壤、水体等生态因子进行了健康评价分析;在此基础上还研究了人类活动与森林公园生态系统健康的关系。他认为,人为活动对植物盖度影响最为明显;随着人为干扰强度的增大,系统的多样性指数逐渐降低;人们的践踏可使土壤硬度、水分含量下降[2]。

2. 森林公园旅游资源管理研究

唐东芹全面调查了东平国家森林公园旅游资源,并从公园整体、景区及景点三个层次对东平森林公园的旅游资源进行了综合评价[3]。王小德从地形地貌、天象资源、生态环境、生物资源和人文资源5个方面调查分析了浙江省森林公园资源的特征,比较了浙江省有代表性的多个森林公园的资源开发利用情况,提出了保护与开发相结合的森林公园资源可持续开发利用的途径[4]。张运来对乌龙国家森林公园的旅游资源进行了综合评价,并探讨了森林公园旅游资源合理开发利用的途径[5]。邓立斌在对千山仙人台国家森林公园风景资源详细调查和资源特点分析的基础上,采用定性和定量相结合的方法对森林公园的森林景观资源、地貌景观资源、天象景观资源、人文景观资源,以及区域环境质量、风景资源质量和旅游开发条件进行了全面评价[6]。

3. 森林公园旅游影响研究

邓金阳探讨了游人游憩活动对张家界国家森林公园的土壤和植被的影响,并评估了游客对生态环境改变的可接受度[7]。石强对张家界国家森林公园游道两边土壤的硬度、含水率、容重等指标进行了测度和分析,并采用土壤影响指数评价了

---

① 王雪峦.净月潭国家森林公园生态系统稳定性及旅游环境承载力分析[D].长春:东北师范大学,2008.
② 张启.人为活动强度与雾灵山森林公园生态系统健康关系的研究[D].保定:河北农业大学,2004.
③ 唐东芹,赵纪闻,李永涛.东平国家森林公园旅游资源评价[J].上海农学院学报,1999(03):195-200.
④ 王小德,张万荣,方金凤.森林公园资源的特征及开发利用[J].浙江林学院学报,2000(01):90-94.
⑤ 张运来,那守海,张杰.乌龙国家森林公园生态旅游资源评价与开发[J].东北林业大学学报,2002(01):51-53.
⑥ 邓立斌,李艳宏,吴小群.千山仙人台国家森林公园风景资源评价[J].西北林学院学报,2004(01):123-125.
⑦ 邓金阳,吴云华,全龙.张家界国家森林公园游憩冲击的调查评估[J].中南林学院学报,2000(01):40-45.

各游览区中旅游活动对公园土壤的综合影响[1]。石强又就旅游活动对张家界国家森林公园中植被的影响进行了研究[2]。李征采用游览频率、旅游影响系数、植被景观重要值、物种丰富度、环境质量重要值、伴人植物比例及管理力度系数7项指标对芜湖市各森林公园中旅游与环境质量的关系进行了分析,并探讨了旅游对环境质量及植被影响的规律[3]。李志飞通过问卷调查和访谈的方法,就柴埠溪国家森林公园中土家族居民对旅游影响的感知和态度进行了研究,研究发现居民对旅游带来的正面影响的感知明显强于对负面影响的感知,旅游对当地居民的经济影响强于社会文化影响[4]。

4. 森林公园承载力和环境容量的相关研究

孙道玮等探讨了生态旅游环境承载力的内涵,分析了生态旅游环境承载力的组成、性质、分类、计算方法,对净月潭国家森林公园的生态旅游环境承载力进行了计算,并提出了对净月潭国家森林公园生态旅游环境承载力的优化策略[5]。汪君通过测算生态环境承载力、资源空间承载力、居民心理承载力、经济承载力对冶力关国家森林公园的综合旅游环境承载力进行了估算[6]。杜方明分析了天堂寨国家森林公园旅游环境承载力的组成结构,并依据木桶理论对公园旅游环境的承载力进行了测算,发现天堂寨国家森林公园旅游环境承载力中最主要的约束因素是住宿承载力、道路承载力和停车空间承载力[7]。

四、地质公园生态系统及其管理的相关研究现状

与地质公园生态系统管理相关的研究主要包括地质公园生态环境研究、地质

① 石强,雷相东,谢红政.旅游干扰对张家界国家森林公园土壤的影响研究[J].四川林业科技,2002(03):28-33.
② 石强,钟林生,汪晓菲.旅游活动对张家界国家森林公园植物的影响[J].植物生态学报,2004(01):107-113.
③ 李征,刘登义,王立龙,等.旅游开发对芜湖市森林公园植被与环境质量的影响[J].生物学杂志,2005(03):33-36.
④ 李志飞.少数民族山区居民对旅游影响的感知和态度——以柴埠溪国家森林公园为例[J].旅游学刊,2006(02):21-25.
⑤ 孙道玮,俞穆清,陈田,等.生态旅游环境承载力研究——以净月潭国家森林公园为例[J].东北师大学报(自然科学版),2002(01):66-71.
⑥ 汪君,蒋志荣,车克均.冶力关国家森林公园旅游环境承载力分析[J].干旱区资源与环境,2007(01):125-128.
⑦ 杜方明,赵怀琼.天堂寨国家森林公园旅游环境承载力研究[J].合肥工业大学学报(社会科学版),2008(03):5-10.

公园资源研究、地质公园开发与保护研究等。

1. 地质公园生态环境相关研究

直接针对地质公园生态系统的研究还很少,郭文栋等从生态系统、资源环境、经济和社会等几个方面建构了生态承载力评价指标体系,并对五大连池地质公园的生态承载力进行了综合评价[1]。尹忠通过定性与定量相结合的方法,对石花水洞地质公园做了生态环境影响研究[2]。

2. 地质公园资源相关研究

地质公园资源的研究较丰富,主要从资源特征、资源分类、资源评价、景观资源这些方面展开研究。杨更等探讨了新疆喀纳斯国家地质公园资源的完整性和多样性,并从地质剖面、地质构造、地貌景观、地质遗迹等方面分析了其资源特征[3]。张阳等在对陕西岚皋南宫山地质公园地质背景详细调查的基础上,对南宫山地质公园的地质遗迹资源类型及特征进行了分析,探讨了其地质学意义[4]。武红梅等将迁安—迁西国家地质公园的地质遗迹资源划分为地层学遗迹、地貌类遗迹、构造地质遗迹和古生物化石遗迹四大类,并运用层次分析法对其资源价值进行了评价[5]。刘海龙等对江油国家地质公园的地质遗迹景观资源特征进行了剖析,认为该地质公园中包括岩溶洞穴、标准地层剖面、古生物化石、峡谷地貌等地质景观类型,并采用定性和定量方法对该地质公园的地质遗迹景观价值做了分析评估[6]。

3. 地质公园开发与保护研究

地质公园开发与保护相关研究涉及资源环境的保护与利用的协调、人地关系的协调等问题,与生态系统管理有一定关系。徐家红等针对张掖丹霞地质公园的生态环境在发展旅游业中受到冲击的问题,切实分析了该地质公园的地质遗迹资源特征,并对其资源进行分类分级,并提出了分级保护与专门保护相结合的生态保

① 郭文栋,梁雪石,魏延军,等.五大连池国家地质公园生态承载力综合评价指标体系研究[J].国土与自然资源研究,2018(04):58 - 60.
② 尹忠.层次分析熵法在石花水洞地质公园生态环境影响评价中的应用[J].现代农业科技,2018(06):174 - 177.
③ 杨更,陈斌,张成功,等.新疆喀纳斯国家地质公园地质遗迹资源及其地学意义[J].干旱区资源与环境,2012,26(04):194 - 199.
④ 张阳,杨望暾,查方勇,等.陕西岚皋南宫山地质公园资源特征及地质意义[J].山地学报,2016,34(02):181 - 186.
⑤ 武红梅,武法东.河北迁安—迁西国家地质公园地质遗迹资源类型划分及评价[J].地球学报,2011,32(05):632 - 640.
⑥ 刘海龙,刘岁海,刘爱平.江油国家地质公园地质遗迹景观资源特征及评价[J].中国岩溶,2013,32(01):108 - 116.

护策略,在此基础上探讨了开展地质科普与旅游观光活动的合理性,倡导地质公园资源保护与利用协调发展的途径[①]。董瑞杰谈论了风沙地貌类地质公园的旅游资源时空特征,对该类地貌的美学价值、环境容量等进行了分析,并探索了风沙地貌地质公园资源保护与旅游开发协调发展的模式[②]。高燕在分析了滨海地质公园生态和资源特征的基础上,提出以生态服务功能为导向的滨海地质公园开发和保护模式,探讨了在生态保护前提下,合理利用滨海资源发展旅游业,促进滨海地区经济发展的途径[③]。

五、相关研究的评述

1. 生态系统及其管理方面

学界对自然保护区中生态系统方面的研究较为关注,有很多关于自然保护区的生态系统特征、生态系统服务、生态系统评价、生态系统恢复的研究文献,但从生态系统整体性角度对自然保护区进行管理研究并不多见,没有出现系统性的生态系统管理方法。

关于其他三类保护地中生态系统的研究都很少,已有的少量研究主要是借助一般自然生态系统的研究方法,对生态系统服务功能测算、生态风险和生态健康做的一些分析评价研究。

2. 生态环境保护方面

涉及四类保护地生态环境保护管理的研究较受人重视,主要包括对保护地生态环境状况的评价研究、人类活动对保护地生态状况的影响研究、保护地生态环境的恢复研究等。

3. 旅游资源研究

除了自然保护区之外,其他三类保护地中旅游资源研究都是重点,包括旅游风

① 徐家红,王媛媛,廉小莹,等.张掖丹霞地质公园地质遗迹景观资源的开发与保护[J].干旱区资源与环境,2013,27(09):198-204.
② 董瑞杰.沙漠旅游资源评价及风沙地貌地质公园开发与保护研究[D].西安:陕西师范大学,2013.
③ 高燕.生态服务功能导向的滨海地质公园开发与保护研究[D].武汉:中国地质大学,2013.

景资源的调查评价、旅游风景资源的价值分析、旅游风景资源的保护利用等，可见旅游功能在这三类保护地中都占有重要地位，另外也说明了几类保护地暂时还处于传统自然资源管理的阶段。

4. 保护与利用关系的研究

四类保护地的保护与利用关系的研究也是重要内容，但研究中较多的是探讨保护与利用哪个更重要，保护与利用的关系如何平衡等话题，很少有从一个整体系统去考虑如何协调保护与利用关系的研究。保护与利用关系的研究虽然很受重视，但是实际效果并不好，保护与利用的矛盾和冲突等问题仍然是当前各类保护地中的核心问题。

总之，当前我国自然保护区、风景名胜区、森林公园和地质公园四类保护地管理的研究和实践还主要处在传统自然资源管理的阶段，还没有将系统的生态系统管理方法真正运用到保护地管理中。当然，在自然保护区的研究中，生态系统及其管理方面较受关注，其他几类保护地中也已经体现出要从生态系统角度去考虑风景区管理的思想。本书将生态系统管理方法引入我国国家公园的资源管理中，可以拓展当前的研究思路，改进管理的效果，具有一定的理论意义和实践意义。

第三节　国外国家公园和自然保护地的生态系统管理研究状况

国外与我国国家公园制度相似的有其他国家的国家公园和 IUCN 的自然保护地体系。美国国家公园和 IUCN 自然保护地生态系统管理的研究和实践开始较早，并取得了一定成效，其他国家的国家公园也陆续开始尝试生态系统管理方法，相关的研究和实践总结可以为我国国家公园开展生态系统管理提供借鉴。

一、美国国家公园生态系统管理研究

美国国家公园在自然资源管理过程中也并不是一开始就注意到对整个生态系

统进行管理的重要性，其管理发展历程呈现从不注重生态到重视生态保护，从孤立生态保护到生态系统管理的转变。美国国家公园资源管理发展历程大致可以分三阶段：①关注美学资源管理，忽视生态保护阶段；②孤立的生态保护阶段；③生态系统管理阶段。

1. **阶段一：关注美学资源管理，忽视生态保护（19世纪初—1963年）**

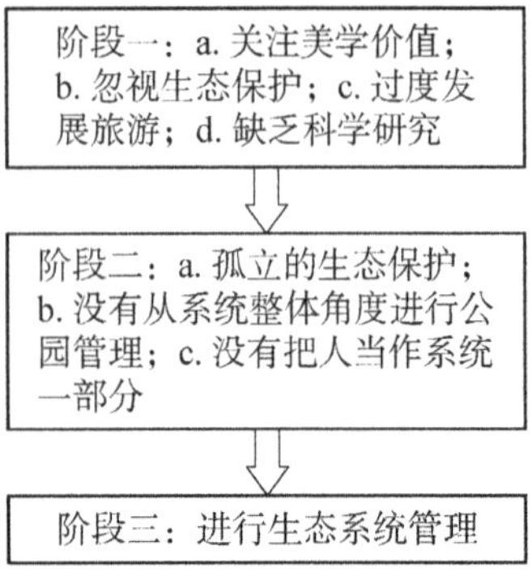

19世纪初，美国的自然保护主义者和旅游开发商共同说服国会立法建立了世界上第一个国家公园①。国家公园最初的建立，并不包含现代意义上的环境保护的内涵。美国建立国家公园最直接的目标是保护那些自然奇观免受私人破坏和滥用，从而展示美国特性②。直到20世纪60年代生态学创立以前，生物保护在很大程度上仍是以人类的价值观和情感好恶作为标准的，这对国家公园的生态系统造成了破坏③。

暴露的主要问题有：①过度注重游憩利用。早期的国家公园内的游憩、住宿设施往往是原野型的，后来为了满足游客需求，改善国家公园的基础设施和旅游服务设施条件，美国人在国家公园内完成了数量众多的建设性工程项目，设施越来越高档和豪华，却大大破坏了国家公园的生态系统和自然原野状态④。②凭喜好管理。国家公园早期的管理，主要是保护人类喜欢的物种（主要是大型有蹄动物，如麋鹿）、消灭不喜欢的物种和不利于喜好物种的行为过程。主要的方法有：人工喂养、控制肉食猛兽、林火控制、消除疾病和病原体等⑤。但是，这样的简单粗犷的保护方式不能维持复杂生态系统的稳定状态和栖息

图中流程图：

阶段一：a.关注美学价值；b.忽视生态保护；c.过度发展旅游；d.缺乏科学研究

↓

阶段二：a.孤立的生态保护；b.没有从系统整体角度进行公园管理；c.没有把人当作系统一部分

↓

阶段三：进行生态系统管理

图2-1　美国国家公园管理三阶段

---

① 吴保光.美国国家公园体系的起源及其形成[D].厦门：厦门大学,2009.

② 同上。

③ 同上。

④ 周年兴,黄震方.国家公园运动的教训、趋势及其启示[J].山地学报,2006(06)：721-726；杨锐.借鉴美国国家公园经验　探索自然文化遗产管理之路[J].科学中国人,2003(06)：28-31.

⑤ Wright R G. Wildlife management in the national Parks：questions in search of answers [J]. Ecological Applications，1999,9(01)：30-36.

地条件①。③缺乏科学研究。当时人们在不了解公园的物理、生物、文化状况以及它们之间的相互关系的情况下进行公园管理。但是"你不能管理好你所不了解的东西"②,由于缺乏科学研究,国家公园的管理对生态系统造成了很大破坏。

2. 阶段二:孤立的生态保护(1963年—20世纪80年代)

20世纪60年代以来,随着美国大众环境意识的觉醒,在学术界和环保组织的压力下,国家公园局在资源管理方面开始重视生态保护③。1963年,利奥波德委员会颁布了《利奥波德报告》,强调国家公园署的主要政策应该以生态系统的科学认识为前提,重视保护管理程序的多样性和有效性,强调科学研究是所有管理计划的基础④。在此基础上,1964年,国家公园局建立了自然科学研究办公室,并任命了首席科学家,并且在1978年,首席科学家西奥多·苏迪亚(Theodore Sudia)被任命为国家公园署副主任,至此,科学家们在国家公园内寻求到了合法的位置⑤。

虽然在这一时期,国家公园开始逐渐重视生态保护,但此阶段的生态保护主要还是静态的、孤立的。人们仍然不能从生态系统整体性角度管理生态问题,比如,仍然通过捕杀昆虫来保护树种、抑制当地物种,没有将当地居民当作生态系统的一部分,倡导积极管理方式而不尊重国家公园的自然规律⑥。

3. 阶段三:生态系统管理(20世纪80年代至今)

20世纪80年代,科学家们发现"岛屿式"的生态保护是有缺陷的,应该由单一保护走向网络化保护、跨行政边界的保护⑦。比如在美国黄石国家公园就成立了"大黄石联盟",以此来控制管理统一的区域性生态系统⑧,之后还成立了大黄石协调委员会(GYCC)。GYCC作为大黄石区域生态系统管理的协作平台,每年召开一

① Wright R G. Wildlife management in the national parks: questions in search of answers [J]. Ecological Applications, 1999,9(01): 30 - 36.
② Halvorson W L, Davis G E. Science and ecosystem management in the natioanal parks [M]. Tucson: The University of Arizona Press, 1996.
③ 杨锐.借鉴美国国家公园经验 探索自然文化遗产管理之路[J].科学中国人,2003(06):28 - 31.
④ 周年兴,黄震方.国家公园运动的教训、趋势及其启示[J].山地学报,2006(06):721 - 726.
⑤ 同上。
⑥ Halvorson W L, Davis G E. Science and ecosystem management in the natioanal parks [M]. Tucson: The University of Arizona Press, 1996.
⑦ 周年兴,黄震方.国家公园运动的教训、趋势及其启示[J].山地学报,2006(06):721 - 726.
⑧ Lynch H J, Hodge S, Albert C, et al. The greater yellowstone ecosystem: challenges for regional ecosystem management [J]. Environmental Management, 2008,41(06): 820 - 833.

次会议,会上四大政府机构官员与当地利益团体、商业团体、非政府环保组织和科研工作者共同商议区域生态系统管理事务[①]。当前,大黄石生态系统委员会的联邦政府机构管理者、美国地质勘查局和来自高校的科学家共同确定了影响大黄石生态系统的三大威胁:气候变化、土地使用变化和入侵物种,并将之作为当前黄石国家公园生态系统管理的主要内容。

同时人们开始认识到人与自然和谐共生的重要性。国家公园早期的生态保护思想往往排斥人为因素的影响,而这一时期人们开始认识到国家公园中原住民的生态意义。原住民由于长期与自然的互动而与生态系统形成了一个有机整体,是维持生态系统可持续的重要因素[②]。人们在国家公园生态保护中逐渐认识到人与自然协调发展的重要性,并推广社区参与的生态保护机制。

人们也逐渐发现将国家公园生态系统作为一个整体进行管理的重要性,很多公园都尝试采用生态系统管理方法[③]。威廉等在其著作《国家公园科学和生态系统管理》中总结了 12 个国家公园开展生态系统管理的案例,以证实国家公园进行科学的生态系统管理的作用和意义[④]。除了美国国家公园外,其实不少国家的国家公园也都开展了生态系统管理的研究和实践,比如仇恩等通过加拿大安大略国家公园的生态系统管理实践,提出了一个生态系统管理的标准化方法,由 11 个专项组成:生态系统保护规划、公园生态系统资料清单和分析、公园生态系统范围、合作领域、利益相关者分析、协作组织的管理导则、科学研究项目、生态指标、生态完整性监测项目、信息网、传播策略等[⑤]。林登麦伊尔围绕三个具体问题:林火管理、肉食动物管理和某种外来植物的管理,探讨了澳大利亚波特里国家公园的生态系统

① Lynch H J, Hodge S, Albert C, et al. The greater yellowstone ecosystem: challenges for regional ecosystem management [J]. Environmental Management, 2008,41(06): 820 - 833.

② 周年兴,黄震方. 国家公园运动的教训、趋势及其启示[J]. 山地学报,2006(06): 721 - 726.

③ Halvorson W L, Davis G E. Science and ecosystem management in the natioanal parks [M]. Tucson: The University of Arizona Press, 1996.

④ William L H, Gary E D. Science and ecosystem management in the national parks [M]. Tucson: The University of Arizona Press, 1996.

⑤ Zorn P, Stephenson W, Grigoriev P. An ecosystem management program and assessment process for Ontario national parks [J]. Conservation Biology, 2001,15(02): 353 - 362; Carpenter S, Brock W, Hanson P. Ecological and social dynamics in simple models of ecosystem management [J]. Conservation Ecology, 1999,3(02): 4 - 25.

管理实践①。

虽然，当前国家公园生态系统管理的研究和实践还很有限，但是，大家已经基本形成坚持生态系统管理的共识，因为只有更好地进行科学研究，更好地认识生态系统和过程，更好地考虑与周边情况的联系，才有可能更好地管理好国家公园，这一点是必然的。另外，也不能等所有的生态问题都搞清楚了才去采取措施，而是要边行动边研究，所以生态系统适应性管理方法正好是一个联系监测实验（科研）和管理的好途径，共同促使科研和管理②。

国家公园资源管理的发展经历了从仅关注国家公园自然资源的美学价值和游憩利用到关注生态保护和生态价值，从认为国家公园生态系统是静态的、孤立的景观到认识到国家公园生态系统是动态变化的、与外界有重要联系的统一整体，再到明确公园需要积极的适应性管理的过程③，国家公园的资源管理逐渐从人为主观的孤立管理方式走向科学系统的生态系统管理方式。

二、IUCN 自然保护地生态系统管理研究

IUCN 也将生态系统管理确立为一种自然保护的重要管理工具，在全球范围进行推广④。

IUCN 于 1996 年成立了生态系统管理委员会，将推动生态系统管理方法的应用作为首要任务，IUCN 现已有大约一千名在全球从事生态系统管理工作的成员⑤。

IUCN 认为生态系统管理方法的应用有助于均衡地实现《生物多样性公约》的3 个目标：有效保护；可持续利用；公平、公正地享有开发基因资源所带来的利益。

---

① Lindenmayer D B, Macgregor C, Dexter N, et al. Booderee national park management: connecting science and management [J]. Ecological Management & Restoration, 2013,14(01): 2 - 10.
② Wright R G. Wildlife Management in the national parks: questions in search of answers [J]. Ecological Applications, 1999,9(01): 30 - 36.
③ Halvorson W L, Davis G E. Science and ecosystem management in the natioanal parks [M]. Tucson: The University of Arizona Press, 1996.
④ http://www.iucn.org/knowledge/tools/tools/conservation/.
⑤ http://www.iucn.org/about/union/commissions/cem/.

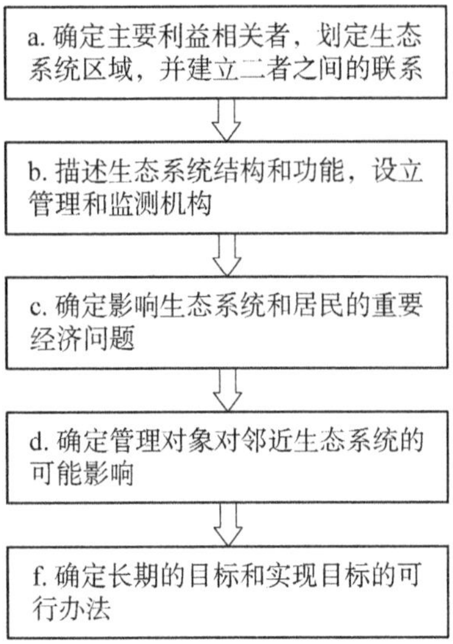

a. 确定主要利益相关者，划定生态系统区域，并建立二者之间的联系

b. 描述生态系统结构和功能，设立管理和监测机构

c. 确定影响生态系统和居民的重要经济问题

d. 确定管理对象对邻近生态系统的可能影响

f. 确定长期的目标和实现目标的可行办法

图 2-2　IUCN 的生态系统管理方法

IUCN 与生物多样性公约组织合作，制定了生态系统管理的 12 条原则①，并于 2000 年 5 月在肯尼亚召开的《生物多样性公约》第五次缔约方大会上将生态系统管理的 12 条原则作为全世界推进生物多样性保护与生态系统管理的指导原则。

随后，为了更好地指导实践，IUCN 生态系统管理委员会又对生态系统管理的 12 条原则进行归纳，提出了生态系统管理方法的 5 个步骤：①确定主要利益相关者，划定生态系统区域，并建立二者之间的联系；②描述生态系统结构和功能，设立管理和监测机构；③确定影响生态系统和居民的重要经济问题；④确定管理对象对邻近生态系统的可能影响；⑤制订长期的目标和实现目标的可行办法（见图 2-2），为全球开展生态系统管理实践提供了指导②。

IUCN 认为生态系统管理方法是一种综合各种方法来解决复杂社会、经济和生态问题的管理方式，它提供了一个将多学科的理论与方法应用到具体管理实践中的科学和政策框架。IUCN 生态系统管理委员会已在北美洲、南美洲、亚洲、欧洲等地开展了生态系统管理的众多实践。IUCN 生态系统管理委员会当前开展的项目包括"生态系统红色名录""景观管理""气候变化的应对""缓解自然灾害""生态系统服务"等 23 个生态系统管理主题性项目③。

从 2003 年起，IUCN 生态系统管理委员会开始出版生态系统管理丛书④，主要介绍生态系统管理实践成果，让大家认识到生态系统保护的意义。

---

① Secretariat of the Convention Diversity. Handbook of the convention on biological diversity: including its cartagena protocol on biosafety(3rd)[R]. Montreal: Secretariat of The Convention Diversity, 2005.

② Shepherd G. The ecosystem approach: five steps to implementation [R]. Gland, Switzerland and Cambridge, UK: IUCN, 2004.

③ http://www.iucn.org/about/union/commissions/cem/.

④ http://sapiens.revues.org/1428.

在 IUCN 的推动下，生态系统管理方法在全世界生物多样性保护与自然资源管理中都得到了推广应用①。

三、相关研究的评述

国外国家公园保护管理研究和实践经历了忽视生态保护到孤立的生态保护再到生态系统管理的过程，国家公园应该采用科学系统的生态系统管理模式已成为共识，大量的国家公园都开始将生态系统管理的理念和方法引入实际管理中。但由于不同国家公园差异较大，管理者知识水平和管理方式也各不相同，因此还没有形成统一的管理模式。

IUCN 也很早就开始倡导生态系统管理的理念，与生物多样性公约组织合作提出的生态系统管理原则和五步骤的操作模式，在全球范围内推广生态系统管理的研究和实践中，取得了不错的进展，但是 IUCN 提出的生态系统管理的原则和步骤方法还较为笼统，针对具体的生态系统管理对象，还需要根据实地情况和管理者的情况重新制订具体的管理策略和管理手段。

从全球范围生态系统管理的研究和实践看，虽然生态系统管理的思想已经得到了大家的基本认同，但是生态系统管理方法还远未达到成熟的水平。

---

① http://www.iucn.org/knowledge/tools/tools/conservation/.

第三章

国家公园生态系统管理理论分析

　　绪论中已经探讨过,由于当前我国保护地管理中存在众多问题,有必要在我国国家公园建设管理中引入具有综合性、系统性、科学性和适应性特征的生态系统管理方法。但生态系统管理并没有统一的管理模式存在,对于不同特征的生态系统需要进行专门分析,从而制订适合该生态系统的管理方法。虽然美国国家公园和IUCN保护地体系中都已使用生态系统管理方法,但是美国国家公园中没有形成统一的生态系统管理模式,而IUCN提出的生态系统管理原则也较为笼统,难以直接借用。因此,要对我国国家公园进行生态系统管理,就需要依据生态系统管理理论,根据我国国家公园生态系统特征构建出适合我国国家公园的生态系统管理理论和方法体系。

　　本章首先阐释了生态系统管理理论,并对我国国家公园生态系统特征进行了分析,在此基础上探讨了国家公园生态系统的管理目标、基本原理、管理思路和原则,并最终构建了国家公园生态系统管理方法的体系框架。

第一节　生态系统管理理论的阐释

一、自然资源管理思路的转变

生态系统管理是自然资源管理发展的新阶段，是随着人们对生态系统认识的不断深化而出现的新的管理方式。

自然资源是人类生存的基础，人类发展的历史可以说就是人类认识和利用自然资源的历史[①]。人类对自然资源的认识水平决定了人类对自然资源的利用和管理方式。人类资源利用的历史发展，或者说人与自然的关系的进展，主要经历了3个阶段：第一阶段，原始社会时期，人类对自然的认识十分有限，对自然的利用以狩猎和采摘为主，主要是等待自然的恩赐，还不存在对自然的管理；第二阶段，步入农业社会之后，人类开始主动利用和索取，对自然进行驯化、栽培、开采，开始对自然进行管理以获得更高更稳定的自然产出；第三阶段是从 20 世纪中叶开始，人类逐渐认识到对自然的不合理开发利用会造成巨大危害和资源问题，从而认识到可持续发展的重要性，开始追求人与自然的全面协调发展[②]。

可以发现，人与自然关系的前两个阶段，人类对自然的利用和管理关注的核心就是自然产出，人类对自然的管理只涉及部分对人类有直接利用价值的资源，往往通过多重利用、单种种植、集约经营等方式进行管理，目的在于不断提高自然资源的产出。但是，对自然中其他的生物和非生物环境，以及自然向人类提供的除产出服务（供给服务）外其他的生态系统服务则漠不关心。往往未综合考虑生态系统，不遵从生态系统特征和规律，而是沿用传统的自然资源管理方式的基本理念（见图 3-1）。

因为没有遵循生态系统特征和自然规律，传统的自然资源管理方式经常出现纯林化栽植、生态系统结构简化和稳定性降低、生物多样性降低、生态功能减弱、病

---

① 卜善祥,等.国内外自然资源管理体制与发展趋势[M].北京：中国大地出版社,2005.
② 同上。

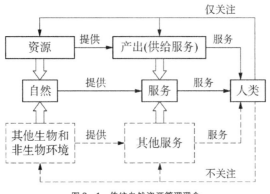

图 3-1　传统自然资源管理理念

虫灾害增加等众多问题[①]。在人类社会早期,由于人口数量少、生产力低下,对自然资源的利用还很有限,所以没有出现明显的生态环境问题;但是,随着人口不断增加、人类生产力的快速提高,人类对资源的需求急剧增加,逐渐暴露出资源短缺、环境破坏等问题。因而传统的自然资源管理方式受到了强烈质疑。

　　基于过去的教训,人们逐渐认识到仅仅关注单一资源和产出的传统资源管理方式难以实现可持续发展,只有整个自然生态系统处于健康状态,才能保证系统持续地提供资源和产品。另外,自然除了给人类提供资源和产品外,还同时为人类提供调节服务、支持服务和文化服务,这些都是人类生存发展所必需的。另外,人类也是系统的一部分,人类在享受自然提供的服务的同时,还通过各种活动对自然造成正面或负面的影响,随着人类生产力和科技的发展,人类的影响越来越大,人类已经在生态系统中占了重要支配地位,所以,对生态系统的管理不能脱离人类要素(见图 3-2)。

　　随着人们对生态系统认识的逐渐深化,人们开始意识到只有使生态系统"所有齿轮"保持良好的运转状态,保证整个生态系统的可持续发展,才能持续为人类提供服务,满足人类的发展需求。由此,生态系统管理思想应运而生。

---

① 杨学民,姜志林.森林生态系统管理及其与传统森林经营的关系[J].南京林业大学学报(自然科学版),2003,27(04):91-94.

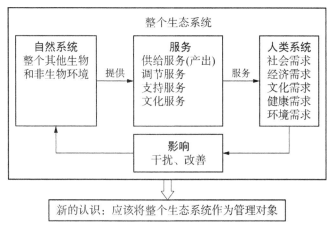

图 3-2　生态系统管理理念

二、生态系统理论是生态系统管理的理论基础

生态系统管理是在人们对生态系统的认识不断加深的基础上发展起来的,只有遵循生态系统特征把整个生态系统管理起来,才能管理好自然资源,使其更好地为人类服务。

遵循生态系统特征是生态系统管理的主要特点,生态系统相关研究的发展是推动生态系统管理进步的重要基础。生态系统概念的提出以及之后对生态系统结构、过程和功能等的研究成果,为人们更好地了解自然世界提供了新的思路和方法,使人们可以更好地认识生物与环境的关系,认识人类与自然的关系。所以生态系统理论是生态系统管理的重要理论基础。

生态系统概念是坦斯利(Tansley)在 1935 年首次提出的,之后不断完善,被公认为生态学界至今为止最重要的一个概念[①]。

生态系统主要是指在一定空间范围内生物群落与其非生物环境通过能量流

---

① 蔡晓明,蔡博峰.生态系统的理论和实践[M].北京:化学工业出版社,2012;刘增文,李雅素,李文华.关于生态系统概念的讨论[J].西北农林科技大学学报(自然科学版),2003,31(06):204-208.

动、物质循环、物种流动、信息传递而形成的相互作用、相互依存的动态复合体。简而言之,生态系统就是一定空间内生物群落与其非生物环境共同组成的具有一定功能的整体[①]。

生态系统和所有其他系统一样,是人们主观识别和想象的产物。一般人提到生态系统概念时,对其范围和大小并没有严格的限制,但把特定生态系统作为研究对象时,一般应根据研究目的界定研究范围。

在对生态系统的不断研究中,人们逐渐发现并总结了生态系统的许多特征,了解生态系统特征为人类处理生态系统问题、协调人与人关系都有重要意义。

1. 整体性特征

整体性是生态系统最重要的一个属性[②]。整体性指生态系统是一个有机整体,其存在方式、目标、功能都是通过统一的整体来表现的[③]。任何一个生态系统都是由生物和非生物多个组分结合而成的整体单元。任何一个生态过程都不是某一个或几个因子起作用,而是生态系统中多个因素共同作用[④]。生态系统各组分之间的相互关联又是极为复杂的,对一个组分因子的调控可能会影响到其他不可预见的因子的变化[⑤]。所以对生态系统中的任何问题都需要综合考虑。

遵循生态系统整体性特征可以改进我们对生态问题的理解。比如某些杀虫剂的应用并不能对环境产生直接影响,但是随着浓度沿食物链不断富集,某些鸟类种群繁殖会逐步减退[⑥]。如果,仅仅用一两个因子去分析问题,往往找不到问题的根源,从而使管理失效。

所以,我们不要脱离整个生态系统去研究某个机体或系统组分,而需要从生态系统整体来看待和管理生态问题。

2. 复杂性特征

生态系统是由生物和非生物环境组成的系统。生态系统中的生物往往不是单

---

① 蔡晓明,蔡博峰. 生态系统的理论和实践[M]. 北京:化学工业出版社,2012.
② 同上。
③ 同上。
④ 常杰,葛滢. 生态学[M]. 北京:高等教育出版社,2010.
⑤ [英]E. 马尔特比. 生态系统管理:科学与社会问题[M]. 康乐,韩兴国,等,译. 北京:科学出版社,2003.
⑥ 同上。

一物种,而是由众多物种组成的生物群落,具有生物多样性特征;系统中支持生命系统的非生物环境也总是多样的、复杂的。生态系统中各生物和非生物要素间相互关联、相互制约,构成一个系统化的整体。生态系统的复杂性常超越了人类的理解范围,可以概括为:生态系统空间变化的复杂性、时间变化的复杂性、结构功能的复杂性以及系统中相互作用的复杂性[①]。

3. 层级性特征

小到一个池塘,大到整个生物圈,都是生态系统[②]。所以生态系统是具有层级性的,由若干有序的层级组成[③]。

很多学者对生态系统的层次性进行了研究[④],然而大家并没有对生态系统层级特征形成完全统一的认识。不少学者将"生态系统"视为高于群落/种群,低于景观的一个单独层级[⑤]。但郝云龙等认为这样将"生态系统"单独列为一个层级的划分方式是有矛盾的,因为任何生态学研究中的任何生物存在形式(个体、种群、群落、景观、生物圈等)均可视为生态系统,都是生态系统概念的外延[⑥],现在又要将生态系统划为某个单独的层级显然是不合适的。本书较为认同郝云龙等学者的观点,不将生态系统单独列为一个层级,生态系统中(见图3-3)不同层级的生态系统在空间大小、时间长短、复杂性、分辨率等方面都随着层级变化而呈现出一定的规律性[⑦]。

不同层级的生态系统具有不同的特征和功能,所以不同层级上的问题必须在该层级上去分析解决[⑧]。生态系统的层级性特征告诉我们,在对生态系统管理中,选择合适的系统层级和管理尺度是很重要的。

---

① 蔡晓明,蔡博峰.生态系统的理论和实践[M].北京:化学工业出版社,2012.

② 同上。

③ 同上。

④ 常杰,葛滢.生态学[M].北京:高等教育出版社,2010;曹凑贵.生态学概论[M].北京:高等教育出版社,2006;蔡晓明,蔡博峰.生态系统的理论和实践[M].北京:化学工业出版社,2012;郝云龙,王林和,张国盛.生态系统概念探讨[J].中国农学通报,2008,24(02):353-356.

⑤ 常杰,葛滢.生态学[M].北京:高等教育出版社,2010;蔡晓明,蔡博峰.生态系统的理论和实践[M].北京:化学工业出版社,2012.

⑥ 郝云龙,王林和,张国盛.生态系统概念探讨[J].中国农学通报,2008,24(02):353-356.

⑦ 蔡晓明,蔡博峰.生态系统的理论和实践[M].北京:化学工业出版社,2012.

⑧ 同上。

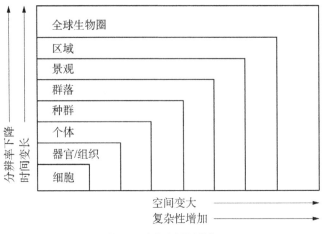

图 3-3　生态系统层次结构

4. 自我调节性特征

在外界变化或干扰时,生态系统都具有自我调节能力[1]。生态系统的自我调节能力主要体现为抵抗力和恢复力。抵抗力是指生态系统抵抗(缓和或消除)外界干扰的能力[2]。抵抗力强的生态系统在外界干扰下,系统波动较小。恢复力是指系统在一定的状态范围内变化,然后又恢复到原来状态的能力。但是,系统如果超过了一定的变化范围就不能恢复,而跃迁到其他状态[3]。图 3-4 反映了生态系统状态随时间变化的情况,系统从时间点 a 开始受到外界干扰,从而发生变化,至时间点 b 时,通过自身的调节能力又恢复到了正常状态。从受干扰的时间点 a 到复原时间点 b 之间的时间长短说明了生态系统的恢复力强弱;从系统状态点 m 到 n 的变化反映了系统抵抗力的大小。生态系统在正常功能的范围内可以表现出很多不同的系统状态。但当外来干扰强度过大时,系统难以再恢复到原来的状态,生态系统就会出现退化(见图 3-4 中曲线 d),转变为其他的系统演替状态。

所以,要使生态系统能稳定可持续发展,外界对生态系统的干扰不应该超过系

---

① 常杰,葛滢.生态学[M].北京:高等教育出版社,2010.
② [美]K. A. 沃格特,J. C. 戈尔登,J. P. 瓦尔格,等.生态系统:平衡与管理的科学[M].欧阳华,王政权,王群力,等,译.北京:科学出版社,2002.
③ 同上.

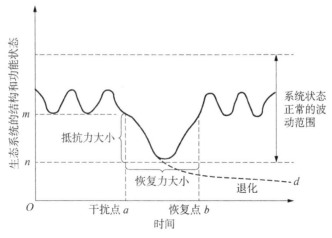

图3-4 生态系统自我调节机制[1]

统的自我调节能力,否则系统就会出现退化,甚至走向衰亡。

5. 动态性特征

生态系统是一个动态系统,不断变化是生态系统的一个特征[2]。

生态系统的结构、功能和生态学过程都会不断发生变化[3],系统状态呈现波动性(见图3-5)。生态系统的内部因素、外部环境变化和人类影响都会引起生态系统的动态变化。而且生态系统的动态变化有时候具有非线性、间歇性、不可预测性

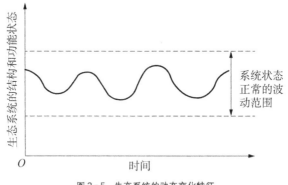

图3-5 生态系统的动态变化特征

---

① [美]K. A. 沃格特,J. C. 戈尔登,J. P. 瓦尔格,等. 生态系统:平衡与管理的科学[M]. 欧阳华,王政权,王群力,等,译. 北京:科学出版社,2002.

② 于贵瑞. 生态系统管理学的概念框架及其生态学基础[J]. 应用生态学报,2001,12(05):787-794.

③ [美]K. A. 沃格特,J. C. 戈尔登,J. P. 瓦尔格,等. 生态系统:平衡与管理的科学[M]. 欧阳华,王政权,王群力,等,译. 北京:科学出版社,2002.

和多途径等特征①。

6. 不确定性特征

生态系统还具有不确定性特征,主要表现为:①状态不确定性。由于生态系统非常复杂,经常受到随机干扰,生态系统是否处于可持续状态具有不确定性②。②干扰不确定性。生态系统的环境条件受大气环流、地质运动所控制,具有极大的地理分异性,气候变化、人类干扰等外来干扰的不确定性,使得生态系统情况变得更加复杂。③响应不确定性。生态系统对于干扰行为的响应也具有不确定性,不同时空条件下,生态系统对外来干扰表现出不同的响应。④人类认识的不确定性。我们现有知识和技术水平的限制和生态系统本身的复杂性,使我们难以获得对生态系统的准确认识。随着生态学的发展,虽然在对某些简单生态系统的理解和把握上人类取得了很大的进步,但是对于复杂的大系统而言,还是难以真实地把握它们的系统动力学特征,我们对于生态系统的现有理解和生态系统机能的一些典型解释是临时的、不完整的③。我们应该把不确定性看作生态系统的一个正常的部分,并把它纳入管理过程中去考虑④。

7. 边界的相对性特征

生态系统概念自产生以来,一直可作为功能单位来理解,很少涉及其物理结构和边界划分的讨论。事实上,所有生命系统都是有边界的,生态系统的边界是一个生态系统与外界的区分处,可能是清晰的,也可能是模糊的、过渡的⑤。

生态系统处于一个嵌套等级结构中,然而为了描述和分析生态系统,研究者常常将其从实际中抽离出来,放入一定边界范围内⑥。生态系统范围和边界取决于研究人员的兴趣和便利性⑦。

生态系统管理必须在适当的尺度范围内进行才能有效。适当的管理范围主要取决于系统的结构、管理的目标、自然干扰(洪水、滑坡等)的范围、相关的生物学过

① [美]福斯特·恩杜比斯.生态规划历史比较与分析[M].陈蔚镇,王云才,译.北京:中国建筑工业出版社,2013.
② 杨荣金,傅伯杰,刘国华,等.生态系统可持续管理的原理和方法[J].生态学杂志,2004,23(03):103-108.
③ 于贵瑞.生态系统管理学的概念框架及其生态学基础[J].应用生态学报,2001,12(05):787-794.
④ 杨荣金,傅伯杰,刘国华,等.生态系统可持续管理的原理和方法[J].生态学杂志,2004,23(03):103-108.
⑤ 常杰,葛滢.生态学[M].北京:高等教育出版社,2010.
⑥ [美]福斯特·恩杜比斯.生态规划历史比较与分析[M].陈蔚镇,王云才,译.北京:中国建筑工业出版社,2013.
⑦ 同上.

程(病虫害、生物繁殖等)以及构成种群的扩散特征等①。

通常研究人员通过扩大生态系统的边界将研究区域内所有的功能过程包含在内。例如，将养分循环和能量流动过程包含在研究范围内，保证研究的完整性②。

行政边界划分一般没有考虑生态系统的完整性特征，而对生态系统的分析和管理需要在生态系统过程和结构较为完整的范围内进行，所以，很多时候就需要跨边界生态系统管理。

8. 人类是生态系统的重要组成部分

以往生态学的一个局限就是过分强调无人的"自然"系统，人类活动总是被分离出来而列入社会科学的范畴，这使得人类对系统的作用和影响不能像系统的其他组分那样被考虑，这会导致系统分析的不完整。

但是地球上已经不存在未受人类影响的生态系统了③。人类已经是生态系统中最活跃的因素，既是生态系统服务的主要对象，又是系统的管理者，人类处于生态系统的支配地位。甚至有些生态系统经过上千年的人地共处，人类与自然形成了共生的状况，一旦传统的人与自然共处的方式(如土著居民的生活生产方式)被改变，反而会打破原来生态系统的稳定状态④。

人类的思想观念、行为方式等对生态系统具有重要影响，甚至可以改变生态系统的结构和功能。人类可以通过对环境的改变来影响系统中物种的变化，可以通过设置障碍限定物种的分布范围，可以赶走生物种群或者引入新的种群，可以通过土地利用的变化影响生态系统的稳定性，等等⑤。

人类已经是生态系统的重要组成部分，人类与自然系统之间通过紧密的相互联系而形成一个密不可分的整体，所以必须将人类作为生态系统中不可分割的一部分进行分析，才可能真正管理好整个生态系统。

9. 综合性特征

正是因为人类要素是生态系统的重要组成部分，人类在生态系统中的地位和

---

① [英]E. 马尔特比. 生态系统管理：科学与社会问题[M]. 康乐，韩兴国，等，译. 北京：科学出版社，2003.
② [美]福斯特·恩杜比斯. 生态规划历史比较与分析[M]. 陈蔚镇，王云才，译. 北京：中国建筑工业出版社，2013.
③ 马克明，孔红梅，关文彬，等. 生态系统健康评价：方法与方向[J]. 生态学报，2001(12)：2106 - 2116.
④ [英]E. 马尔特比. 生态系统管理：科学与社会问题[M]. 康乐，韩兴国，等，译. 北京：科学出版社，2003.
⑤ 刘增文，李雅素，李文华. 关于生态系统概念的讨论[J]. 西北农林科技大学学报(自然科学版)，2003，31(06)：204 - 208.

重要性越来越显著,人类社会、经济系统与生态环境关系十分紧密,所以对生态系统的管理必须多部门协作、多学科交叉,并有公众的广泛参与[①]。

虽然"生态系统"反映的往往是一个客观实体,但它更是一种思想方法,一种便捷认识复杂真实世界的思维方式[②]。生态系统概念将植物、动物、环境和人类社会整合在一个整体框架内去分析,将其作为一个系统去研究,这可以很大程度上改进我们对生态环境的认识,改善我们对环境问题的处理。

三、生态系统管理方法的内涵和特征

1. 生态系统管理遵循生态系统特征

生态系统管理的主要特点就是基于生态系统的特征进行管理。可以说,生态系统的基本特征决定了生态系统管理的基本内容和方法(见图3-6)。

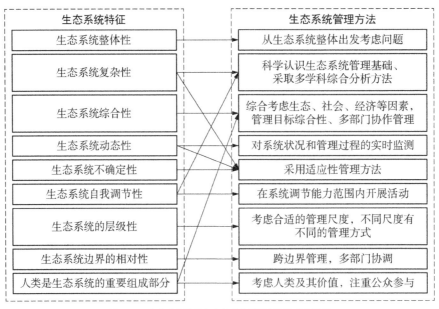

图3-6　生态系统特征与生态系统管理方法的对应关系

① [英]E. 马尔特比. 生态系统管理:科学与社会问题[M]. 康乐,韩兴国,等,译. 北京:科学出版社,2003.
② 刘增文,李雅素,李文华. 关于生态系统概念的讨论[J]. 西北农林科技大学学报(自然科学版),2003,31(06):204-208.

正是因为生态系统的整体性特征,所以生态系统管理中需要强调整体管理。生态系统的复杂性特征要求应以科学认识生态系统特征和状态作为生态系统管理的基础,要求多学科交叉合作,采取涉及生态学、自然地理学、动植物学、水文学、土壤学、经济学、社会学、管理学、法律学等多学科综合的管理方法。生态系统的综合性特征要求生态系统管理应综合考虑生态、社会、经济等多方面因素的相互关系,追求环境、社会、经济的综合协调、可持续,以达到管理整个系统的目标[1],还强调跨部门、多方利益主体共同参与的协作管理[2]。生态系统的动态性特征要求生态系统管理应监测生态系统的动态变化特征和限制因子,管理中强调对过程的监测、评价和反馈,以及时改进管理方案[3]。因生态系统具有自我调节特性,系统在自我调节能力范围内可以维持稳定可持续状态,而一旦超过了其自我调节能力,系统就可能出现退化甚至崩溃,所以,生态系统管理应保证人类活动在生态系统的自我调节能力范围内开展,保护生态系统的结构和机能,以维持生态系统服务。因为生态系统的复杂性和不确定性特征以及人类认识能力的局限性,所以生态系统管理必须采用灵活的适应性管理方法[4],通过对生态系统管理过程的及时监测和评价,不断调整改进管理方案,以逐渐逼近管理目标。生态系统的层级性特征要求生态系统管理在适当层级的时空尺度范围内进行,并考虑多层级协同管理,以核心层级为主,兼顾考虑相邻的层级。生态系统边界的相对性特征要求生态系统管理需要考虑跨边界协调管理[5],综合考虑相邻生态系统的相互影响。因为人类要素是生态系统的有机组成部分,所以生态系统管理必须把人类及其价值取向纳入生态系统中去考虑,将生态系统可持续和人类福祉实现的双重目标作为管理的最终目的[6]。

① Wood C. Ecosystem management: achieving the new land ethic [J]. Renew Nat Resour J, 1994(12): 6 - 12.
② 周杨明,于秀波,于贵瑞. 自然资源和生态系统管理的生态系统方法:概念、原则与应用[J]. 地球科学进展,2007,22 (02): 171 - 178.
③ 同上;Sexton W T. Ecosystem management: expanding the resource management 'tool kit' [J]. Landscape and Urban Planning, 1998,40(01): 103 - 112.
④ 周杨明,于秀波,于贵瑞. 自然资源和生态系统管理的生态系统方法:概念、原则与应用[J]. 地球科学进展,2007,22 (02): 171 - 178.
⑤ 角媛梅,肖笃宁,郭明. 景观与景观生态学的综合研究[J]. 地理与地理信息科学,2003(01): 91 - 95.
⑥ 冉东亚. 综合生态系统管理理论与实践[D]. 北京:中国林业科学研究院,2005.

2. 生态系统管理还没有形成统一的定义和操作模式

生态系统具有层次性,小到一个池塘,大到整个生物圈都可以称之为生态系统[①];生态系统类型多样,有森林生态系统、草原生态系统、沼泽生态系统、湖泊生态系统以及各类人工生态系统等;而不同层次尺度和不同类型的生态系统特征往往具有很大差异[②]。又由于人们对生态系统的认识水平很有限,不同的管理者对生态系统的认知和管理方式也会有很大差异。

因此到目前为止,生态系统管理仍然没有一个统一的定义[③]。不同学者或机构从不同的出发点给出了不同的定义,比如艾吉和约翰逊认为生态系统管理涉及调控生态系统内部结构和功能,输入和输出[④];我国学者任海等认为生态系统管理是指基于对生态系统组成、结构和功能过程的最佳理解,在一定的时空尺度范围内将人类价值和社会经济条件整合到生态系统经营中,以恢复或维持生态系统整体性和可持续性[⑤];美国内务部和土地管理局认为生态系统管理要求考虑整体环境,利用生态学、社会学和管理学理论来管理生态系统的生产、恢复或维持生态系统整体性和长期的功能和价值,它将人类要素、社会需求、经济需求整合到生态系统中[⑥];美国环保局认为生态系统管理是指恢复和维持生态系统的健康、可持续性和生物多样性,同时支撑可持续的经济和社会[⑦];此外还有很多不在此一一列举。

另外,虽然生态系统管理的实践在很多领域展开,生态系统管理思想逐渐得到大家的认可,但是具体如何开展工作并没有达成统一的认识,也没有公认的管理框架。从生态系统管理的实践和研究历程看,学者和管理者们把生态系统管理操作模式总结为一些管理议题、原则和步骤,以此来指导生态系统管理的实践。

早在 1994 年,格拉宾在总结以往生态系统管理的研究和实践基础上,总结了

① 蔡晓明,蔡博峰.生态系统的理论和实践[M].北京:化学工业出版社,2012.

② 同上.

③ [美]K. A. 沃格特,J. C. 戈尔登,J. P. 瓦尔格,等.生态系统:平衡与管理的科学[M].欧阳华,王政权,王群力,等,译.北京:科学出版社,2002.

④ Agee J, Johnson D E. Ecosystem management for parks and wilderness [M]. Seattle: University of Washington Press, 1988.

⑤ 任海,邬建国,彭少麟,等.生态系统管理的概念及其要素[J].应用生态学报,2000,11(03):455 - 458.

⑥ Usdoi B. Final supplemental environmental impact statement for management of habitat for late-successional and old-rowth related species within range of the northern spotted owl [R]. Washington D C: U. S. Forest Service and Bureau of Land Management, 1993.

⑦ Lackey R. Seven pillars of ecosystem management [J]. Landscape and Urban Planning, 1998,40(01 - 03):21 - 30.

生态系统管理所涉及的 10 个主题:生物多样性多层级的综合考虑、生态边界问题、生态完整性、生态系统的数据收集、适应性管理、生态系统监测、跨部门协作、人类因素融入生态系统、管理组织变化、人类价值,认为这 10 个主题构成了生态系统管理工作的主要内容[1]。之后,克里斯坦森[2]、马尔特比[3]、于贵瑞[4]等学者又分别从不同角度总结了生态系统管理的主要议题。

为了指导具体的管理实践,不少学者提出了一些管理原则[5]。迄今为止关于生态系统管理最系统全面的原则是 2000 年《生物多样性公约》缔约方大会所制订的生态系统管理的 12 条原则[6],内容如下:①生态系统管理目标是一个社会抉择问题;②应将管理权落到最低的适当一级;③生态系统管理者应考虑管理活动对相邻及其他生态系统的影响;④通常需要从经济的角度理解和管理生态系统;⑤保护生态系统的结构和机能,以维持生态系统服务,这是生态系统管理的优先目标;⑥必须在生态系统的承载能力范围内管理生态系统;⑦应在适当的时空尺度范围内应用生态系统管理方法;⑧由于生态系统过程具有时间尺度和滞后效应,生态系统管理的目标应当是长期性的;⑨管理必须认识到生态系统变化的必然性;⑩生态系统管理方法应力求生物多样性保护和利用的平衡与统一;⑪生态系统管理方法应考虑所有形式的相关知识,包括科学知识、乡土知识、创新做法和传统做法;⑫生态系统管理方法应侧重于让所有相关的社会部门和学科参与。

为了使生态系统管理方法更具操作性,IUCN 的生态系统管理委员会将这 12 条原则重组,提出了 5 个实施步骤[7]。在生态系统管理的研究和实践中,不同学者

---

① Grumbine R E. What is ecosystem management? [J]. Conservation Biology, 1994,8(01):27-38.

② Christensen N L, Parsons D J, Peterson C H, et al. The report of the ecological society of America committee on the scientific basis for ecosystem management [J]. Ecological Applications, 1996,6(03):665-691.

③ [英]E. 马尔特比. 生态系统管理:科学与社会问题[M]. 康乐,韩兴国,等,译. 北京:科学出版社,2003.

④ 于贵瑞. 生态系统管理学的概念框架及其生态学基础[J]. 应用生态学报,2001,12(05):787-794.

⑤ [英]E. 马尔特比. 生态系统管理:科学与社会问题[M]. 康乐,韩兴国,等,译. 北京:科学出版社,2003;[美]K. A. 沃格特,J. C. 戈尔登,J. P. 瓦尔格,等. 生态系统:平衡与管理的科学[M]. 欧阳华,王政权,王群力,等,译. 北京:科学出版社,2002;冉东亚. 综合生态系统管理理论与实践[D]. 北京:中国林业科学研究院,2005;Pavlikakis G E, Tsihrintzis V A. A quantitative method for accounting human opinion, preferences and perceptions in ecosystem management [J]. Journal of Environmental Management, 2003,68(02):193-205.

⑥ Secretariat of The Convention Diversity. Handbook of the convention on biological diversity:including its cartagena protocol on biosafety(3rd)[R]. Montreal:Secretariat of The Convention Diversity, 2005.

⑦ Shepherd G. The ecosystem approach:five steps to implementation [R]. Gland, Switzerland and Cambridge, UK: IUCN, 2004.

又针对不同的研究对象提出了很多不同的实践步骤[①]。

在以往的生态系统管理实践中,管理者主要依据以上的议题、原则和步骤,结合具体问题,通过各种管理手段和技术来实现生态系统的有效管理。

3. 生态系统管理的基本共性

虽然由于生态系统本身的复杂性和多样性以及人类认知能力的有限性,生态系统管理没有形成统一的定义,但总结以往生态系统管理的研究和实践也可以得出一些基本的共识。

生态系统管理主要是生态系统和管理两个重要概念的集合。生态系统是主要的研究对象,管理是人类的重要实践活动,人们通过各种手段把生态系统管理起来,使其更好地为人类服务[②]。

因为生态系统管理是以生态系统为管理对象,遵循生态系统特征,所以首先是要了解生态系统特征和状态,这是管理的基础;如果发现生态系统状态不佳、出现不利的变化,就需要综合分析引起生态系统状态变化的原因;在此基础上,根据生态系统的特征,选择合适的管理方法。所以生态系统管理中主要涉及几个关键问题:①如何分析和认知生态系统特征和状态? ②导致生态系统变化的原因是什么? ③如何基于生态系统特征进行管理? 虽然生态系统管理并没有形成统一的操作模式,但是以往的研究和实践可以说基本都是围绕这三个问题展开的(见图3-7)。

首先,要回答"生态系统的特征和状态如何",根据生态系统的整体性、综合性、人类是生态系统重要组分等特征,以往生态系统管理研究和实践中相应提出了生态系统完整性和健康评价方法、相关数据收集、利益相关者分析、生态系统结构功能的分析和了解等方法和议题[③]。

其次,需要回答"生态系统状态变化的原因是什么",同样基于生态系统整体性、动态性和综合性等特征,以往研究相应提出了生态系统动力学机制分析、社会

---

① 杨荣金,傅伯杰,刘国华,等.生态系统可持续管理的原理和方法[J].生态学杂志,2004,23(03):103-108;赵云龙,唐海萍,陈海,等.生态系统管理的内涵与应用[J].地理与地理信息科学,2004,20(06):94-98;Brussard P F,Reed J M, Tracy C R. Ecosystem management: what is it really? [J]. Landscape and Urban Planning, 1998, 40 (01): 9-20.

② 孙濡泳.生态学进展[M].北京:高等教育出版社,2008.

③ 杨荣金,傅伯杰,刘国华,等.生态系统可持续管理的原理和方法[J].生态学杂志,2004,23(03):103-108.

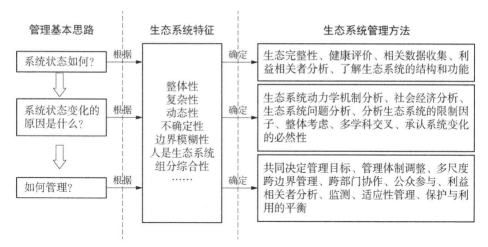

图3-7　生态系统管理的基本共性

经济分析、生态系统问题分析、生态系统的限制因子分析、整体考虑、多学科交叉、承认生态系统变化的必然性等原则和方法[①]。

最后，就是要回答"如何去管理生态系统"，针对生态系统的复杂性、不确定性、动态性、边界模糊性、人类是生态系统重要组分，以及生态、社会、经济的综合性等特征，以往研究相应提出了共同决定管理目标、管理体制调整、多尺度跨边界管理、利益相关者分析、跨部门协作、公众参与、监测、适应性管理、保护与利用的平衡等原则和方法[②]。

所以，生态系统管理可以归结为是基于对生态系统特征和状态的充分了解，利用自然科学和社会科学的多学科知识对生态系统存在的不协调因素、不利变化及其驱动机制进行综合、系统的分析，从而通过利益相关者分析、跨部门协作、公众参与、对管理过程的监测和适应性管理等方法，以实现整个生态系统（包括自然生态系统与人类社会经济系统）的协调可持续发展。

4. 生态系统管理的主要特征

根据以上分析可以总结出生态系统管理的一些特征（见图3-8）：

---

① Secretariat of The Convention Diversity. Handbook of the convention on biological diversity：including its cartagena protocol on biosafety(3rd)［R］. Montreal：Secretariat of The Convention Diversity, 2005.

② Wood C. Ecosystem management：achieving the new land ethic［J］. Renew Nat Resour J, 1994(12)：6-12；郑景明，罗菊春，曾德慧. 森林生态系统管理的研究进展［J］. 北京林业大学学报,2002(03)：103-109.

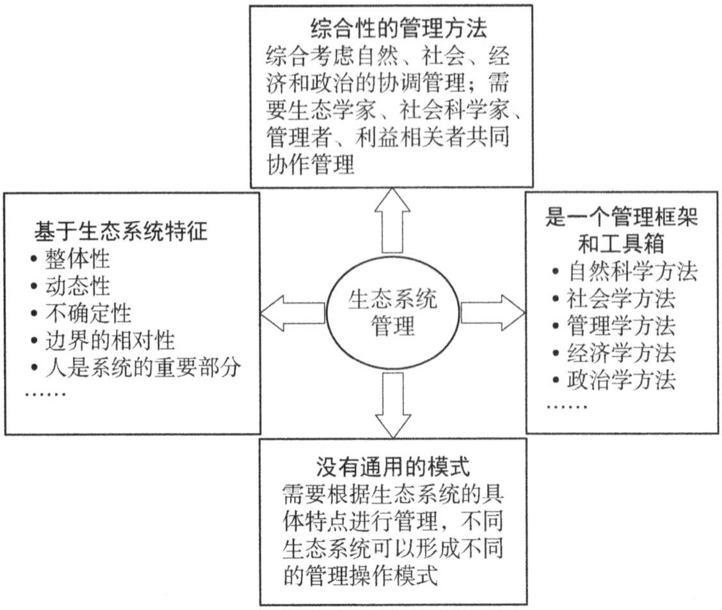

图 3-8　生态系统管理的特征

（1）生态系统管理遵循生态系统特征。对生态系统基本结构、功能和特征的了解是生态系统管理的前提。生态系统管理以科学研究为基础。任何的管理措施都要基于对系统的科学分析之上，遵循科学指导管理的宗旨。

（2）生态系统管理是综合性的管理方法，须综合考虑自然、社会、经济和政治的协调管理，需要生态学家、社会科学家、管理者、利益相关者共同协作[①]。生态系统管理的研究思路从单问题、单要素、单学科的研究转变成整体性、综合性的研究[②]。生态系统管理突出反映了资源和环境管理中的系统观和整体观[③]。

（3）生态系统管理是一个管理框架和工具箱，生态系统管理不是一种具体的自然资源管理方法，而是提供了一个将多个学科的理论与方法应用到具体管理实践中的科学性框架和工具箱[④]。

---

① ［英］E. 马尔特比. 生态系统管理：科学与社会问题［M］. 康乐，韩兴国，等，译. 北京：科学出版社，2003.
② 周杨明，于秀波为贵瑞. 自然资源和生态系统管理的生态系统方法：概念、原则与应用［J］. 地球科学进展，2007，22（02）：171-178.
③ 冉东亚. 综合生态系统管理理论与实践［D］. 北京：中国林业科学研究院，2005.
④ 周杨明，于秀波为贵瑞. 自然资源和生态系统管理的生态系统方法：概念、原则与应用［J］. 地球科学进展，2007，22（02）：171-178.

（4）生态系统管理并没有一个通用的模式，它需要根据生态系统的具体特点来管理，不同的生态系统可以形成不同的管理操作模式，因而生态系统管理这个术语通常以"某某的生态系统管理"的形式出现①。

四、生态系统管理与传统自然资源管理方式的比较

生态系统管理是在传统自然资源管理的基础上发展起来的，许多学者对生态系统管理方式和传统的自然资源管理方式进行了分析比较②，得出生态系统管理比以往自然资源管理更有优势③；本书在对前人研究的分析基础上，对生态系统管理与传统自然资源管理的比较结果进行了归纳（见表3-1），从中发现生态系统管理的进步和优点。

表3-1 生态系统管理方式与传统自然资源管理方式的比较

对比内容	传统自然资源管理方式	生态系统管理方式
管理思维	对系统分割处理，只看到系统的局部；物种濒危时才采取措施；从单问题、单要素、单学科进行研究	从生态系统整体出发考虑问题；整体性、综合性研究
管理眼界	关注近期经济效益；关注系统的资源产出	关注长远利益；关注整个生态系统的可持续发展
管理的科学性	凭人为主观意愿指导管理行为；管理不基于对生态系统的科学认识之上；管理关注上级规定的指标、任务	依靠科研基础进行管理；重视对生态系统本身的科学分析
管理方式	忽视系统的不确定性，认为系统是不变的；僵化机械的管理	承认系统的复杂性和不确定性，灵活的适应性管理；根据人类对问题认知的深化，不断反馈、不断调整管理目标和手段
管理目标	针对问题的管理；以解决当前问题为管理目标；只关注出现的问题，忽视潜在的问题，管理的负面效应大，管理滞后	针对目标的管理；以整个生态系统的可持续发展为总管理目标；关注系统整体的可持续，解决潜在的问题、威胁，使单个资源管理中的负面效应减少

① 周杨明，于秀波，于贵瑞. 自然资源和生态系统管理的生态系统方法：概念、原则与应用[J]. 地球科学进展，2007，22（02）：171-178.

② Sexton W T. Ecosystem management: expanding the resource management 'tool kit' [J]. Landscape and Urban Planning. 1998，40(01)：103-112.

③ 赵云龙，唐海萍，陈海，等. 生态系统管理的内涵与应用[J]. 地理与地理信息科学，2004，20(06)：94-98；Pavlikakis G E，Tsihrintzis V A. Ecosystem management: a review of a new concept and methodology [J]. Water Resource Management，2000(14)：257-283.

对比内容	传统自然资源管理方式	生态系统管理方式
管理体制	自上而下的管理,局限于部门内部,缺乏横向的协调沟通;条块分割的部门管理	多部门协作,跨部门协同管理
公众参与性	缺乏利益相关者参与	重视利益相关者的利益诉求;注重公众参与管理
管理边界、尺度	只关注边界内管理;不太关注尺度问题;以行政单元为基础	跨边界管理、多尺度管理;不同尺度有不同的管理方式;考虑自然生态系统的完整性
对待人类的态度	将人类排除在系统之外,仅作为影响因素考虑	将人类作为生态系统的有机组成部分
管理过程的关注度	关注管理结果,不关注管理过程	关注管理的过程;有一套方法来检验管理过程和管理效果

五、生态系统管理理论的启示

生态系统管理方法提供了一个更为广泛的管理基础,为政府、社团和私人之间的合作提供了一个更具操作性的管理框架,使综合的、跨学科的、公众参与的和可持续的管理成为可能[①]。

生态系统管理并没有一个固定的模式,它要求从生态系统的角度来看问题,是一个极具个性特色的方法。根据不同的管理者、不同的研究对象,需要制订与之相适应的具体的生态系统管理方法。所以,对于我国国家公园生态系统的管理也需要建构新的合适的管理模式。

第二节　国家公园生态系统分析

我国国家公园是我国一类新增的保护地类型,主要由我国目前自然保护地体系中符合国家公园基本特征的保护地调整而成[②]。

---

① 周杨明,于秀波,于贵瑞.自然资源和生态系统管理的生态系统方法:概念、原则与应用[J].地球科学进展,2007,22（02）：171 - 178.
② 欧阳志云,徐卫华.整合我国自然保护区体系,依法建设国家公园[J].生物多样性,2014（04）：425 - 427.

从我国国家公园的内涵和外延来看,我国国家公园兼具自然要素和人类要素,自然生态系统和自然资源是公园的基础,而人类要素及其活动,以及文化遗产资源在公园中也占有重要地位。国家公园是复合生态系统,不但具有一般生态系统的特征,而且具有复合生态系统和人地关系系统的特征。因此,除了一般生态系统理论外,复合生态系统理论和人地关系理论也是解读国家公园生态系统的理论基础。

一、国家公园生态系统分析的理论基础

(一) 复合生态系统理论

1. 复合生态系统的内涵和特征

我国生态学家马世骏、王如松提出了"社会—经济—自然"复合生态系统理论[①]。复合生态系统是以人为主体的社会经济系统和自然生态系统在特定区域内通过相互作用而形成的复合系统[②]。国际上对复合生态系统的研究一般分自然与非自然两个方面,其一般定义为"人类与自然耦合系统"(coupled human and natural system)[③]。

复合生态系统是由自然生态系统和人类社会经济系统共同组成的。复合生态系统具有一般自然生态系统类似的生物和非生物要素,物质循环、能量流动、信息传递等系统过程,以及自组织的特性。但复合生态系统又不同于一般生态系统的自组织结构,这主要是因为人不同于一般的生物,人在生态系统中,既是一般消费者,又是决策者和调控者,人是复合生态系统的核心[④]。

复合生态系统理论是联系社会与自然生态系统的桥梁[⑤]。在复合生态系统中,最活跃的积极因素是人,最强烈的破坏因素也是人,人兼具社会属性和自然属性。

---

① 马世骏,王如松.社会—经济—自然复合生态系统[J].生态学报,1984,4(01):1-9.
② 马世骏,王如松.社会—经济—自然复合生态系统[J].生态学报,1984,4(01):1-9;郝欣,秦书生.复合系统的复杂性与可持续发展[J].系统辩证学学报,2003,11(04):23-26.
③ Basset A. Ecosystem and society: do they really need to be bridged? [J]. Aquatic Conservation: Marine and Freshwater Ecosystems, 2007(17): 551-553; Liu, et al. Complexity of coupled human and natural systems [J]. Science, 2007(317): 1513-1516.
④ 周鸿.人类生态学[M].北京:高等教育出版社,2001.
⑤ 彭天杰.复合生态系统的理论与实践[J].环境科学丛刊,1990(03):1-98.

一方面,人是系统的主人,以巨大的能动性促使大自然为自己服务,提升人类物质文化生活水平;另一方面,人毕竟是大自然的一部分,人类的一切活动,都不能违背自然生态系统的基本规律,受到自然的约束①。

2. 复合生态系统理论的启示

人类既是复合生态系统的组成部分,又是整个系统的主导者,人类活动既可能促进系统物质、能量和信息流的循环,也可能破坏系统循环。复合生态系统理论把人类经济社会系统作为复合生态系统的子系统,即要求人类的活动要接受复合生态系统的制约。人类必须加深对复合生态系统的认识,人类活动必须遵从复合生态系统规律,使整个复合生态系统可持续发展。

国家公园也是复合生态系统,也是由自然生态系统和人类社会经济系统共同组成的。在国家公园中,人类是国家公园的主要利用者、环境改造者和管理者,人类与国家公园环境的关系构成了国家公园生态系统的主要矛盾关系。国家公园中的人类活动也必须遵从生态系统的规律,人类系统要与自然系统相协调,从而促进国家公园复合生态系统可持续发展。

(二) 人地关系理论

人地关系是对人类与地理环境之间关系的一种简称②。人地关系系统是由地理环境和人类活动两个子系统交错构成的复杂、开放的巨型系统,具有一定的结构和功能机制③。

人地系统包含自然和人文两方面要素。自然方面要素包括:自然环境条件、自然资源、自然灾害等;人文方面要素包括:人口、心理行为、教育与就业、生产力布局、经济活动等④。

人地系统结构因素包括人类需求结构、人类活动结构、地理环境等⑤。人类需求结构是影响人地关系结构性变化的牵引动力。它有三个层次,即生存需求、享受

---

① 马世骏,王如松.社会—经济—自然复合生态系统[J].生态学报,1984,4(01):1-9.
② 杨青山,梅林.人地关系、人地关系系统与人地关系地域系统[J].经济地理,2001,21(05):32-37.
③ 吴传钧.论地理学的研究核心——人地关系地域系统[J].经济地理,1991(03):7-12.
④ 同上.
⑤ 杨青山.对人地关系地域系统协调发展的概念性认识[J].经济地理,2002,22(03):289-292.

需求和发展需求,不同发展阶段的人地系统往往具有不同的需求内容和需求形式。人类活动结构是人地系统的主体,一般包括生产活动、经济活动、社会文化活动等,这些活动控制着人类与地理环境相互作用的基本过程。地理环境是从供给方面制约人类系统发展的因素,包括自然环境和人文环境。自然环境制约着人类经济活动的方式、强度和规模;人文环境则影响人类活动的水平①。

在人地关系系统中,人类社会经济活动为一端,资源与自然环境为另一端,双方之间存在着多种相互作用关系,主要表现在两方面:第一,自然资源和环境对人类活动的促进或抑控作用;第二,人类对自然系统改善或破坏作用②。

人地关系系统的发展目标就是要协调人类活动与环境系统关系,实现可持续发展③。

国家公园也是人地关系系统,国家公园中人与环境的关系是系统的主要矛盾关系,决定着国家公园的存在和发展状况。有关国家公园生态系统的内在结构和作用关系的分析、人类活动与环境关系的调节都应以人地关系理论为指导,通过协调人类系统与环境系统的关系来实现国家公园的可持续发展。

二、国家公园生态系统结构分析

国家公园生态系统是一个复杂的大系统,不仅包括了生物要素及非生物的环境要素,还包括了人类要素及其活动,如社区居民的社会经济活动、游客的游憩活动以及管理经营者对国家公园的保护和开发活动等。因此,国家公园是自然生态环境与人类经济社会系统相互作用、相互依存、共同构成的具有特定结构和功能的复合生态系统④。

国家公园复合生态系统既有自然生态系统的特性,又有经济社会系统的特性,

---

① 杨青山.对人地关系地域系统协调发展的概念性认识[J].经济地理,2002,22(03):289-292.
② 吴传钧.论地理学的研究核心——人地关系地域系统[J].经济地理,1991(03):7-12.
③ 陈国阶.可持续发展的人文机制——人地关系矛盾反思[J].中国人口·资源与环境,2000(03):8-10.
④ 陈向红,方海川.风景名胜区生态系统初步探讨[J].国土与自然资源研究,2003(01):64-66;章怡.旅游景区生态系统管理研究——以龙胜龙脊梯田景区为例[D].桂林:桂林工学院,2006;杜丽,吴承照.旅游干扰下风景区生态系统作用机制分析[J].中国城市林业,2013(01):8-11.

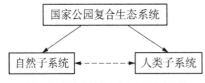

图3-9 国家公园复合生态系统基本结构

因而比自然生态系统更为复杂。国家公园作为复合生态系统主要分为自然子系统和人类子系统两个亚系统[①]（见图3-9）。自然子系统和人类子系统是紧密关联的，任何一个子系统出现问题，都会与另一个子系统产生联系，从而影响整个国家公园生态系统的状态。

在国家公园生态系统中，自然子系统和人类子系统之间又主要存在如下的基本关系：自然系统对人类系统的包含关系、二者的空间叠加关系、自然系统和人类系统的矛盾关系。

1. 自然系统和人类系统的包含关系

国家公园中自然系统是根本[②]，人类系统是以公园的自然系统为生存基础的，人类系统包含在国家公园自然生态系统之中。

（1）人类来自自然。自然系统是原来就存在的，人类系统则是自然演化的产物[③]。国家公园以其独特的自然景观和条件而不同于其他自然系统，人类因对优美环境的向往而趋向国家公园，并在国家公园中经营建设出人类的活动空间。

（2）人类依赖于自然。自然系统是人类系统存在和发展的基础，自然系统可以为人类系统提供资源、能量和生存空间[④]。只有当自然系统处于较好的状况时，人类系统才可能健康发展，一旦自然系统出现问题，发生退化，便难以为人类系统提供资源和生态服务，人类系统也难以健康发展。

（3）自然中的一部分提供给人类系统使用。国家公园作为我国的一类保护地，具有保护国家公园自然人文资源和生态环境的职责，国家公园中的土地并不是都为人类开放的，有不少地域被划为保护区，不允许人类进入，人类活动只能限于国家公园中划定的范围内，所以国家公园中人类系统是包含在自然系统内的（见图3-10）。

----

① 我国学者马世骏等提出的复合生态系统理论将复合生态系统分为自然子系统、人类社会子系统和人类经济子系统三个亚系统；但是国际上一般将复合生态系统分为自然系统和非自然系统（人类系统）两方面。本书采用国际上常用的分类方式，将人类社会子系统和人类经济子系统合称为人类子系统，与自然子系统共同构成复合生态系统的两个亚系统。
② 陈耀华，陈远笛.论国家公园生态观——以美国国家公园为例[J].中国园林，2016(03)：57-61.
③ 陈国阶.可持续发展的人文机制——人地关系矛盾反思[J].中国人口·资源与环境，2000(03)：8-10.
④ 吴传钧.论地理学的研究核心——人地关系地域系统[J].经济地理，1991(03)：7-12.

68　　国家公园生态系统评价与管理

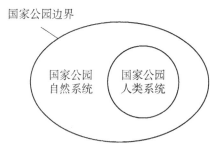

图3-10 国家公园自然系统和人类系统的包含关系

2. 自然系统和人类系统的空间叠加关系

在人类系统出现之前,国家公园生态系统主要是由一般生物和非生物组成的自然系统。后来,人类进入国家公园生态系统,并对之进行开发建设,人类系统才融入自然系统,从而形成如今包括自然和人类双重要素的国家公园复合生态系统。

从空间上看,国家公园中人类系统是后来叠加在自然系统空间范围之上而形成的(见图3-11)。叠加过程是一个漫长的过程,最初可能是一些居民为了拓展生存空间,而进入国家公园生态系统,并逐渐形成聚居村落;受国家公园自然生态系统优美环境的吸引,僧侣和道士们开始在其间建设寺庙和道观,文人雅士也在国家公园内建设休闲之用的别墅,从而慢慢形成了国家公园复合生态系统的空间格局。

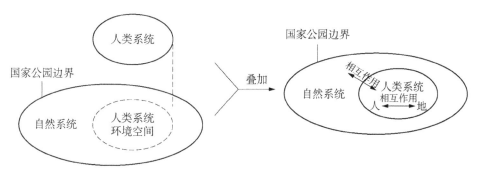

图3-11 国家公园自然系统与人类系统空间关系

人类系统与自然系统的作用关系,主要体现在人类活动空间范围内人与地的相互作用中,但是自然系统是一个存在广泛联系的系统,人类在其活动范围内对自然造成的影响会突破人类活动边界而影响到外面的自然系统(见图3-11),比如人类向河流排放的污染,会随着河流的流动而影响到下游人类活动范围之外的自然系统。

3. 自然系统和人类系统的矛盾关系

人类系统与自然环境系统的矛盾关系(人地关系)是国家公园生态系统的主要矛盾,决定着国家公园生态系统的发展状况。

在一般自然生态系统中,生物是主体,生物与自然环境的作用关系是系统的主要矛盾;而在复合生态系统中人类上升为生态系统的主体,人类与自然环境的关系,即人地关系,成为生态系统的主要矛盾[1]。

在国家公园复合生态系统中,人类社会经济活动会对自然生态环境造成各种影响,而自然环境对人类同样具有反作用。

人类活动的日益增多奠定了人类在国家公园生态系统中的主体地位,但这必须建立在与自然环境系统和谐共处的基础之上。人类应遵循生态系统的内在规律去主导生态系统,既要调控生态系统又要适应系统演变规律。

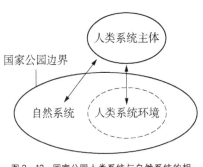

图3-12 国家公园人类系统与自然系统的相互作用关系

国家公园中人与自然的矛盾关系分两个方面:一是人类活动与其活动环境的关系;二是人类活动对外部自然系统的影响(见图3-12)。

人类活动与活动环境的关系主要在人类系统内解决即可;而与外界自然的关系,还需要系统分析和协调。

三、国家公园自然子系统阐释

这里的国家公园自然子系统,是指排除了人类因素的国家公园自然生态系统,是国家公园生态系统的物质基础。

---

[1] 石建平.复合生态系统良性循环及其调控机制研究[D].福州:福建师范大学,2005.

(一) 国家公园自然系统的要素、结构与功能

1. 自然系统构成要素

国家公园自然系统的构成要素主要包括非生物要素和生物要素两类。

国家公园自然生态系统的非生物环境要素包括地质地貌、气象气候、水文、土壤等,它们在很大程度上决定了国家公园生态系统的基本特征。

地质地貌:国家公园总是与富有特定地貌形态的地域联系在一起,自然风景是各类地貌自然美的总体反映,而地貌是构成自然风景总特征的基本条件[①]。

气候气象:国家公园因气候气象条件不同,可形成冰雪景观、日出、晚霞等奇特的天文气象,具有很高的审美价值。气候条件对植物群落的形成以及国家公园生态系统特征也会产生重要影响。

水文条件:水文要素是自然生态系统的重要组成部分,系统的生物生长和生态发展都离不开水文要素,国家公园水资源安全是可持续发展的关键因素。另外国家公园中湖泊、瀑布、各类泉水等景观,也都是在一定的水文地质环境下形成的。

土壤条件:土壤条件对于生态系统中植被、水文等都有重要影响。不同纬度和不同海拔的国家公园一般具有不同的土壤条件,往往会影响国家公园中的植被类型和生长状况,也会影响国家公园中的水文条件,从而影响国家公园的景观特色和生态特征。

国家公园自然系统的生物要素包括:生产者、消费者、分解者。生产者主要包括绿色植物和一些细菌,它们是生态系统中最基础的部分;消费者主要是指草食动物和肉食动物;分解者是将有机物分解为无机物的异养生物,在生态系统的物质循环中发挥了关键作用[②]。在陆地生态系统中,植物是系统的主要结构组分,决定了生态系统的外貌、空间结构、整个生态系统的物种结构和理化特性[③]。所以,植物群落基本决定了国家公园生态系统的主要景观外貌、空间结构和特征。

---

① 杨湘桃. 风景地貌学[M]. 长沙: 中南大学出版社, 2005.
② 盛连喜. 环境生态学导论(第二版)[M]. 北京: 高等教育出版社, 2009.
③ 常杰, 葛滢. 生态学[M]. 北京: 高等教育出版社, 2010.

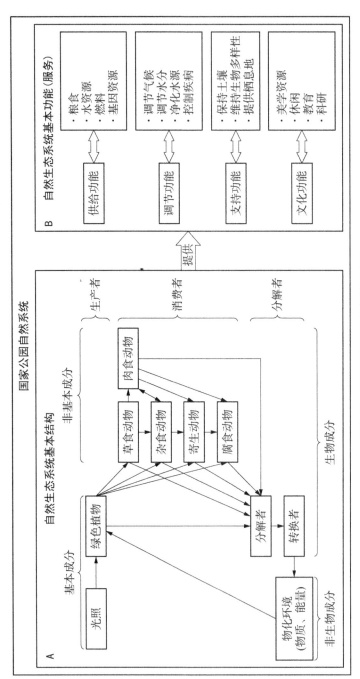

图 3 - 13　国家公园自然系统基本结构和功能

2. 自然系统基本结构和功能

任何生态系统都是由生物群落与非生物物理环境组成的整体。国家公园中自然生态系统也是如此，主要由非生物环境物化要素和生物要素(生产者、消费者、分解者)组成，通过相互之间的物质能量循环构成相互关联的生态系统，并具有为人类提供调节服务、供给服务、支持服务和文化服务等生态系统服务功能[1](见图3-13)。

(二) 国家公园自然系统的稳定和退化机理

国家公园自然生态系统具有自我调节能力，自然生态系统所体现出的整体自我调节能力，是由生态系统内在的系统调节能力、生物调节能力和环境调节能力共同决定的[2]。

这种自我调节能力有助于维持生态系统的稳定可持续状态。来自内部和外部的干扰压力会影响自然生态系统状态，使系统结构和过程发生变化，但是一般的干扰只会引起自然生态系统轻微的变化，系统依靠其自身调节能力又可以恢复到正常状态，并维持稳定[3]。

国家公园自然生态系统的主要干扰因素包括：自然干扰因素和人类干扰因素。自然干扰因素有气象灾害、地质灾害、生物入侵灾害、地震、森林火灾等；而人类干扰因素主要包括生产活动、建设活动、旅游活动和生活污染排放等。这些干扰因素对自然生态系统的干扰方式主要表现为四个方面：土地/景观格局改变、非生物物化环境改变、生物干扰和资源汲取等[4]。国家公园自然生态系统主要通过其自身的调节能力来抵御这些干扰，使整个系统处于可持续状态。但是，自然生态系统自身的调节能力是有限的，当外界干扰没有超过系统本身的自我调节能力时，自然生态系统可以维持其稳定状态，并持续提供生态系统服务；一旦外界干扰超过了系统的自我调节能力，自然生态系统就会出现退化，从而导致其生态系统服务的退化(见图3-14)。

---

[1] 蔡晓明,蔡博峰.生态系统的理论和实践[M].北京：化学工业出版社,2012.

[2] 常杰,葛滢.生态学[M].北京：高等教育出版社,2010.

[3] 同上。

[4] 同上。

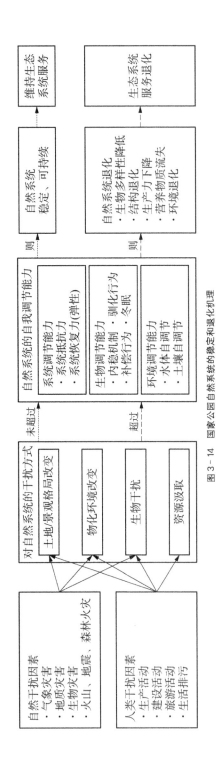

图 3 - 14　国家公园自然系统的稳定和退化机理

(三) 国家公园自然系统分类

国家公园生态系统具有层级性特征，根据其环境特征，又可以细分为多种生态系统亚类型，如森林生态系统、草地生态系统、水域生态系统、湿地生态系统、农田生态系统(半自然系统)等[①]。

一个国家公园自然生态系统可能包含多个亚类型的生态系统，不同的生态系统类型具有不同的特征。

四、国家公园人类子系统阐释

国家公园中的人类子系统，是指人类及其活动和活动空间环境所组成的综合体，是人类社会系统、人类经济系统和人类文化系统等的综合。

人类系统在国家公园生态系统中是以主体形式存在的，其构成要素主要包括人口、社会、经济和文化等。人类系统是整个国家公园生态系统的主要协调者，也是破坏者，人类系统的状况往往会决定整个国家公园系统的发展方向。

要使国家公园人类系统健康发展并与自然系统相协调，就必须清楚认识人类系统，了解系统内各要素的相互作用、系统的整体行为与调控机理以及人类系统与环境的作用关系等。

1. 国家公园人类系统的分析方法

生态系统结构和运行机制都非常复杂，直接进行分析会十分困难，本书采用概念模型法来帮助分析和更清晰地了解国家公园人类系统。

模型就是现实事物的简化结构，以特定的形式保留生态系统中相互作用的复杂动态关系，有助于分析和检验[②]。模型不是要"复制"现实，而是为更方便地理解和预测复杂的现实系统提供一个有效的工具[③]。

模型类型极为广泛，从描述性模型(如用文字或图形阐明关系)到复杂的数学

---

① 芦维忠,任继文. 甘肃麦积山风景区生态系统类型及特征研究[J]. 西北林学院学报,2005(02)：67 - 68;朱俊英. 冶力关风景区生态系统的脆弱性与恢复重建措施初探[J]. 林业实用技术,2008(S1)：7 - 9.
② [美]福斯特·恩杜比斯. 生态规划历史比较与分析[M]. 陈蔚镇,王云才,译. 北京：中国建筑工业出版社,2013.
③ 邬建国. 景观生态学——格局、过程、尺度与等级(第二版)[M]. 北京：高等教育出版社,2007.

模型。在生态系统管理研究中,数学模型常常很难建构,并很难运作和保证其有效性,目前主要是运用概念模型来研究生态系统特征和变化①。因而,国家公园人类系统的分析也主要采用概念模型。

概念模型是理论抽象的结果,也许它并不能完全真实地反映现实世界的情况,但它能促进人们对现实世界的了解,提供一种研究真实世界的途径。概念模型在实际运用中一般不能对系统进行直接定量分析,但它能够为人们提供一个分析系统和解决系统问题的分析框架②。

本书通过建立国家公园人类系统结构概念模型,阐释了国家公园人类系统的基本组成结构、系统各要素间的相互作用关系以及系统的运行机理等,为分析国家公园生态系统的运行状况、胁迫机制以及国家公园生态系统管理策略的制订提供了理论依据。

2. 国家公园人类系统概念模型

根据基本特性,国家公园人类系统属于人地关系系统。根据人地关系理论,国家公园人类系统一般由人类自身、人类需求结构、调控管理系统、经济系统、文化系统、人类活动结构和环境系统等要素和子系统构成,通过相互作用形成一个整体结构③。根据国家公园人类系统中各要素之间的相互作用关系,本书提出了国家公园人类系统的基本结构模型(见图 3 - 15)。

在国家公园人类系统中,人类社会经济子系统与环境子系统之间以及各自内部存在多种反馈,并密切交织在一起,构成了国家公园人类系统的基本结构关系④。人类社会经济系统与环境系统之间的相互作用主要表现为人类活动与环境系统的直接作用关系⑤,表现在两方面:一是环境系统对人类活动的正向或负向作用(促进或抑控);二是人类活动对环境系统的正向或负向作用(改善或破坏)。

(1)人类活动。它是国家公园人类系统的主体,人类需求的不断满足就是由

① [美]福斯特·恩杜比斯.生态规划历史比较与分析[M].陈蔚镇,王云才,译.北京:中国建筑工业出版社,2013.
② 潘玉君,武友德,邹平,等.可持续发展原理[M].北京:中国社会科学出版社,2005.
③ 吴传钧.论地理学的研究核心——人地关系地域系统[J].经济地理,1991(03):7-12;任启平.人地关系地域系统要素即结构研究[M].北京:中国财政经济出版社,2007.
④ 吴传钧.论地理学的研究核心——人地关系地域系统[J].经济地理,1991(03):7-12.
⑤ 同上.

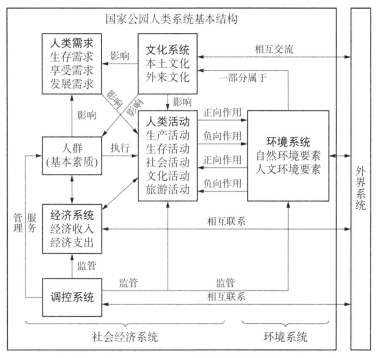

图3-15 国家公园人类系统基本结构模型

人类活动实现的,国家公园中的人类活动结构一般包括生存活动、生产活动、社会活动、文化活动和旅游活动等,这些活动控制着人类社会经济系统与地理环境系统相互作用的基本过程[①]。

(2)环境系统。它是人类活动和生存的基础,在国家公园中环境系统包括自然环境因素和人文环境因素。自然环境影响人类经济活动的方式、强度和规模;人文环境则影响人类活动的水平[②]。尽管人类系统中人类活动结构与环境系统的关系是系统发展的主要矛盾,但人类需求结构、人类自身素质、经济系统、文化系统和调控管理系统则可以影响人类活动结构,从而影响人类活动与环境系统的矛盾关系,也对整个人类系统的发展起到重要作用。

(3)人类需求结构。按恩格斯的观点,人类需求结构分三个层次:生存需求、

① 杨青山.对人地关系地域系统协调发展的概念性认识[J].经济地理,2002,22(03):289-292;龚建华,承继成.区域可持续发展的人地关系探讨[J].中国人口·资源与环境,1997(01):11-15.
② 杨青山.对人地关系地域系统协调发展的概念性认识[J].经济地理,2002,22(03):289-292.

享受需求和发展需求[①],这基本反映了人类需求的全部特征。国家公园中不同的人群往往具有不同的需求内容和需求形式。人类需求结构是影响人类系统发展变化的主要驱动力[②]。

（4）人口素质。它包括思想素质、文化素质、身体素质等[③]。人口素质体现了人的受教育程度、环保意识、劳动技能、知识水平等，反映了人类认识和改造世界的条件和能力。人类自身是系统的主体，人口素质影响人类的消费需求、生产能力、活动类型。国家公园中人口素质对于国家公园的保护和利用、人地关系的协调等都有重要影响。

（5）经济系统。这里的经济系统主要是指国家公园中经济的收入和支出等经济活动关系。经济活动是以满足人的需求为目的的活动，它加速了人类财富的流动和利用，促进了人类消费水平和生活水平的提升。经济活动也是人类系统与外界进行物质能量交换的重要手段。

（6）文化系统。文化是人类在长期应对自然关系和社会关系的过程中形成的智慧积累，是人类适应自然环境生态的重要手段，是协调人类需求与自然关系的调节剂和教科书[④]，是人类系统的内在"基因"[⑤]，具有维系人与自然和谐关系、维系社会有序和稳定、增强人类系统凝聚力和竞争力等功能。文化系统对于国家公园人类活动有重要的引导作用，同时文化本身也是一种重要的文化旅游资源。

（7）调控系统。调控系统是国家公园中社会关系的主要体现，主要表现为管理机构对公园中人和物的调控管理，集中体现了人类对系统的调控作用。调控系统的健全与否是决定整个国家公园生态系统能否可持续发展的重要因素，其运行的有效性取决于管理体系建构和体制的合理程度、管理理念和管理者素质等因素。

3. 国家公园人类系统发展目标

国家公园人类系统的发展取决于人类活动主体与环境系统两方面的状况和相互作用关系，须达到三方面的目标：环境状态良好、人类需求满足、人地关系协

---

① 杨青山. 对人地关系地域系统协调发展的概念性认识[J]. 经济地理,2002,22(03)：289－292.
② 戴星翼. 人类生态系统和生态危机[J]. 人口研究,1991(01)：18－21.
③ 梁济民. 论中国人口素质[J]. 人口研究,2004(01)：91－96.
④ 周鸿. 人类生态学[M]. 北京：高等教育出版社,2001.
⑤ 常杰,葛滢. 生态学[M]. 北京：高等教育出版社,2010.

调[1]。维护环境系统的健康状态是基本前提,在此基础上,还须改善人类活动条件和地方经济条件、改善人类生活质量和满足人类全面发展的需求。人地关系的协调主要是通过调控人类活动,使之与环境系统相适应,以促进人类系统协调发展。

国家公园人类系统是一个自组织系统[2],可以通过人类的自我调控作用,不断调整和优化系统结构,使系统趋于最优状态。

4. 国家公园人类系统组成结构

按照人地关系理论,不同人群有不同的活动,人地关系也会不同。所以本书将国家公园中的人类要素进行分类。

通过分析国家公园人类活动主体可以发现,我国的自然保护区、风景名胜区、森林公园、地质公园等都包含大量的游客、社区居民以及经营者和管理者;其中,文化遗产资源主要体现为宗教文化资源,宗教活动在我国国家公园中具有重要分量,所以宗教活动者也是我国国家公园中的重要人群之一。因此,国家公园主要人类活动群体可以分为五类:游客、社区居民、宗教活动者、经营者和管理者。不同人类活动群体的活动类型、利益诉求都是不同的,不同的群体与环境形成不同特征的人地关系。所以,本书把国家公园人类系统细化为五个子系统:社区系统、旅游系统、宗教系统、经营系统和管理系统,以便更清晰地分析具体人群的活动特征及其与环境的相互关系(见图 3-16)。

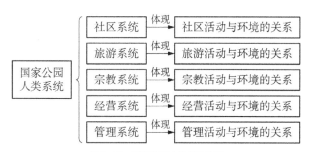

图 3-16 国家公园人类系统组成

---

① 杨青山. 对人地关系地域系统协调发展的概念性认识[J]. 经济地理,2002,22(03):289-292;龚胜生. 论中国可持续发展的人地关系协调[J]. 地理学与国土研究,2000(01):9-15;方修琦. 论人地关系的主要特征[J]. 人文地理,1999(02):24-26.

② 杨青山. 对人地关系地域系统协调发展的概念性认识[J]. 经济地理,2002,22(03):289-292.

国家公园社区系统是指社区居民及其活动与社区环境相互作用、影响而形成的统一整体。社区系统的组成要素可以分为物质要素和非物质要素。物质要素主要为居民本身以及构成居民生存环境的要素，包括建筑、农田、道路、公共活动空间等。非物质要素是人类长期与自然环境相互作用的过程中形成的诸如风俗、观念、宗教信仰、制度、传统文化、乡土技艺等非物质的精神文化要素。

国家公园旅游系统是指游客及其活动与旅游环境相互作用、影响而形成的以开展旅游活动为主要功能的统一整体，主要由游客、风景旅游资源、旅游服务体系和旅游环境要素等方面构成。

国家公园宗教系统主要是指国家公园中由宗教人士(僧侣、道士等)、香客①、游客和宗教环境相互作用、影响而形成的以弘扬宗教文化为主要功能的统一整体。国家公园中的宗教系统构成要素包括物质要素和非物质文化要素。物质要素包括僧侣、游客、香客、寺庙建筑、道路、场地、周边物质环境等；非物质文化要素包括宗教仪式、宗教活动等。

国家公园经营系统是指国家公园经营者及其活动与环境系统相互作用、影响而形成的以资源开发利用为主要目的的统一整体。国家公园经营系统主要由经营者、基础设施、经营场所、服务设施、旅游企业经营管理设施等要素组成，包括国家公园内的旅游企业和一般性企业及其员工、住宿餐饮服务商、特产商、游乐场、运动场、住宿场所等。

国家公园管理系统是指国家公园中的管理主体及其活动与管理环境所组成的综合体系。管理系统的主要任务是协调人与自然的关系，对国家公园中其他四个人类子系统(社区系统、旅游系统、宗教系统和经营系统)及自然系统进行服务和管理，维护整个国家公园的可持续发展。国家公园中的管理系统构成要素主要包括物质要素和非物质要素两方面。物质要素包括管理者、办公建筑、办公设施、科研设备、监管设施、防护道路等；非物质要素包括管理文化、管理制度等。

每个人类子系统都可以参照国家公园人类系统基本结构模型来构建各自的结构模型，从而为分析五个人类子系统中存在的不协调问题提供分析框架。但是，五

----

① 香客就是到寺庙、道观等上香求神拜佛的人，朝山进香的人。

个子系统并不是完全对等的关系,管理系统凌驾于其他四个子系统之上并对它们进行调控管理(见图3-17),其他四个子系统间也是相互联系、互为影响的。

图3-17　人类系统五个子系统的基本关系

另外,不是每个国家公园都会完全包含这五个子系统,有的国家公园可能没有宗教系统,有的可能没有社区系统(少数内部没有居民的国家公园)。对于不同的国家公园需要根据具体情况来分析其人类系统的结构和特征。

五、国家公园生态系统的尺度和边界

1. 国家公园生态系统尺度

生态系统是一个具有尺度依赖性的概念,不同尺度的生态系统会有不同的特点。根据前文关于生态系统等级特征的阐述,生态系统一般分为7个尺度等级。

我国国家公园的面积一般都在几十平方公里以上,有的超大型自然保护区和风景区面积可达上万平方公里[①]。所以从面积来看,国家公园一般处于景观尺度,然而,根据需要国家公园生态系统的管理还应考虑相邻尺度的相关影响。

2. 国家公园生态系统边界

根据系统理论,明确系统的边界是系统研究的前提[②]。一般来说,生态系统边界是不明确、不固定的,没有一个理想的边界能够使所有的系统保持结构、过程和功能的完整性(也许除了地球系统),比如一个完整的流域集水区边界虽然能基本保证水文过程的完整性,但是大型动物和鸟类的栖息地还是会突破集水区边界;即

① 王连勇,高召锋,余裕星.中国国家级风景名胜区的规划范围与边界问题探析[C]//中国地质学会旅游地学与地质公园研究分会第26届年会暨金丝峡旅游发展研讨会论文集.中国陕西商洛,2011:7.
② 曹凑贵.生态学概论[M].北京:高等教育出版社,2006.

使不断将边界范围扩大,也难以保证系统的绝对完整性①。所以,生态系统的边界只能是根据研究和管理的需要而具体划定。

当前我国保护地边界的划定一般基于资源和人类活动的角度,并不是从生态系统完整性角度考虑的②。很多国家公园边界人为割裂了自然生态系统过程,国家公园边界范围亟待调整,以划定相对完整的国家公园生态系统边界。因为国家公园生态系统处于景观尺度,所以边界一般可依据集水区(流域)来确定。集水区是一个限定地形范围的区域,在该区域内,全部降水汇聚成一条河流(溪流)流出该区;在一个集水区内,各种生态过程(如水循环等)相对完整③,这便于监测生态系统的变化和寻找导致生态系统变化的原因;以集水区来界定生态系统边界范围,操作上也较为方便④。

在实际中,很多国家公园生态系统范围可能跨越几个行政区,另外,即使有些国家公园生态系统的边界范围很大,但一些活动范围很广的生物仍然会超越国家公园生态系统边界⑤,在这种情况下国家公园生态系统管理就需要考虑跨边界管理,要求多部门协作、多方利益团体之间相互协调。

六、国家公园生态系统胁迫因素分析

生态系统问题的出现往往是由于存在胁迫因素。要解决生态问题,就要找到引起生态问题的胁迫因素,尤其是关键的胁迫因素,从而有针对性地管理,从根本上解决生态问题。

胁迫因素是指对事物施加有害影响、引起事物产生不利变化的因素。就生态

---

① Brussard P F, Reed J M, Tracy C R. Ecosystem management: what is it really? [J]. Landscape and Urban Planning, 1998,40(01): 9 - 20.
② 胡一可,杨锐.风景名胜区边界划定方法研究——以老君山风景名胜区为例[C]//中国风景园林学会 2009 年会论文集. 中国北京,2009.
③ Allen T F H, Hoekstra T W. Toward a unified ecology [M]. New York: Columbia University Press, 1992.
④ 周杨明,于秀波,于贵瑞. 自然资源和生态系统管理的生态系统方法: 概念、原则与应用[J]. 地球科学进展,2007,22 (02): 171 - 178.
⑤ Brussard P F, Reed J M, Tracy C R. Ecosystem management: what is it really? [J]. Landscape and Urban Planning, 1998,40(01): 9 - 20.

系统而言,自然和人为的干扰都会引起生态系统的不利变化[1]。

生态系统的胁迫因素可以分为自然因素和人为因素;又可以分为直接胁迫因素和间接胁迫因素[2](见图3-18),显然间接因素要比直接因素更多更复杂。

当前对保护地生态系统产生胁迫的主要还是来自人为因素,由于旅游业的蓬勃发展、游客量激增、过度开发建设等,我国保护地的生态问题和资源破坏问题日益加剧。所以,国家公园生态系统管理中要特别关注人为胁迫因素。另外,我们不仅要关注和管理直接胁迫因素,还要管理好间接胁迫因素。

图3-18 生态系统的胁迫因素

七、国家公园生态系统主要特征

1. 整体性

国家公园生态系统是一个包括自然因素和人文因素的复合生态系统,和一般生态系统一样,国家公园生态系统也具有整体性特征。国家公园中的自然子系统与人类子系统紧密关联;自然子系统中的生物要素、非生物环境要素和人类系统中的人文要素之间也都是相互关联、互为影响的,任何一个要素的变化都可能引起其他要素甚至整个国家公园生态系统的变化。

2. 层级性

生态系统具有层级性,一般可以分"细胞、器官、个体、种群、群落、景观、区域、生物圈"等多个层级。

生态系统总是处于一个嵌套等级结构中[3],国家公园生态系统虽然自身处在景

① [美]K. A. 沃格特,J. C. 戈尔登,J. P. 瓦尔格,等. 生态系统:平衡与管理的科学[M]. 欧阳华,王政权,王群力,等,译. 北京:科学出版社,2002.
② 叶春,李春华,王秋光,等. 大堤型湖滨带生态系统健康状态驱动因子——以太湖为例[J]. 生态学报,2012(12):40-49.
③ [美]福斯特·恩杜比斯. 生态规划历史比较与分析[M]. 陈蔚镇,王云才,译. 北京:中国建筑工业出版社,2013.

观尺度,但是往上看它是区域层级生态系统中的一个部分,往下看又是由很多属于群落等级的生态系统组成的。国家公园生态系统管理一般并不固定在景观尺度上,根据需要还要考虑相邻尺度。比如,国家公园与周边环境的关系问题,就需要考虑区域尺度,而对于系统中一些关键地区的管理,就可能要考虑群落尺度。

3. 边界模糊性

第一,国家公园生态系统边界本身就是模糊的、不确定的。

生态系统是一个抽象的概念,一个具体生态系统的范围和边界本身就是模糊的、不确定的。国家公园生态系统的自然边界也具有不确定性。不同的生态过程、不同的生物对于系统的范围和边界的要求差别很大,对于一些小型物种和简单的生态过程,可能很小的边界范围就足够了,但是对于一些大型动物、迁徙类生物,和一些较为复杂的生态过程,就需要很大的空间范围才能满足其要求。因而,要确定一个国家公园生态系统的理想边界是很困难的。

第二,国家公园现有边界的划定多以行政边界为依据,而不是以自然边界为依据。

我国现有保护地边界的划定一般是从资源和人类活动的角度出发,并不是从生态系统完整性的角度。如果国家公园边界人为割裂了自然生态系统的完整性,就会给管理带来困难(见图3-19)。

第三,国家公园面积过小,生态过程往往要跨越边界。

国家公园面积太小,往往难以保护好大型动物,也难以保证一些生态过程的完整性(见图3-20)。这样的国家公园生态系统管理需要跨行政边界。

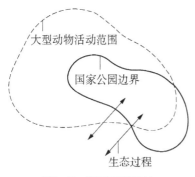

图3-19 国家公园面积过小

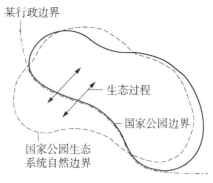

图3-20 国家公园边界与其生态系统自然边界不一致

4. 动态性和不确定性

1) 客流的不确定性

国家公园是我国重要的旅游目的地,每年会有大量游客来国家公园旅游参观。以天目山保护区为例,一般客流较不稳定,受政治、经济以及偶发因素等外部环境影响,不同年份间的客流量呈现较大的波动变化。另外,受气候变化和节假日影响,客流季节性差异显著,旅游淡季客流量不足,旺季接待则超负荷运行(见图 3 – 21)。

图 3 – 21　天目山保护区 2013 年游客量变化图

2) 系统是动态变化的

国家公园生态系统是一个非常复杂的复合生态系统,系统中的自然要素和人类要素都处于不断变化之中,比如国家公园中的气候、降水等都随着时间的变化而不断变化,生物群落也处于不停的演替之中,公园的游客量也会经常变动。

3) 人类认识的不确定性

国家公园是兼有自然要素和人文要素的复杂生态系统,其生态结构和过程都十分复杂,且具有动态变化特征;而我们当前的知识、资金和技术水平又很有限,对国家公园缺乏基本的调查和必要的科学研究,这使我们对国家公园生态系统难以有准确认识,因而国家公园的管理总是会暴露很多问题。

5. 人类要素是重要组成部分

我国国家公园中大都居住着较多的社区居民,且每年都有大量游客在国家公园内开展各类旅游活动,国家公园内的管理者又承担着整个国家公园的保护和管理工作。所以,人类是国家公园生态系统中最活跃的因素,已经成为国家公园生态系统的主体,其地位和作用非常重要。

可以说国家公园生态系统是以人为中心的生态系统,人类活动的方式和强度、人类的决策与管理往往决定了国家公园生态系统的状况与质量。

第三节　国家公园生态系统的管理目标

明确管理目标是生态系统管理的基础。生态系统管理目标又可分为综合管理目标和具体管理目标。综合管理目标就是生态系统管理的最终期望状态,也可称为长远目标,是整个生态系统管理的总目标;具体管理目标主要是在适应性管理实践中为解决具体问题而设定的行动性管理目标,也可称之为近期管理目标。公认的生态系统管理总目标就是实现生态系统可持续发展,而生态系统可持续发展又包含两层意思:一是生态系统自身可持续,二是生态系统能持续地为人类提供服务(也就是要实现人类福祉)[①];按照 IUCN 的观点,就是使自然系统和人类系统都处于可持续状态。

在这里我们需要明确国家公园生态系统管理的综合目标,为后面管理策略、措施和方法的制订提供一个总的方向标。

根据我国国家公园的内涵,成立国家公园的目的是保护自然生态系统和自然文化遗产资源,并为人们提供生活、科研、教育、休闲、旅游等多种服务。所以国家公园生态系统管理要保证国家公园自然生态系统的可持续,并为人类提供服务,实现人类福祉,最终使整个国家公园可持续发展(见图 3-22),可见国家公园生态系统管理的综合目标和一般的生态系统管理目标是一致的。

国家公园生态系统管理也分综合管理目标和具体管理目标。综合管理目标就是使整个国家公园生态系统可持续发展,即国家公园生态系统自身的可持续和人类系统福祉的实现。实际中综合管理目标还需要细化,才能更好地指导管理实践。

---

① 孙儒泳.生态学进展[M].北京:高等教育出版社,2008.

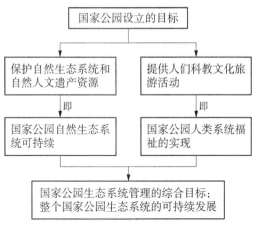

图 3-22　国家公园生态系统管理综合目标

国家公园具体管理目标主要根据国家公园具体生态问题和胁迫因素情况,由管理者和各利益相关者共同商议确定。

第四节　国家公园生态系统管理的基本原理

　　为使国家公园健康发展、实现可持续发展的目标,国家公园生态系统管理中需要遵循一些基本原理,包括:国家公园可持续发展原理、国家公园人地共生原理、国家公园系统性原理和国家公园利益平衡原理等。我国国家公园复合生态系统是由自然子系统和人类子系统组成的,国家公园生态系统管理的目标就是要保证自然子系统和人类子系统都达到可持续状态,从而使整个国家公园生态系统可持续发展(见图 3-23),可持续发展原理可以指导管理目标的制订,人地共生原理可以协调人与自然关系,系统性原理要求国家公园生态系统管理必须在整个系统中进行,由于生态系统管理涉及多利益主体的合作和跨部门的协作,所以利益平衡原理可以为各利益主体的协调提供理论支撑。

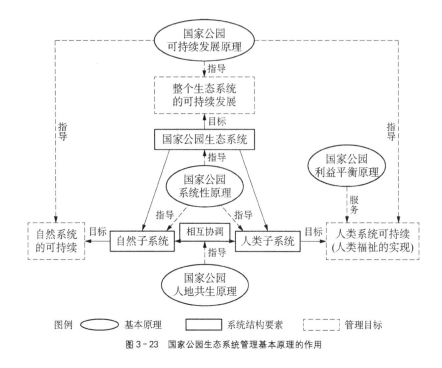

图3-23　国家公园生态系统管理基本原理的作用

一、国家公园可持续发展原理

面对环境问题的恶化,人类进一步反思自身发展方式,并提出了可持续发展理念。世界环境发展委员会(WCED)于1987年给出了权威性定义:"可持续发展是既能满足当代人的需要,而又不对后代人满足其需要的能力构成危害的发展。"可持续指的是一种可以长久维持的过程或状态,而发展是符合人的需求的变化[①]。可持续发展的核心是寻求人和自然的平衡,追求人和自然的和谐发展[②]。

但不同领域对于可持续发展的理解并不相同,对待自然生态系统人们常偏重于自然系统,而对于城市生态系统则往往偏重于人类社会经济的发展[③],但在国家

---

① 潘玉君,武友德,邹平,等.可持续发展原理[M].北京:中国社会科学出版社,2005.
② 牛文元.可持续发展理论的基本认知[J].地理科学进展,2008(03):1-6.
③ 李松志,董观志.城市可持续发展理论及其对规划实践的指导[J].城市问题,2006(07):14-20;Guijt I, Moiseev A. IUCN resource kit for sustainability assessment [R]. Gland, Switzerland and Cambridge, UK: International Union for Conservation of Nature and Natural Resources, 2001.

公园这样的保护地中自然和人类都占有重要的地位,因此 IUCN 对保护地体系进行可持续分析时,将自然生态系统和人类系统同等对待。IUCN 于 1995 年提出了"人类—生态系统福祉"模型,也称为"福祉蛋"(Egg of Well-being)①(见图 3-24),该模型把保护地中的自然生态系统比作蛋白,人类系统比作蛋黄,生态系统环绕并支撑着人类,正如蛋白环绕并支撑着蛋黄;就像只有蛋白和蛋黄都呈优良状态时鸡蛋才是好的一样,只有当人类和自然生态系统都呈优良状态时,整个系统才是可持续的。

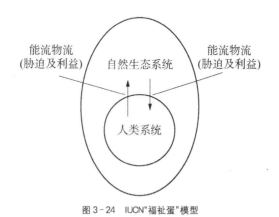

图 3-24　IUCN"福祉蛋"模型

我国国家公园复合生态系统也应该同时保证其自然子系统和人类子系统都能健康可持续发展。自然系统的可持续发展就是国家公园自然生态系统能维持较好的生态环境质量,系统完整性好,稳定性高,生物多样性丰富,可保证基本的生产力和功能,可以承载系统内生物和人类的各种活动,具有适应环境变化和可提供未来多种发展选择的潜力②。人类系统可持续或者说人类福祉的实现,意味着国家公园中所有人类成员都能满足各自需求的状况,并且保证同代人之间、代际之间资源和财富的公平分配③。

① 李松志,董观志. 城市可持续发展理论及其对规划实践的指导[J]. 城市问题,2006(07):14-20;Guijt I, Moiseev A. IUCN resource kit for sustainability assessment [R]. Gland, Switzerland and Cambridge, UK:International Union for Conservation of Nature and Natural Resources, 2001.
② 常杰,葛滢. 生态学[M]. 北京:高等教育出版社,2010;Guijt I, Moiseev A. IUCN resource kit for sustainability assessment [R]. Gland, Switzerland and Cambridge, UK:International Union for Conservation of Nature and Natural Resources, 2001;王庆礼,陈高,代力民. 生态系统健康学:理论与实践[M]. 沈阳:辽宁科学技术出版社,2007.
③ 潘玉君. 人地关系地域系统协调共生与区域可持续发展理论研究[J]. 齐齐哈尔大学学报(哲学社会科学版),2000(01):16-20.

总的来说,国家公园可持续发展的核心任务就是在协调好人与自然关系的前提下,保证人类的生活质量;在满足当代人需要的同时,不对后代人的利益造成不利影响。

国家公园可持续发展原理是国家公园生态系统管理的最基本理论,国家公园生态系统管理的各项具体活动都要以此为依据。

二、国家公园人地共生原理

前文中探讨过国家公园也是人地关系系统。在国家公园人地关系系统中,人类活动与自然环境的作用关系决定了系统的发展状况。

根据人地关系理论,自然系统和人类系统的相互关系可分为调节关系和共生关系。调节是指在小的时空尺度范围内,人类有能力调控人地关系;但是,对大时空尺度和大规模的系统关系,人类则没有能力调节了,只有通过共生方式实现人类与自然的协调共处[1]。国家公园是复杂的大系统,国家公园中自然系统是人类系统的存在基础,人类的一切活动都不能违背自然系统的基本规律,人类系统必须与自然环境系统互相促进,共生发展。

国家公园人地关系的协调共生发展,就是要寻找人地关系协调的机制、过程、条件,寻求人类发展与环境协调的途径,使人类的活动既符合社会经济发展规律,又符合自然规律,使两者达到相互协调、共同发展的状态[2]。

国家公园中人地矛盾主要还是人类造成的,人类过度索取资源、向环境排放废弃物、干扰自然系统超过了自然系统的自我恢复能力而引起了自然环境的退化。因此,对国家公园人地关系的矛盾协调主要就是通过管控人类活动。

国家公园的人地共生原理表明:要使系统的各个组分之间具有相互协调和相互互补的和谐关系,使整个系统实现整体进化,主要是要处理好人类自身活动之间的矛盾、自然环境供给与人类发展需求之间的矛盾、人地系统与外部环境之间的矛

---

① 潘玉君.人地关系地域系统协调共生与区域可持续发展理论研究[J].齐齐哈尔大学学报(哲学社会科学版),2000
    (01):16-20.
② 陈国阶.可持续发展的人文机制——人地关系矛盾反思[J].中国人口·资源与环境,2000(03):8-10.

盾;并最终达到环境系统的平衡、人类系统自身的平衡和人地关系的平衡①②。

国家公园人地共生原理是国家公园中人地关系调控管理的重要指导思想。

三、国家公园系统性原理

国家公园生态系统是一个复杂的系统,是由自然要素和人文要素共同构成的具有多种功能的有机整体。

国家公园生态系统具有整体性和系统性特征。构成国家公园生态系统的各个要素既相互联系,又相互区别,国家公园生态系统的整体功能依赖于要素的相互作用,但又不等于各要素功能的简单相加,往往要大于各个要素功能的总和③。国家公园生态系统中各要素之间以及要素与系统之间都是相互关联、相互影响的,系统内的任何一个因素发生了变化,其他要素甚至整个系统都可能会受影响④。所以,对于国家公园的分析不应该将各要素孤立开来,而应该在整个系统中进行。

基于国家公园的系统性原理分析国家公园生态系统结构、功能和特征时,必须以系统的思维看待问题。比如有的国家公园中存在因使用农药而导致水鸟减少的事件⑤,其中存在复杂的生态关系(见图3-25)。

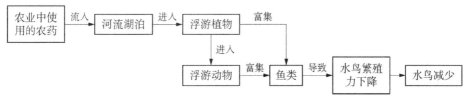

图3-25 引起水鸟减少的复杂生态关系

根据国家公园系统性理论,类似水鸟减少甚至灭绝的生态问题的分析和管理必须立足整个生态系统,才能真正弄清楚问题的本质,才能根本性地管理好生态问

---

① 杨青山. 对人地关系地域系统协调发展的概念性认识[J].经济地理,2002,22(03):289-292.
② 方修琦. 论人地关系的主要特征[J].人文地理,1999(02):24-26.
③ 蒋金生. 管理学原理[M].南京:东南大学出版社,2003.
④ 同上;周三多,陈传明. 管理学原理[M].南京:南京大学出版社,2005.
⑤ [英]E. 马尔特比. 生态系统管理:科学与社会问题[M].康乐,韩兴国,等,译.北京:科学出版社,2003.

题。实际上,当农药进入湖泊后被稀释,不易被检测出来,但是其浓度会随着食物链不断富集,最后导致某些鸟类繁殖能力下降,数量减少,如果管理者不仔细观察,不系统性分析,很可能忽视整个生态关系,从而难以找到有效的、系统的管理措施。

所以,在国家公园管理过程中必须要立足整个系统,才可能真正从根本解决生态问题。国家公园的系统性原理对国家公园生态系统胁迫机制分析具有重要的指导意义。

四、国家公园利益协调原理

人类系统的可持续或者说人类福祉的实现是国家公园的重要目标之一,而应得利益的实现是人类福祉的重要内容。利益关系又是最为基本的社会关系,利益矛盾是一切社会矛盾和社会问题发生的根源[①]。国家公园中一些利益相关者(往往是弱势群体)的利益时常得不到保障,他们因此对国家公园管理产生不满情绪,不理解、不配合国家公园的管理,甚至破坏国家公园资源、引起社会冲突等问题。另外存在一些国家公园政策不能均衡各方利益的问题,一些政策可能会有对部分人比较有利而对另一部分人不利的情况,也容易引起社会问题,对国家公园管理不利。

国家公园管理中利益协调就是指通过满足、协调、整合各方利益相关者的合理需求,进而实现社会关系和谐的过程。这需要在国家公园中形成合理明晰的利益分配结构,使各利益相关方既能满足其合理的基本利益诉求,又不对自身以外的利益方的利益产生较大的负面影响和冲击;因此,利益结构的相对均衡是国家公园维持社会系统和谐的重要条件[②]。此外,国家公园生态系统管理的利益协调原理还表明协调各方利益的重要性,应遵循个人利益服从社会利益、眼前利益服从长远利益、局部利益服从全局利益的原则。另外还要健全利益相关者的利益表达机制,尤其是保证国家公园中弱势群体的利益表达渠道,使所有利益相关者的利益诉求能传递到决策中心。

---

① 贾玉娇.利益协调与有序社会——社会管理视角下转型中国社会利益协调理论建构[D].长春:吉林大学,2010.
② 陈剩勇,林龙.权利失衡与利益协调——城市贫困群体利益表达的困境[J].青年研究,2005(02):23-31.

要实现国家公园各方利益协调的目标需要一些有效的手段和措施。首先,应完善国家公园利益协调的相关制度,我国当前保护地体系普遍缺乏利益共享机制和相关法规保障,所以,需要通过制定相关法律制度和政策,改善利益协调的制度环境。其次,需要明确国家公园的利益相关者及其基本利益诉求。另外,还要创建利益协商的平台和机制,为所有利益相关者提供自由讨论、平等协商、共同决策的机会,这也是实现公众参与并最终达成利益协调的重要手段。

国家公园生态系统管理是一种强调自下而上的管理方式,国家公园利益协调原理有助于生态系统管理的顺利开展,有助于公众参与的实现,有助于跨部门关系的协调和各利益相关者的合作共赢。

以上是国家公园生态系统管理的若干原理,是国家公园生态系统管理工作的重要指导思想。国家公园生态系统管理需要遵循这些基本原理,以此为依据开展各项具体的管理工作。

第五节 国家公园生态系统管理思路和原则

一、国家公园生态系统管理思路

虽然生态系统管理当前还没有统一的模式,但是前文已经总结了生态系统管理的一些基本的共识,例如,生态系统管理就是要回答三个关键问题:①如何分析认知生态系统特征和状态? ②导致生态系统变化的原因是什么? ③如何基于生态系统特征进行管理?

所以国家公园生态系统管理同样需要围绕这三个问题展开。本书研究国家公园生态系统管理的基本思路就是"识别国家公园生态系统的状态——弄清国家公园生态系统不良变化(出现问题)的原因——对国家公园生态系统进行管理调控"(见图 3 - 26)。

生态系统管理是在对生态系统充分了解的基础

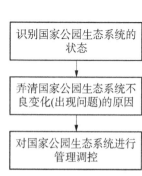

图 3 - 26 国家公园生态系统管理思路

上的管理方式,所以对国家公园生态系统进行综合的分析,从而了解系统当前的健康状况并发现系统可能存在的问题是管理的基础;然后从整个国家公园生态系统角度去审视系统出现不良变化(生态问题)的原因,并系统分析驱动机制,从而为管理提供依据;国家公园生态系统管理,不能只关注问题表象,还要关注引起问题的深层原因,注意国家公园生态系统的整体性和系统性,才能有效调控和优化生态系统、协调系统各要素,最终达到整个国家公园生态系统的协调可持续发展。

二、国家公园生态系统管理原则

进行国家公园生态系统管理主要有以下注意点和原则:

(1) 严格遵循国家公园生态系统特征;

(2) 注重科学性,注重对国家公园生态系统的科学研究,以科学信息指导管理;

(3) 强调综合效益,综合考虑社会、经济、生态等各方面因素,协调各方利益,促进共同发展;

(4) 注重系统性,主要体现为系统分析导致生态问题的胁迫因子,并强调通过对整个生态系统的管控来解除系统威胁;

(5) 重视公众的广泛参与,引导各利益相关者、专家全过程参与公园管理;

(6) 注重生态系统管理过程的监督和反馈,及时调整管理策略,使管理更具有效性、适应性和灵活性。

第六节　国家公园生态系统管理方法体系框架的建构

根据国家公园生态系统管理的思路,国家公园生态系统管理需要解决三个主要问题:

第一,如何分析国家公园生态系统的状态?

对生态系统的状态了解是生态系统管理的基础①。国家公园生态系统管理的总目标就是整个生态系统的可持续发展,我们需要知道国家公园生态系统是否处于可持续状态,这就要求对生态系统进行可持续评价②。通过对国家公园生态系统的评价,可以反映生态系统的可持续状况并诊断可能存在的问题,从而为生态系统管理提供依据。

第二,如何分析国家公园生态系统出现问题的原因?

发现国家公园生态系统问题后,还要分析引起问题的原因,才能有针对性地管理。

国家公园生态系统出现问题的原因可能是多方面的、系统性的。过去的自然资源管理方式往往只关心系统中某个特定的退化部分或者某个特定的失效的生态系统功能,而难以实现有效管理。国家公园生态系统中各要素之间都是相关联的,一个系统问题的出现可能是系统中一系列要素相互作用引起的,因而需要从整个国家公园生态系统去研究出现的问题,综合分析系统的胁迫因素。

所以国家公园生态系统问题的发生机制分析,不是通过简单地寻找直接导致生态问题的原因,而是要在其内在作用机制分析的基础上,综合分析导致生态问题的胁迫因素和胁迫机制。

第三,如何对国家公园生态系统进行管理调控?

国家公园生态系统是一个复杂系统,各组分之间具有错综复杂的相互联系,系统又受到内外部因素的影响,因而具有复杂性、动态性和不确定性特征。这使得以往试图通过一次性规划方案管理好国家公园的僵化管理方式难以获得成功。因此管理者需要有较大的适应变化的能力,采取具有灵活性和弹性的管理方法。

适应性管理方法提供了一个解决不确定性问题的可能,通过控制性的科学管理、监测和调控管理活动来应对生态系统的不断变化,通过不断学习来逐渐完善对生态系统的管理③。

---

① 刘永,郭怀成.湖泊—流域生态系统管理研究[M].北京:科学出版社,2008.
② 张志强,程国栋,徐中民.可持续发展评估指标、方法及应用研究[J].冰川冻土,2002(04):344-360.
③ 于贵瑞.生态系统管理学的概念框架及其生态学基础[J].应用生态学报,2001,12(05):787-794;杨荣金,傅伯杰,刘国华,等.生态系统可持续管理的原理和方法[J].生态学杂志,2004,23(03):103-108.

根据国家公园生态系统管理的思路和需要解决的主要问题,本书提出了国家公园生态系统管理方法体系框架(见图 3-27)。

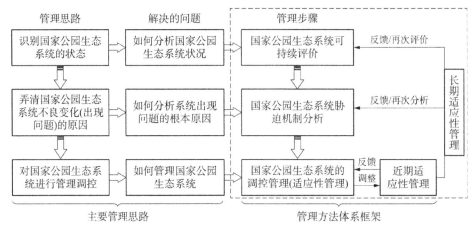

图 3-27 国家公园生态系统管理方法系统框架

国家公园生态系统管理方法体系框架主要包括三个步骤:①国家公园生态系统可持续评价;②国家公园生态系统胁迫机制分析;③国家公园生态系统调控管理。

国家公园生态系统可持续评价主要包括生态系统可持续评价和生态系统问题的识别。

国家公园生态系统胁迫机制分析主要通过分析系统出现生态问题的原因,找到主要胁迫因素。

国家公园生态系统调控管理,主要采用适应性管理方式,包括近期适应性管理和长期适应性管理。近期适应性管理就是针对已经找到的系统问题和近期管理目标而进行的适应性管理(一般 3—10 年),长期适应性管理就是针对国家公园可持续发展的总目标而进行的长期适应性管理(一般 10 年以上),对国家公园生态系统做定期可持续评价、寻找新问题、分析新的胁迫因素,从而调整管理方针。

第四章

国家公园生态系统可持续评价方法

通过国家公园生态系统可持续评价可以了解国家公园生态系统的健康状态，及时发现存在的生态问题，为生态系统管理提供依据。

本章主要分两个部分，前半部分是对国家公园可持续评价方法的阐释，后半部分是以天目山保护区为例进行国家公园可持续评价方法的实证研究。

第一节　国家公园生态系统可持续评价的思路

生态系统管理是基于对生态系统有所了解的管理。对生态系统状态的评价是生态系统管理的科学基础[①]，可以反映生态系统的状况并诊断存在的问题，为制订生态系统管理措施提供科学依据。

以往生态系统管理研究中对生态系统状态的分析，较多使用生态系统完整性评价、生态系统健康评价来反映生态系统的可持续状态。但是完整性评价存在缺

---

① 刘永，郭怀成.湖泊—流域生态系统管理研究[M].北京：科学出版社，2008.

陷①，生态系统健康评价方法还不成熟②；而可持续评价的研究已经较为广泛，认可度也较高③，所以本书运用可持续评价方法来评价国家公园生态系统的可持续发展状态。

根据国家公园可持续发展原理，我国国家公园生态系统的可持续发展就是要同时保证其自然子系统和人类子系统都处于健康可持续状态。IUCN 提出的可持续评价方法，就把自然生态系统和人类系统放在同等的位置来对保护地进行可持续评价，这与我国国家公园生态系统的特点和管理目标较为一致，因此，本书借鉴 IUCN 的可持续评价思路来建构我国国家公园生态系统的可持续评价方法。

第二节　IUCN 可持续评价方法简介

IUCN 于 1995 年提出了"可持续性晴雨表"（Barometer of Sustainability）评价指标体系及评价方法，用于评价保护地人类与环境的状况和可持续状态④。基于"福祉蛋"模型⑤，IUCN 认为可持续发展是人类福利和生态系统福利的结合，并将二者同等对待来建构可持续评价指标体系。在 IUCN 提出的"可持续性晴雨表"评价指标体系中，人类福利与生态系统福利两个子系统各包括五个评价维度（见图 4-1），每个维度又有若干指标⑥。

IUCN 的十个评价维度是在实践基础上发展起来的，并不是绝对的，也可以根据不同的研究对象的具体情况做相应调整⑦。为避免重复，IUCN 将指标体系中自然系统和人类系统双方都可能涉及的指标统一放在一边，比如资源方面，资源质

---

① 张明阳，王克林，何萍. 生态系统完整性评价研究进展[J]. 热带地理，2005，25（01）：10 - 13.
② 李瑾，安树青，程小莉，等. 生态系统健康评价的研究进展[J]. 植物生态学报，2001（06）：641 - 647.
③ 张志强，程国栋，徐中民. 可持续发展评估指标、方法及应用研究[J]. 冰川冻土，2002（04）：344 - 360.
④ Guijt I, Moiseev A. IUCN resource kit for sustainability assessment [R]. Gland, Switzerland and Cambridge, UK: International Union for Conservation of Nature and Natural Resources, 2001.
⑤ 见图 3 - 24"福祉蛋"模型.
⑥ Guijt I, Moiseev A. IUCN resource kit for sustainability assessment [R]. Gland, Switzerland and Cambridge, UK: International Union for Conservation of Nature and Natural Resources, 2001.
⑦ 同上.

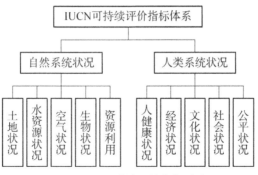

图 4-1　IUCN 可持续评价指标体系框架

量、资源利用情况等指标统一放在自然系统那边（"资源利用"维度中），而自然对人类的利益、人类对自然的压力等指标统一放在人类系统一侧[①]。

　　虽然人类还不能确切地测量一个生态系统是否可持续，也不能准确地知道自然系统和人类系统怎样组合才是最好的，但是大家普遍的观点是当两者都处于较好的状态时，整个系统的状态也较好，可持续水平较高[②]。

第三节　国家公园生态系统可持续评价指标体系框架的建构

　　本书的国家公园生态系统可持续评价指标体系参照 IUCN 指标框架分为自然系统和人类系统两个部分。

　　国家公园自然生态系统的状况往往取决于系统的生物状况、生态环境状况（物化环境）和整个系统水平的状况[③]。所以，系统状况、物化环境、生物状况是国家公园自然系统可持续评价的三个重要维度。资源保护是国家公园的重要任务，所以资源状况也是国家公园自然系统可持续评价的重要维度。这里的资源不仅指国家

---

① Guijt I, Moiseev A. IUCN resource kit for sustainability assessment [R]. Gland, Switzerland and Cambridge, UK: International Union for Conservation of Nature and Natural Resources, 2001.

② 同上。

③ 参见第三章第二节中的"国家公园自然子系统阐释"。

公园的核心资源——自然和人文遗产资源,还指社区发展所必须的生存资源。由于我国国家公园中都有大量社区居民存在,因此生存资源也需要在评价中予以考虑。

国家公园自然系统评价部分分为四个维度:系统状况、物化环境、生物状况、资源状况。IUCN 指标框架中,土壤、水体、空气都属于物化环境内容,本书将其合并;仍然沿用 IUCN 指标框架中的物种状况和资源状况;另外增加了系统状况的维度,主要通过生态系统水平的指标,如景观多样性、生物完整性等,反映整个国家公园生态系统的状态。

国家公园人类系统的可持续或者说实现人类系统福祉是国家公园生态系统管理的另一个重要目标。对于人类系统的福祉不少学者有过探讨①,根据前人的研究和国家公园人类系统的特点,本书认为实现国家公园人类系统的福祉就是要使国家公园中人类社会、经济、文化和管理等方面处于良好的状态。所以,在人类系统方面,本书也分四个维度:社会状况、经济状况、文化状况、管理状况。

社会、经济、文化三个维度对应了 IUCN 可持续评价指标体系中的社会、财富、文化(知识)维度。IUCN 指标框架的人类系统评价中另外两个维度——人类健康和社会公平,在本书中都并入社会维度。另外还增加了管理状况维度,因为管理状况体现了国家公园人类系统的调控能力,可以影响人类系统的运行状况和对待自然环境的方式,也是反映国家公园人类系统状况的重要方面。

一些指标可能会与自然子系统和人类子系统都有关系。为了避免重复评价,会将这些指标统一到某个子系统下面,比如将资源利用相关指标统一放到自然系统的资源状况中。

最终,国家公园生态系统可持续评价指标体系框架(见图 4-2)主要分自然系统状况和人类系统状况两方面,自然系统状况又分为系统状况、物化环境、生物状

---

① Guijt I, Moiseev A. IUCN resource kit for sustainability assessment [R]. Gland, Switzerland and Cambridge, UK: International Union for Conservation of Nature and Natural Resources, 2001; Smith L M, Case J L, Smith H. Relating ecosystem services to domains of human well-being: foundation for a U. S. index [J]. Ecological Indicators, 2012,28(05): 79 - 90.

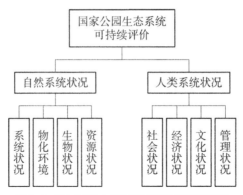

图4-2　国家公园生态系统可持续评价指标体系框架

况和资源状况四个维度;人类系统状况分为社会状况、经济状况、文化状况和管理状况四个维度。

　　国家公园生态系统可持续评价针对的就是整个国家公园生态系统可持续发展的总管理目标。可持续评价指标体系可以说是这个管理目标的细化,体现了管理目标对国家公园生态系统各方面的具体要求。如果整个评价结果为优良,则说明国家公园生态系统较健康,处于可持续发展状态,也就不必进行干预管理;而如果评价结果较差,就说明国家公园生态系统存在问题,没有处于可持续状态,需要调控管理,使之逐渐达到国家公园生态系统可持续发展的管理目标。

第四节　构建指标体系的原则

　　(1) 整体性原则:指标体系中的各项指标既相互联系,又不能重叠,能够全面反映系统的结构、功能和效益。

　　(2) 实用性原则:指标体系要方便实际评价活动,因此选取的指标要尽量实用、容易获得、易于量化,使得构建的指标体系具有较强的操作性。

　　(3) 层次性原则:完整的指标体系一般由不同层次组成,以便从不同层面反映系统可持续状态,便于纵向分析和横向比较,及时发现问题,及时调整。

（4）定性与定量相结合原则：生态系统可持续性评价是一项十分复杂的工作，如果把所有指标量化往往较困难，所以在实际操作过程中必须充分结合定性分析，因此定性指标不可少。

（5）通用性原则：指标体系的建立要具有良好的通用性，以便可以对不同研究对象的评价结果进行比较。

第五节　国家公园生态系统可持续评价推荐指标

根据上述指标体系框架，并借鉴 IUCN 可持续评价指标、联合国可持续评价指标、耶鲁环境可持续发展评价指数[①]、中国可持续发展指标体系[②]、美国生态系统评价指标体系[③]、生态系统健康评价指标[④]、我国保护地相关规范条例等，统计出国家公园自然系统可持续评价推荐可使用的指标和人类系统可持续评价推荐可使用的指标（见表 4-1、表 4-2）。

表 4-1　国家公园自然系统可持续评价推荐指标

维度	分维度	推荐可使用的具体指标
系统状况	结构指标	景观类型、斑块平均面积、景观破碎化指数、景观多样性指数、森林覆盖率、生境质量指数
	过程指标	初级生产力、生物化学循环指数、能量流、物质循环效率、能量利用效率
	功能指标	食物、原材料的生产量、气候水文调节指数、水土保持能力指数、提供游憩和文化服务的能力
物化环境	大气指标	负氧离子含量、空气离子评价系数、气象灾害频率、大气污染指数、SO_2 浓度、NOx 浓度、TSP 浓度
	水体指标	地表水水质综合合格率、水生生物指标、pH、调洪蓄水指标、水体中的溶解氧含量、水体富营养化程度、水生生物种类和数量、大肠杆菌含量、水文周期、地表径流系数、储水量

① 张坤明，温宗国，杜斌，等. 生态城市评估与指标体系［M］. 北京：化学工业出版社，2003.

② 同上。

③ The H. John Heinz Ⅲ Center for Science, Economic and the Enviroment. The state of the nation's ecosystems：measuring the lands，waters，and living resources of the United States［M］. New York：Cambridge University Press，2002.

④ 李瑾，安树青，程小莉，等. 生态系统健康评价的研究进展［J］. 植物生态学报，2001(06)：641-647.

维度	分维度	推荐可使用的具体指标
	土壤指标	土壤的理化特征（TN、AK、AP、MO、容重等）、土壤肥力、土壤中腐殖质的厚度、耕地平均坡度、水土流失面积/比例、盐碱化比例、水土侵蚀指数、土壤重金属含量、土壤污染指数
	声环境指标	自然环境声音等级、环境噪声指数
	灾害指标	火灾的频率和强度、干旱的频率和强度、风暴的频率和强度、突发灾害的频率和强度、疾病和昆虫的爆发频率和强度
生物状况	物种健康状况	生物多样性、物种数量、植物的生理生态特征指标、群落组成结构、物种退化比率、生物年增加量、净初级生产力、绿色生物量、植被覆盖度、生物完整性指数、受威胁物种丰度、生物丰度指数
	物种入侵	入侵物种侵害面积比例、物种入侵度
	栖息地质量	生境退化率、生境破碎度、生境类型和面积、生境多样性
资源状况	生存资源	人均水资源、人均耕地面积
	风景资源	风景资源质量、风景资源数量
	生态资源	森林覆盖率、年平均降水量、单位面积生物量
	资源利用	人均能量消费、生活垃圾无害化处理率、污水排放达标率、旅游资源利用强度、旅游用地利用强度、旅游区面积占国家公园面积的比例、资源保护投资占比

表 4-2 国家公园人类系统可持续评价推荐指标

维度	分维度	推荐可使用的具体指标
社会状况	人口特征	人口密度、人口增长率、平均寿命
	教育水平	初中以上教育水平比率
	生活质量	恩格尔系数、基尼系数、电脑普及率
	就业水平	就业率、参与旅游行业比率
	基础设施	铺装道路比例、能连通机动车道路的家庭比例、人均住房面积、城镇建成区自来水普及率、基础设施完善程度、农村生活饮用水卫生合格率
	社会保障	医疗社保覆盖率、犯罪率
	环境保护	环保投入、环境卫生质量等级
	游客体验	游客满意率、交通满意度、解说教育、游客服务质量、游憩体验质量
经济状况	经济水平	农民人均收入、社区居民收入满意度、经营者收支指标、管理机构收支指标
	经济结构	非农收入比例、第三产业比例
	经济技术水平	单位播种面积用电量、单位播种面积化肥用量、供电情况、农业基建投资占总投资比率
文化状况	文化资源	文化资源质量等级、文化资源完整性指数、文化资源真实性指数
	文化保护、传承	文化保护投资额、文化环境质量指数、文化保护与传承质量指标
	文化利用	旅游开发力度、文化展示与利用质量指标

维度	分维度	推荐可使用的具体指标
管理状况	管理体制	有无长效协调机制、制度完善度、环保 NGO 数量、公众参与度
	管理效率	政府效率指数、利益相关者满意度、社会冲突事件数
	管理技术	部门协调能力、规划编制完成度、监测覆盖率
	科研基础	研究成果量、科研队伍质量、硬件设施条件、本底资源调查完成度、科技投入额
	管理条件	机构设置完备度、基础设施质量等级、管理资金充裕度

国家公园生态系统类型多样、尺度不一，不同的生态系统有其各自的特点。因此，不同国家公园生态系统可持续评价的具体指标也各不相同，要根据国家公园的具体情况选择不同的指标来构建评价指标体系。

第六节　评价指标标准的设定原则

指标评价标准的设定是国家公园可持续评价工作的重点和难点之一。本书主要依据以下原则制订指标标准：

（1）尽量采用已有国家标准或国际标准的指标；

（2）参考国内外优秀案例的现状值和中长期规划值来确定标准值；

（3）对那些目前尚没有法定标准也没有优秀案例可参照，但在指标体系中又十分重要的指标，则需要通过专家根据具体情况进行研究并确定标准。

第七节　指标权重的确定方法

本书主要采用层次分析法（AHP）来确定指标体系中各指标的权重。层次分析法确定指标权重一般按如下步骤进行：

1. 建立递阶层次结构模型

即本书中已经建立的国家公园生态系统评价多层次指标体系。

2. 建立判断矩阵

对递阶层次结构中各层的要素进行两两比较。比较值采用萨蒂提出的$1\sim9$比较标度法[①]确定,标度及含义如表$4-3$所示,构建出判断矩阵$\boldsymbol{A}=(a_{ij})_{n\times n}$（见表$4-4$）。

表$4-3$　重要性标度和含义

标度	含　义
1	表示两个因素相比,具有相同重要性
3	表示两个因素相比,前者比后者稍重要
5	表示两个因素相比,前者比后者明显重要
7	表示两个因素相比,前者比后者强烈重要
9	表示两个因素相比,前者比后者极端重要
2,4,6,8	表示上述相邻判断的中间值
倒数	若因素i与因素j的重要性之比为a_{ij},那么因素j与因素i重要性之比为$a_{ji}=\dfrac{1}{a_{ij}}$

表$4-4$　判　断　矩　阵

判断矩阵	X_1	X_2	...	Xn
X_1	1	a_{12}	...	a_{1n}
X_2	a_{21}	1	...	a_{2n}
...	...	...	1	...
Xn	a_{n1}	a_{n2}	...	1

比较方法主要是由多专家对选取的各指标因子的相对重要性进行判断,再对每个判断值求几何平均。

矩阵$\boldsymbol{A}=(a_{ij})_{n\times n}$满足:①$a_{ij}>0$;②$a_{ij}=\dfrac{1}{a_{ji}}(i,j=1,2,\cdots,n)$;③$a_{ii}=1$。

3. 权重计算（单层次相对权重）

权重计算采用算术平均法。

因为判断矩阵$\boldsymbol{A}$中的每一列都近似反映了权重的分配情况,故可以采用列向

[①] Saaty T L. Axiomatic foundation of the analytic hierarchy process [J]. Management Science, 1986,32(07): 841 - 855.

量的算术平均值来估算权重向量，即

$$W_i = \frac{1}{n} \sum_{j=1}^{n} \frac{a_{ij}}{\sum_{k=1}^{n} a_{kj}}, \ i = 1, 2, \cdots, n \qquad (4-1)$$

计算步骤：

（1）将 **A** 的元素按列归一化，即求 $a_{ij} / \sum_{k=1}^{n} a_{kj}$；

（2）将归一化后的各项相加；

（3）将相加后的向量除以 n 即是权重向量。

4. 判断矩阵的一致性检验

要保证判断矩阵大体的一致性，就要对其进行一致性检验。

对判断矩阵的一致性检验的步骤如下：

（1）计算一致性指标 CI：

$$CI = \frac{\lambda_{\max} - n}{n - 1} \qquad (4-2)$$

式中，$\lambda_{\max}$ 为判断矩阵的最大特征值。

（2）查找相应的平均随机一致性指标 RI，对 $n = 1, \cdots, 9$ 萨蒂给出了 RI 的值（见表 4-5）。

表 4-5 一致性指标 RI 值对照表

n	1	2	3	4	5	6	7	8	9
RI	0	0	0.58	0.90	1.12	1.24	1.32	1.41	1.45

（3）计算一致性比例 CR：

$$CR = \frac{CI}{RI} \qquad (4-3)$$

当 $CR < 0.10$ 时，认为判断矩阵的一致性是可以接受的，否则应对判断矩阵作适当修正，直到满足要求为止。

5. 多层次综合权重值计算

对于多层次指标体系，最终要得到各个层级中各个元素（尤其最底层指标）相对于系统总目标的权重,可以通过从上往下逐层加权综合计算得到。

第八节　综合评价方法

国家公园可持续评价方法主要采用多因子加权综合评价法。

1. 指标的标准化

指标的标准化处理主要是为消除指标量纲和数量的差异,使指标间具有很好的可比性。

为了方便后面计算国家公园生态系统可持续评价的综合评价值,所有指数/指标的评价值进行标准化处理后都转化为无量纲的"可持续评价值(简称可持续值)"。本书主要采用常用的比例压缩法,将各指标数据都转化到 0~10 之间,公式为

$$T = T_{min} + \frac{T_{max} - T_{min}}{X_{max} - X_{min}}(X - X_{min}) \tag{4-4}$$

式中,T 为变换后的标准化数据;X 为原始数据,X_{max}、X_{min} 为每个可持续评价等级值域范围内原始数据的最大值和最小值;T_{max}、T_{min} 为目标数据的最大值、最小值;本书 T_{max} 取 10,T_{min} 取 0。

2. 计算综合评价值

通过指标体系法取得各个指标的评价结果后,还需要计算综合评价结果。

本书通过对所有指标评价结果进行加权计算来获得综合评价结果,用国家公园生态系统可持续综合评价指数 Z 表示,即

$$Z = \sum_{i=1}^{n} W_i h_i \tag{4-5}$$

式中,W_i 为第 i 项指标/指数的评价值标准化值,h_i 为第 i 个指标/指数的权重,n 为指标个数。

第九节　国家公园生态系统问题的识别

生态系统可持续评价是为生态系统管理服务的，所以评价后还需要总结国家公园生态系统存在的主要问题，以方便针对性管理。

一、评价体系与系统问题的对应关系

国家公园可持续评价指标体系的 8 个方面可以分别反映国家公园自然环境系统和人类系统（包括 5 个子系统）可能存在的问题（见图 4-3），通过可持续评价结果，可以在相应的人类系统和自然系统中寻找具体的生态系统问题。

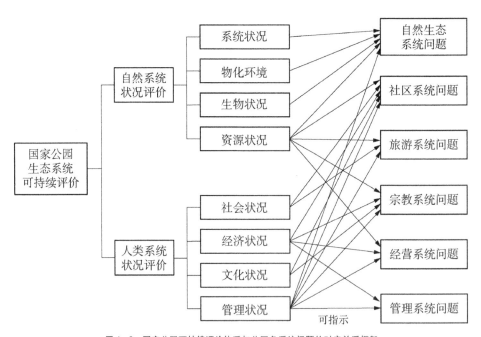

图 4-3　国家公园可持续评价体系与公园各系统问题的对应关系框架

二、生态系统问题识别

对国家公园生态问题的识别主要分两个步骤,一是根据可持续评价结果识别所有的国家公园生态系统问题,二是根据管理目标、自然人文遗产资源和国家公园特色选择主要的生态系统问题作为近期主要的管理对象(见图 4-4)。

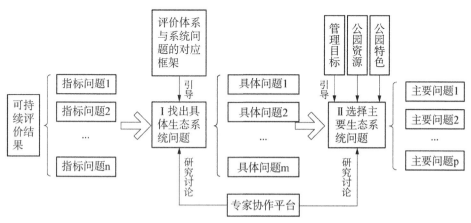

图 4-4　国家公园生态系统问题识别过程

1. 识别具体生态系统问题

整个国家公园生态系统可持续评价指标体系与国家公园综合管理目标是一致的,可以说是对综合管理目标的细化。评价结果也整体反映了国家公园生态系统现状与综合管理目标的差距,所显示的每个负向指标(不良状态)都反映了国家公园生态系统中某些方面存在的问题。

根据国家公园生态系统可持续评价结果,并依据上文给出的评价体系与系统问题的对应关系框架(见图 4-3),我们可以找出国家公园生态系统存在的具体生态问题。当然,在分析国家公园生态系统具体问题时需要管理者和相关专家共同协作,尽量总结出国家公园存在的所有具体生态问题(见图 4-4)。

2. 选择要管理的主要生态系统问题

虽然可持续评价体系是与国家公园管理总目标相一致的,评价体系从不同侧面体现了管理目标的要求,对国家公园的可持续发展具有重要影响。但是不同国家公园的具体侧重还是会有所不同。不是所有的问题都很急迫,需要立刻解决的;整个国家公园生态系统十分庞杂,管理中关键是要抓住重点、急迫的问题进行重点管理,其他不太重要的问题,可以暂缓解决,或者可以在处理重要问题时顺带将其解决。

在选择需要管理的主要生态系统问题时,首先当然是要把国家公园的生态系统管理目标选择影响较大的生态问题作为主要管理的问题;其次,对于国家公园而言,保护自然和人文遗产资源是其根本目标之一,所以对国家公园自然和人文遗产资源造成影响的生态问题也应该重点关注,并作为重点管理的问题;另外,不同的国家公园具有不同的系统特征和资源特色,这些特征和特色也是国家公园需要重点考虑的,比如如果某国家公园中存在特别的珍稀生物,或有独特的地质地貌,或存在特别敏感的生境,或有重点的保护对象,那么对以上这些具有威胁的生态问题,也需要选为重点问题。在选择重点管理问题时,需要管理者和相关专家共同协作,研究讨论,做出最终决定(见图 4 - 4)。

第十节 天目山保护区生态系统可持续评价与问题识别

一、天目山保护区概况

天目山保护区位于浙江省西北部临安区境内,其东部、南部与临安区天目镇(原西天目乡)毗邻,西部与临安区於潜镇(原千洪乡)和安徽省宁国市接壤,北部与浙江安吉龙王山省级自然保护区交界(见图 4 - 5)。地理坐标为东经 119°23′47″～119°28′27″,北纬 30°18′30″～30°24′55″,总面积为 4 284 ha。

天目山保护区具有优越的自然和人文景观。天目山古称"浮玉""天眼",为历代宗教名山,自古就是旅游胜地。20 世纪 30 年代,天目山被民国浙江省政府列为

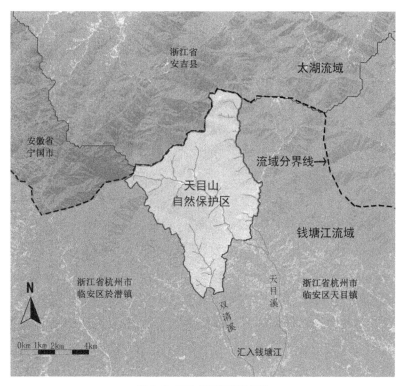

图 4-5　天目山保护区周边关系

"浙江省第一批风景名胜区",并设立了管理处隶属于浙江省旅游局[1];20 世纪 50 年代至 70 年代,天目山保护区的管理均由天目山管理委员会与天目山林场兼之[2];1986 年经国务院批准成为首批国家级自然保护区;1996 年被联合国教科文组织吸纳为国际生物圈保护区网络成员;2003 年被国家旅游局授予"4A 级旅游景区"[3]。

二、天目山保护区生态系统概况

天目山保护区也是一个复合生态系统(见图 4 - 6),主要由天目山保护区自然

[1] 王祖良,刘菊莲.自然保护区生态旅游生态规划研究——以天目山自然保护区为例[J].四川林勘设计,2008(03):32-37.

[2] 重修天目山志编纂委员会.西天目山志[M].北京:方志出版社,2009.

[3] 同上。

子系统和人类子系统两个亚系统构成。

天目山保护区自然子系统包括非生物环境要素和生物要素,如气象气候、地质地貌、水文、土壤、植物、动物等,它们很大程度上决定了天目山保护区生态系统的基本特征。

人类子系统在天目山保护区中是以主体形式存在的,其构成要素主要包括人口、社会、经济和文化等。人类子系统是天目山保护区生态系统的主要利用者和管理者。

(一) 天目山保护区自然系统基本状况

1. 气候

天目山保护区位于浙江西北部,具有中亚热带向北亚热带过渡的特征,受海洋暖湿气候的影响较深,形成季风强盛、四季分明、气候温和、雨水充沛、光照适宜、复杂多变多类型的森林生态气候。根据多年观测资料分析,保护区自山麓(禅源寺)至山顶(仙人顶),年平均气温 14.8~8.8℃,最冷月平均气温 3.4~－2.6℃,最热月平均气温 28.1~19.9℃,年降水量 1 390~1 870 mm,年太阳辐射 4 460~3 270 MJ/m²,相对湿度 76%~81%。根据其气候分布规律和森林植被垂直带谱、地形、自然地理等方面的差异程度,可划分为丘陵温和层(海拔 200~500 m)、山地温凉层(海拔 500~800 m)、山地温冷层(海拔 800~1 200 m)、山地温寒层(海拔 1 200~1 500 m)四个森林生态垂直气候层[①]。

2. 地质

天目山在区域地质上位于扬子准地台南缘钱塘凹陷褶皱带,地质古老,是"江南古陆"的一部分,地貌独特,地形复杂,被称为"华东地区古冰川遗址之典型";峭壁突兀,怪石林立,峡谷众多,自然景观优美,堪称"江南奇山";天目山主峰仙人顶海拔 1 506 m[②]。

3. 土壤

天目山山体主要以火山岩为主,上部为晶屑熔结凝灰岩,中部为流纹斑岩,下

---

① 重修西天目山志编纂委员会. 西天目山志[M]. 北京:方志出版社,2009.
② 同上。

部为流纹岩、凝灰岩和凝灰质砂砾岩。土壤自下而上有红壤(海拔 600 m 以下),山地黄壤(海拔 600～1 200 m),山地黄棕壤(海拔 1 200 m 以上)[①]。

4. 水文

天目山保护区是长江、钱塘江部分支流发源地和分水岭,西天目山南坡诸水汇合为天目溪,南流经桐庐入钱塘江,天目山北部诸水经苕溪注入太湖。区内有东关溪、西关溪、双清溪、正清溪等溪流。东关溪支流源于与安吉县交界的桐杭岗,经关上、后院至白鹤村,全长 19 km,为天目溪之源;西关溪源出安吉龙王山,经西关至钟家入东关溪,全长 9.5 km;双清溪源于仙人顶,合元通、清凉、堆玉等 6 涧,经禅源寺、大有村至白鹤入天目溪,全长 11.5 km;正清溪源出石鸡塘,经老庵、吴家至大有村汇入双清溪,全长 10.5 km。由于区内森林覆盖率高,枯枝落叶层厚,森林土壤的水文生态效应良好,据调查自然含水率平均为 50.1%,持水率(在 24 小时内)平均为 333.3%,持水量平均值为 39.6 t/ha[②]。

5. 植被

特殊的地形和悠久的佛教文化使天目山保护区动植物的遗存和植被得到完整保护,成为全世界的一大奇迹,是我国中亚热带林区高等植物资源最丰富的区域之一,森林覆盖率达 98.5%[③]。

天目山地势高峻挺拔,气温垂直变化较为明显,土壤和植被的分布亦具有垂直地带性特征。自下而上依次表现为:中亚热带常绿阔叶林—红壤带,常绿阔叶与针叶林混交林—山地黄壤带,落叶阔叶与常绿阔叶混交林—山地黄棕壤带,落叶阔叶与落叶矮林—山地棕壤带[④]。

天目山保护区地处中亚热带的北缘,地带性植被为常绿阔叶林。区内植物资源丰富,区系复杂,组成的植被类型比较多,分布有高等植物 246 科 974 属 2 160 种,此外,还有柳杉为代表的古树群落,树龄最高达千年以上,具有极高的科研价值和美学价值[⑤]。

---

① 周重光,柴锡周,沈辛作,等.天目山森林土壤的水文生态效应[J].林业科学研究,1990(03):215-221.
② 浙江天目山管理局.浙江天目山国家级自然保护区总体规划(2015—2024)[R].临安:浙江天目山管理局,2014.
③ 重修西天目山志编纂委员会.西天目山志[M].北京:方志出版社,2009.
④ 刘鹏,陈立人.浙江天目山自然保护区珍稀濒危植物及其利用与保护[J].山地研究,1996(01):45-50.
⑤ 浙江天目山管理局.浙江天目山国家级自然保护区总体规划(2015—2024)[R].临安:浙江天目山管理局,2014.

6. 动物

天目山保护区在中国动物地理区划上,属于东洋界中印亚界华中区的东部丘陵平原亚区。特殊的地理位置、优越的自然环境、历史上人为活动相对较少给野生动物生存及栖息创造了较为良好的条件,许多动物得以保护,区内动物资源十分丰富[①]。

据不完全统计,区内共有各种动物 65 目 465 科 4 716 种,其中兽类 74 种,隶属于 8 目 21 科;鸟类 148 种,隶属于 12 目 36 科;两栖类 20 种,隶属于 2 目 7 科;爬行类 44 种,隶属于 3 目 9 科;鱼类 55 种,隶属于 6 目 13 科;昆虫类 4 209 种,隶属于 33 目 351 科;蜘蛛类 166 种,隶属于 1 目 28 科。区内还有国家重点保护的珍稀野生植物 18 种[②]。

(二) 天目山保护区人类系统基本状况

1. 人口

天目山保护区内还散居有鲍家和东关两个行政村的部分小自然村,当地居民 171 人,区内人口密度为每平方公里 8 人[③]。

2. 社会经济

天目山保护区于 1989 年成立国家级自然保护区,目前按照"权属不变、农户不迁、统一管理、利益分享"的原则对集体林进行管理。随着保护管理力度的加大,社区居民日常的生产经营活动受到了限制。近年来,虽然地方政府和保护区通过发展生态旅游、生态公益林补偿等途径解决了部分居民的就业,也一定程度上增加了居民收入,但社区发展与保护自然资源和生物多样性的矛盾仍较为突出[④]。

当地农民主要依靠木、竹及加工天目笋干、茶叶,以及借保护区来开展生态旅游、经营"农家乐"作为其主要经济来源。据统计,2013 年,天目山镇农民人均纯

---

① 浙江天目山管理局.浙江天目山国家级自然保护区总体规划(2015—2024)[R].临安:浙江天目山管理局,2014.
② 同上。
③ 同上。
④ 王同新,钱龙福,方国景.自然保护区创建社区共管模式探讨——以天目山国家级示范自然保护区为例[J].浙江林业科技,2009(05):83-86.

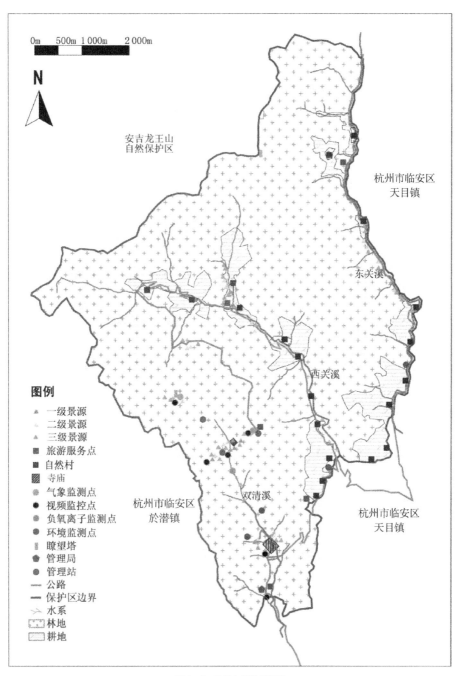

图 4-6　天目山保护区现状

收入 18 750 元[①]。

3. 文化

天目山历史悠久,拥有璀璨夺目的绿色文化、宗教文化。天目山佛教自东晋传入,已有 1 500 余年的历史,是我国佛教名山之一,有"天目灵山"之称。鼎盛时期全山有寺院庵堂 50 余座,僧侣千余人。建于 1279 年的狮子正宗禅寺(开山老殿)和建于 1425 年的禅源寺均为江南名刹。天目山是韦陀天尊者道场。1939 年,周恩来同志在禅源寺百子堂作团结抗日演讲等,为天目山留下了丰富的人文景观,赋予了天目山丰富的文化内涵,使它更具魅力。

天目山幽邃奇妍的景色和优越独特的自然环境孕育了天目山璀璨的历史文化。梁代昭明太子萧统,唐代李白、白居易,宋代苏轼,元代张羽,都在此留下了优美的诗章和传世之作。明代有 100 多位文人登天目山穷幽探奇,吟咏志游,留下诗文 160 多篇。1941 年 4 月 15 日,禅源寺被日本侵略军飞机炸毁殆尽。如今天目山保护区修复了著名的禅源寺,佛教文化得以弘扬,历史面貌得以恢复,生物多样性和文化多样性皆得以保护和发展[②]。

(三) 天目山保护区生态系统管理边界

1. 天目山保护区生态系统综合管理边界

天目山保护区当前的范围主要可分为三个集水区(见图 4 - 7),分别为东关溪集水区、西关溪集水区和双清溪集水区。虽然东关溪集水区只占半个集水区范围,但为较规整的半个集水区,该区对外界只有水体输出运动,而没有外界输入运动,所以,区内生态系统受外界影响小,可以独立成为管理区。因此,本书认为当前天目山保护区的边界基本可以成为生态系统综合管理边界。

2. 天目山保护区生态系统近期管理边界

由于天目山保护区生态系统的近期管理目标主要涉及破解柳杉林退化、毛竹林入侵和居民经济满意度低三个主要问题[③],前两者与管理空间有密切关系,而天

---

① 临安区地方志编纂委员会. 临安年鉴(2014)[M]. 北京: 方志出版社, 2014.
② 王献溥, 于顺利, 朱景新. 天目山保护区有效管理的成就和展望[J]. 长江流域资源与环境, 2008(06): 962 - 967.
③ 下文中有详细论述。

目山保护区中的柳杉林、毛竹林都主要分布在天目山保护区中的双清溪集水区内（见图4-8），因此便以双清溪集水区作为天目山保护区生态系统近期管理范围，该集水区面积为754.088公顷。而与柳杉退化有关系的农家乐居民主要位于保护区外的天目村，在外围开荒种竹并向保护区渗入的非农家乐居民主要位于武山村，为了体现跨边界管理，天目山毛竹林入侵管理的边界将保护区周边的这两个村子也包括进来（见图4-8）。

图4-7 天目山保护区生态系统管理边界

图4-8 天目山保护区生态系统近期管理边界

（四）天目山保护区生态系统管理的目标和要求

天目山保护区生态系统管理的综合目标当然也是实现整个保护区生态系统的可持续发展，具体就是使保护区中自然系统和人类系统都处于健康可持续状态，使自然和人文遗产资源得到保护和合理利用。

天目山保护区是一个以保护生物多样性和森林生态系统为重点的野生植物类型国家级自然保护区。所以，自然系统方面，主要保护典型的中亚热带湿润性常绿阔叶林森林生态系统及相应的生物群落,以及银杏、天目铁木、柳杉和云豹、猕猴等珍稀野生动植物资源[①]。人类系统方面,主要就是使保护区内人类社会的经济、社会、文化、管理等各方面处于较好的状态,实现人类的福祉。天目山保护区具有丰富的自然和人文遗产资源,这些资源的保护当然也是一个重要的管理目标。

管理目标是整个管理工作的方向标,天目山保护区所有的管理活动都需要围绕以上管理目标进行。下文中天目山保护区生态系统可持续评价指标体系的建构就是以综合管理目标为指导,是对综合目标的细化。

三、天目山保护区生态系统可持续评价

对生态系统进行可持续评价可以反映生态系统的状况并诊断存在的问题,为制订生态系统管理措施提供科学基础。

本节主要依据前文中提出的国家公园生态系统可持续评价方法对天目山保护区进行生态系统可持续评价。

国家公园生态系统可持续评价是专业性较强的工作,本案例相关工作主要在天目山管理局和各类专家的协调合作下展开。首先,由管理局和相关专家共同确定可持续评价指标体系,并确定了各指标的评价方法和评价标准,最后对天目山保护区生态系统进行可持续评价。

主要用到的研究方法有:社会资料收集、分析;文献研究;问卷调查和访谈;现场调查研究;遥感技术等。

(一) 天目山保护区生态系统可持续评价指标体系建构

1. 指标体系建构

根据天目山保护区生态系统的特征和管理目标,依据上文中提出的国家公园生态系统可持续评价指标体系框架(见图 4-2)以及国家公园生态系统可持续评价推荐指标(见表 4-1、表 4-2),根据重要性、可行性、定性与定量相结合等原则,经

---

① 重修西天目山志编纂委员会. 西天目山志[M]. 北京:方志出版社,2009.

过相关专家和管理者讨论,最终确定了天目山保护区生态系统可持续评价指标体系(见图4-9)。

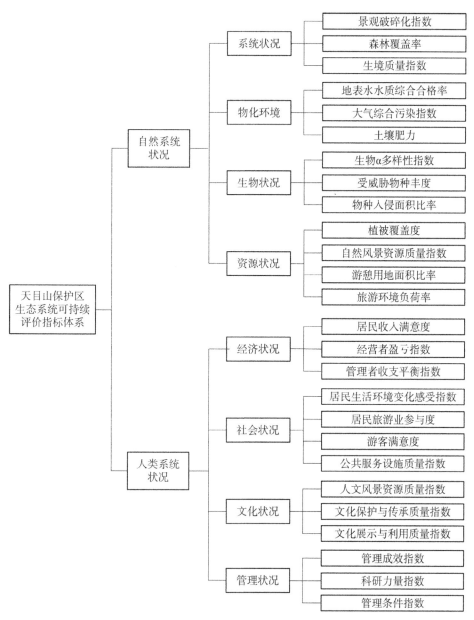

图4-9 天目山保护区生态系统可持续评价指标体系

天目山保护区生态系统可持续评价指标体系同样分为自然系统状况和人类系统状况两个方面，共8个维度和26个具体的指标/指数。

自然系统状况方面共4个维度，为系统状况、物化环境、生物状况和资源状况。系统状况维度共有景观破碎化指数、森林覆盖率和生境质量指数3个具体指标，景观破碎度可反映整个天目山保护区生态系统景观格局的健康状况，森林覆盖率可综合反映保护区的生物资源和生态服务的状况，生境质量指数可以综合反映保护区生态系统的生境质量；物化环境维度共有地表水水质综合合格率、大气综合污染指数和土壤肥力3个具体指标，从水体、空气和土壤3个主要生态环境因子角度反映保护区的物化环境状况；生物状况维度共有生物α多样性指数、受威胁物种丰度、物种入侵面积比率3个具体指标，分别从生物多样性、生物自身生长状况和外来威胁3个角度反映保护区生态系统的生物生存状况；资源状况维度共有植被覆盖度、自然风景资源质量指数、游憩用地面积比率和旅游环境负荷率4个具体指标，植被覆盖度可综合反映天目山保护区的生态系统服务状况，自然风景资源质量指数主要反映保护区的自然风景资源状况，游憩用地面积比率和旅游环境负荷率可以反映保护区生态系统中人类对资源的利用强度和系统的承载压力，这里借鉴了IUCN可持续评价指标体系的建构思路，为了综合反映保护区资源状况，将反映系统资源本身状况的指标和人类对资源利用状况的指标统一放在这里。

人类系统状况方面共4个维度，为经济状况、社会状况、文化状况和管理状况。经济状况维度共有居民收入满意度、经营者盈亏指数和管理者收支平衡指数3个具体指标，分别反映天目山保护区中3个主要人类群体——社区居民、经营者和管理者(机构)的经济状况；社会状况维度共有居民生活环境变化感受指数、居民旅游业参与度、游客满意度和公共服务设施质量指数4个具体指标，居民生活环境变化感受指数可反映保护区周边社区居民对生活环境变化的满意度，居民旅游业参与度可反映保护区对社区发展的带动作用，游客满意度可反映游客对保护区的综合感受，公共服务设施质量指数可反映保护区提供社会服务的质量；文化状况维度共有人文风景资源质量指数、文化保护与传承质量指数和文化展示与利用质量指数3个具体指标，人文风景资源质量指数可反映保护区文化资源的状况，文化保护与传承质量指数和文化展示与利用质量指数分别反映了天目山保护区文化资源的保护和利用状况；管理状况维度共有管理成效指数、科研力量指数和管理条件指数 3 个具体指标，从管理效果、科研能力和管理条件 3 个方面考量保护区的管理状况。

2. 指标权重设定

天目山保护区生态系统可持续评价指标体系中不同层级各指标或指数的权重值主要根据上文中给出的层次分析法（AHP）计算得到。

首先由保护地规划管理界、生态学和社会学等领域，以及天目山管理局的 20 位专家和管理者，对各指标的相对重要性进行判断[①]，并计算每个判断值的几何平均值作为最终比较值。然后，再根据本章第七节的权重计算方法，计算得到各层级指标或指数的权重（见表 4 - 6）。

表 4 - 6　天目山保护区生态系统可持续评价指标体系权重分配情况

综合指数	子系统指数	权重	维度指数	权重	一致性检验	具体指标	单位	权重	一致性检验
A 天目山保护区生态系统可持续评价指数	B1 自然系统评价指数	0.5	C11 系统状况指数	0.104	$\lambda_{\max}=4$; $CI=0$; $CR=0<0.1$	D111 景观破碎化指数	/	0.035	$\lambda_{\max}=3$; $CI=0$; $CR<0.1$
						D112 森林覆盖率	%	0.035	
						D113 生境质量指数	/	0.034	
			C12 物化环境指数	0.124		D121 地表水水质综合合格率	%	0.053	$\lambda_{\max}=2.999$; $CI<0$; $CR<0.1$
						D122 大气综合污染指数	/	0.018	
						D123 土壤肥力	/	0.053	
			C13 生物状况指数	0.124		D131 生物 α 多样性指数	种/ha	0.042	$\lambda_{\max}=3$; $CI=0$; $CR<0.1$
						D132 受威胁物种丰度	/	0.041	
						D133 物种入侵面积比率	%	0.041	
			C14 资源状况指数	0.148		D141 植被覆盖度	/	0.032	$\lambda_{\max}=4$; $CI=0$; $CR=0<0.1$
						D142 自然风景资源质量指数	/	0.044	
						D143 游憩用地面积比率	%	0.036	
						D144 旅游环境负荷率	%	0.036	

---

① 2014 年初，本研究课题组通过电子邮件、当面访谈等方式邀请保护地规划管理界、生态学和社会学等领域的 14 位专家，以及天目山管理局的 6 位管理者，对天目山保护区生态系统可持续评价指标体系中各指标之间的相对重要性进行比较判断，用以分析各指标的权重分配。

综合指数	子系统指数	权重	维度指数	权重	一致性检验	具体指标	单位	权重	一致性检验
B2 人类系统评价指数		0.5	C21 经济状况指数	0.122	$\lambda_{max}=4.184$; $CI=0.061$; $CR=0.068$ <0.1	D211 居民收入满意度	/	0.060	$\lambda_{max}=3.054$; $CI=0.027$; $CR=0.046$
						D212 经营者盈亏指数	/	0.024	
						D213 管理者收支平衡指数	/	0.038	
			C22 社会状况指数	0.146		D221 居民生活环境变化感受指数	/	0.036	$\lambda_{max}=4.184$; $CI=0.061$; $CR=0.068$ <0.1
						D222 居民旅游业参与度	%	0.026	
						D223 游客满意度	/	0.042	
						D224 公共服务设施质量指数	/	0.042	
			C23 文化状况指数	0.146		D231 人文风景资源质量指数	/	0.085	$\lambda_{max}=3.004$; $CI=0.002$; $CR=0.004$ <0.1
						D232 文化保护与传承质量指数	/	0.045	
						D233 文化展示与利用质量指数	/	0.016	
			C24 管理状况指数	0.086		D241 管理成效指数	/	0.034	$\lambda_{max}=3$; $CI=0$; $CR=0<0.1$
						D242 科研力量指数	/	0.018	
						D243 管理条件指数	/	0.034	

（二）各指标评价方法和评价标准说明

天目山保护区生态系统可持续性评价指标中既有可定量的指标，也有定性的指标，还有很多是定性与定量相结合的指标。有些指标已经有较为成熟的评价方法，可供本研究直接借用，对于尚没有较成熟的评价方法的指标主要通过参考相关文献并与相关专家研讨来建构其评价方法。

在确定评价标准时，对于已有国家标准和国内外已有优秀案例的指标一般借鉴其评价标准；对于没有国家标准和以往研究可以借鉴的指标则主要通过相关专家进行研究确定评价标准。

1. 景观破碎化指数

景观破碎化是指因自然或人文因素的干扰而导致的景观由单一、均质和连续的整体趋向于异质和不连续的斑块镶嵌体的过程[①]。破碎化的景观格局不利于生物多样性的维持和生态系统的可持续发展。

景观破碎化指数就是描述某个区域景观被分割的破碎程度，反映景观空间结构的异质性和复杂性。可以从整体景观格局的角度评价保护区生态系统的健康程度。

1）计算方法

本书以平均斑块密度作为景观破碎化指数[②]，公式为

$$PD = N/A \qquad\qquad (4-6)$$

式中，PD 为景观破碎化指数，也可称为斑块密度。N 是斑块数，A 是区域面积。PD 值越大，说明景观破碎化程度越高；反之，说明景观破碎化程度越低。

2）评价标准

本书以可持续等级来表示天目山保护区生态系统的可持续程度，共分为五级：优、良、中、较差、很差；每个评价指标/指数根据取值也分为这样五个可持续评价等级。

通过对以往相关研究中提出的景观破碎化评价标准的总结[③]，本书制订出适用于我国华东丘陵地区的景观破碎化指数的可持续评价标准（见表4-7）。

表4-7　景观破碎化指数的可持续评价标准

可持续等级	优	良	中	较差	很差
PD 值	（ ～1.0）	[1.0～5.0）	[5.0～10.0）	[10.0～15.0）	[15.0～ ）

说明：表中"["表示"包含"；"）"表示"不包含"；下文中若出现相同符号，没有另外说明，都是相同含义

2. 森林覆盖率

1）指标说明

森林覆盖率是指森林覆盖面积占整个保护区面积的比率。森林覆盖率可以间

---

① 王宪礼，布仁仓，胡远满，等.辽河三角洲湿地的景观破碎化分析[J].应用生态学报，1996（03）：299-304.
② 孙晓娟.三峡库区森林生态系统健康评价与景观安全格局分析[D].北京：中国林业科学研究院，2007.
③ 王宪礼，布仁仓，胡远满，等.辽河三角洲湿地的景观破碎化分析[J].应用生态学报，1996（03）：299-304；孙晓娟.三峡库区森林生态系统健康评价与景观安全格局分析[D].北京：中国林业科学研究院2007；张明娟，刘茂松，徐驰，等.南京市景观破碎化过程中的斑块规模结构动态[J].生态学杂志，2006（11）：1358-1363；周静，吴志峰，李定强，等.珠江口两岸耕地景观破碎化定量分析[J].热带地理，2005（02）：107-110.

接反映保护区生态资源丰富状况和生态系统服务功能强度,可以反映保护区生态系统水平的健康状况。

2)评价标准

借鉴《山岳型风景资源开发环境影响评价指标体系》(HJ/T 6—1994)中关于森林覆盖率评价标准,本书确定保护区森林覆盖率的可持续评价标准(见表4-8)。

表4-8　森林覆盖率可持续评价标准

可持续等级	优	良	中	较差	很差
森林覆盖率(%)	(　～70]	[60～70)	[50～60)	[40～50)	(40～0]

3. 生境质量指数

生境质量指数主要用以评价保护区内生物栖息地的质量,可反映保护区生态系统的环境状况,主要根据不同生态系统类型对生物生存的支撑能力的差异进行分析[①]。

1)计算方法

根据《生态环境状况评价技术规范》(HJ 192—2015):

$$生境质量指数 = A_{bio} \times (0.35 \times 林地 + 0.21 \times 草地 + 0.28 \times 水域湿地$$
$$+ 0.11 \times 耕地 + 0.04 \times 建设用地 + 0.01 \times 未利用地) / 区域面积 \quad (4-7)$$

式中,A_{bio}为生境质量指数的归一化系数,参考值为511.264 213 106 7。

2)评价标准

生境质量指数是《生态环境状况评价技术规范》中生态环境状况指数的一个分指数,因而可以借鉴生态环境状况指数的评价标准来设定生境质量指数(HQ)的可持续等级(见表4-9)。

表4-9　生境质量指数的可持续评价标准

可持续等级	优	良	中	较差	很差
HQ 指数值	[75～　)	[55～75)	[35～55)	[20～35)	(5～20)

---

① 国家环境保护总局.生态环境状况评价技术规范:HJ 192—2015[S].北京,2015;李杰,范毅,曾雪梅.重庆市南岸区环境空气质量现状及变化趋势研究[J].西南师范大学学报(自然科学版),2010(04):184-189.

4. 地表水水质综合达标率

1）指标说明

综合考虑《地表水环境质量标准》（GB3838—2002）和《山岳型风景资源开发环境影响评价指标体系》（HJ/T 6—1994）中关于水质的标准，本书将前者规定的Ⅰ类水标准作为保护区中水质的达标标准，即当保护区内所有地表水观察点水质都达到Ⅰ类水标准，则该生态系统的水质综合达标率为100%。

2）评价标准

表4-10　地表水水质综合达标率的可持续评价标准

可持续等级	优	良	中	较差	很差
地表水水质综合达标率（%）	[90～100]	[80～90)	[70～80)	[60～70)	(0～60)

5. 大气综合污染指数

1）指标说明

保护区空气质量采用综合污染指数进行评价。大气综合污染指数一般主要选取二氧化硫、二氧化氮、总悬浮颗粒物3种典型的空气污染物作为评价参数[1]。

大气综合污染指数 P 的计算公式为[2]

$$P = \sum_{i=1}^{n} P_i \tag{4-8}$$

单项污染物的污染分指数计算公式为

$$P_i = \frac{c_i}{s_i} \tag{4-9}$$

式中，P 为大气综合污染指数；P_i 为 i 项污染物的分指数；C_i 为第 i 项大气污染物浓度的年均值；S_i 为第 i 项大气污染物在《环境空气质量标准》（GB3095—2012）中的一级标准浓度限值（见表4-11）；n 为计入大气综合污染指数的污染物项数，这

---

① 李杰,范毅,曾雪梅. 重庆市南岸区环境空气质量现状及变化趋势研究[J]. 西南师范大学学报（自然科学版）,2010
　（04）：184-189.
② 同上。

里 $n=3$。

表 4-11　大气污染物国家一级标准对照表

污染物项目	平均时间	浓度限值(国家一级标准)	单位
二氧化硫(SO$_2$)	年平均	20	$\mu g/m^3$
二氧化氮(NO$_2$)	年平均	40	$\mu g/m^3$
总悬浮颗粒物(TSP)	年平均	80	$\mu g/m^3$

2) 评价标准

通用的大气综合污染指数 P 分级标准[1]如表 4-12 所示,根据此分级标准设定出保护区空气质量的可持续评价标准(见表 4-13)。

表 4-12　大气综合污染指数分级标准

空气质量状况	清洁	轻污染	中度污染	较重污染	严重污染
综合污染指数 P	(0~1.3]	(1.3~4]	(4~8]	(8~12]	(12~　)

表 4-13　保护区空气质量的可持续评价标准

可持续等级	优	良	中	较差	很差
综合污染指数 P	(0~1.3]	(1.3~4]	(4~8]	(8~12]	(12~　)

6. 土壤肥力

1) 指标说明

土壤肥力反映的是土壤的养分状况[2],对保护区中植物的生长状况有重要影响。本书采用较为常用的土壤肥力评价指标中的有机质、全氮、速效磷三个指标来评价保护区土壤肥力状况,即

$$土壤肥力指标 \quad F=f\sum_{i=1}^{3}F_i/S_i \quad\quad (4-10)$$

式中,F 为土壤肥力指标;F_i 表述 i 项指标的实际值;S_i 为全国第二次土壤普查的

---

[1] 李杰,范毅,曾雪梅.重庆市南岸区环境空气质量现状及变化趋势研究[J].西南师范大学学报(自然科学版),2010(04):184-189.

[2] 骆东奇,白洁,谢德体.论土壤肥力评价指标和方法[J].土壤与环境,2002(02):202-205.

土壤肥力标准中有机质、全氮、速效磷三个指标的一级标准值,分别为有机质 4%、全氮 0.2%、速效磷 40 mg/kg;这里 $i=1,2,3$ 分别为有机质、全氮、速效磷。

2)评价标准

当三个评价指标都达到一级标准时,土壤肥力为优,此时土壤肥力指标 $F=3$,当三个评价指标都达到一级标准的 75% 时,土壤肥力为良,此时土壤肥力指标 $F=2.25$,当三个评价指标都达到一级标准的 50% 时,土壤肥力为中,此时土壤肥力指标 $F=1.5$,以此类推设定保护区土壤肥力的可持续评价标准(见表 4-14)。

表 4-14 土壤肥力的可持续评价标准

可持续等级	优	良	中	较差	很差
土壤肥力指标 F	[3~)	[2.25~3)	[1.5~2.25)	[0.75~1.5)	(0~0.75)

7. 生物 α 多样性指数

1)指标说明

生物多样性是衡量一个生态系统生物状况的重要指标。生物 α 多样性是物种多样性的一种常用评价方法,主要关注区域生境下的物种数目,因此也被称为生境内的多样性[1]。生物 α 多样性指数用单位面积的物种数目,即物种密度来测度物种的丰富程度[2]。

生物 α 多样性指数 D 的计算公式为

$$D = S/\ln A \tag{4-11}$$

式中,$\ln A$ 为单位面积,S 为群落中的物种数目。

2)评价标准

根据《山岳型风景资源开发环境影响评价指标体系》(HJ/T 6—1994)中对于生物多样性的指标标准,本书运用维管束植物物种数量作为评价指标。

由于 HJ/T 6 中生物多样性指数标准分 4 个等级,而本书的可持续等级分为 5 个等级,所以需要再增加一个等级,天目山保护区处于我国中亚热带林区,可以看

---

① 孔凡洲,于仁成,徐子钧,等.应用 Excel 软件计算生物多样性指数[J].海洋科学,2012(04):57-62.
② 马克平.生物群落多样性的测度方法:Ⅰ α 多样性的测度方法(上)[J].生物多样性,1994(03):162-168.

到标准 HJ/T 6 中把亚热带林区中维管束植物物种划分为 10 个物种一个等级,依据此逻辑,本书在该标准第一级前面再增加一个最佳的等级(见表 4-15)。

表 4-15 生物多样性的可持续评价标准

可持续等级	优	良	中	较差	很差
维管束植物物种类数（种/公顷）	（ ～60)	[50～60]	[40～50]	[30～40]	(30～)

8. 受威胁物种丰度

受威胁物种是指极危、濒危、易危的物种[1]。受威胁物种丰度是指保护区中受威胁物种的相对比例,可以反映该保护区中物种的整体健康状况。

1) 指标说明

受威胁物种丰度的计算公式如下[2]:

$$R_T = A_T \times \left(\frac{N_{TV}}{635} + \frac{N_{TP}}{3\,662} \right) /2 \tag{4-12}$$

式中,R_T 是指受威胁物种丰度;N_{TV} 是指受威胁动物种数;N_{TP} 是指受威胁的维管束指数种数;A_T 为受威胁物种丰度的归一化系数,$A_T = 100/0.157\,2 = 636.132\,315\,5$[3]。

2) 评价标准

在《区域生物多样性评价标准》(HJ 623—2011)中评价等级分为 4 级,本书遵循该标准中评价等级的最优级和最差级标准,并在中间增加一个评价等级,共分为 5 个评价等级,以此设定出受威胁物种丰度指数的可持续评价标准(见表 4-16)。

表 4-16 受威胁物种丰度指数的可持续评价标准

可持续等级	优	良	中	较差	差
受威胁物种丰度指数	[60～)	[50～60)	[30～50)	[20～30)	(0～20)

---

① 环境保护部. 区域生物多样性评价标准: HJ 623—2011[S]. 北京,2011.
② 同上。
③ 同上。

9. 物种入侵面积比率

物种入侵是生态系统主要的生物胁迫因素,物种入侵的程度可以反映生态系统的生物健康状况。

1) 指标说明

借鉴刘永和郭怀成利用"物种入侵面积比率"指标来反映区域内物种入侵程度的方法[1],本书也采用"物种入侵面积比率"指标来评价天目山保护区生态系统外来物种入侵的情况。

$$物种入侵面积比率＝物种入侵危害面积／区域总面积 \qquad (4-13)$$

2) 评价标准

借鉴刘永和郭怀成对于"物种入侵面积比率"评价标准[2],本书设定保护区中"物种入侵面积比率"指标的可持续等级(见表 4-17)。

表 4-17　物种入侵面积比率的可持续评价标准

可持续等级	优	良	中	较差	很差
物种入侵面积比率(%)	0.0	(0.0~1.5)	[1.5~3.5)	[3.5~5.0)	[5.0~　)

10. 植被覆盖度

1) 指标说明

植被覆盖度指数是反映区域植被覆盖地表的状况,与生态系统的净初级生产力、绿色生物量等都有很好的相关性[3]。因而,本书将植被覆盖度作为反映保护区生物状况的一个可持续评价指标。

植被覆盖度指数 NDVI 算法如下[4]:

$$NDVI = A_{veg} \times (0.38 \times 林地面积 + 0.34 \times 草地面积 + 0.19 \times 耕地面积 +$$
$$0.07 \times 建设用地面积 + 0.02 \times 未利用地面积) / 区域面积 \qquad (4-14)$$

---

① 刘永,郭怀成. 湖泊—流域生态系统管理研究[M]. 北京:科学出版社,2008.
② 同上.
③ 生态环境状况评价技术规范编制组.《生态环境状况评价技术规范(修订征求意见稿)》编制说明[S]. 北京,2014.
④ 同上.

式中，A_{veg} 为植被覆盖指数归一化系数，参考值为 0.012 116 512 4[①]。

2) 评价标准

在《生态环境状况评价技术规范》（HJ 192—2015）中，植被覆盖度是生态环境状况指数的一个分指数，因而可以借鉴生态环境状况指数的评价标准[②]来设定植被覆盖度指数（NDVI）的可持续等级（见表 4-18）。

表 4-18　植被覆盖度的可持续评价标准

可持续等级	优	良	中	较差	差
植被覆盖度	[75～　)	[55～75)	[35～55)	[20～35)	(0～20)

11. 自然风景资源质量指数

自然风景资源是天目山保护区重要资源。这里主要按照《风景名胜区规划规范》中的风景资源评价方法，从景源价值、规模范围和资源保存状况等方面对保护区自然景源进行评价。景源价值评价的主要依据是美学、科学、历史等综合价值和吸引力范围；规模范围主要依据景点数量和分布范围进行评价；资源保存状况评价的主要根据是景源的完整性和生态环境状况等（见表 4-19）。

表 4-19　自然风景资源评价标准

资源等级	特级	一级	二级	三级	四级
特征	珍贵、独特，具有世界遗产价值和意义，有世界奇迹般的吸引力；景源数量很丰富，具有很大的分布范围；景源完整性很好，生态环境条件很好	名贵、罕见，具有国家重点保护价值，有国际吸引力；景源数量丰富，具有较大的分布范围；景源完整性良好，生态环境条件较好	重要、特殊，具有省级重点保护价值，有省际吸引力；景源数量较丰富，具有一定的分布范围；景源完整性较好，生态环境条件尚可	具有一定价值和游线辅助作用，有地区吸引力；有一定的景源数，分布范围较小；景源完整性较差，生态环境条件较差	具有一般价值和构景作用，有当地吸引力；景源数量很少，分布范围很小；景源完整性很差，生态环境条件很差
得分	9	7	5	3	1

1) 指标说明

本书通过专家们对保护区自然风景资源的等级评价，以计算平均得分值的方

---

① 国家环境保护总局. 生态环境状况评价技术规范：HJ 192—2015[S]. 北京，2015.
② 同上。

法进行评价。依据《风景名胜区规划规范》将风景资源分为特级、一级、二级、三级、四级 5 个等级,每个等级的标准如表 4 - 19 所示,每个等级都对应一定的分值,如"特级"为 9 分、"一级"为 7 分,依此类推;然后,计算专家评分的平均值,即为最终的自然风景资源评价值 E,即

$$E = \sum_{i}^{n} \frac{P_i}{n} \tag{4-15}$$

式中,P_i 为各个专家的评分值;n 为专家数。

2) 评价标准

根据自然风景资源质量评价值 E 的取值来设定自然风景资源质量的可持续评价标准(见表 4 - 20)。

表 4 - 20　自然风景资源质量的可持续评价标准

可持续等级	优	良	中	较差	很差
资源评价值 E	[8～10)	[6～8)	[4～6)	[2～4)	(0～2)

12. 游憩用地面积比率

1) 指标说明

游憩用地面积比率就是保护区中游憩用地面积占保护区总面积的比率,该指标可以一定程度上反映保护区中旅游开展的强度。

2) 指标标准

借鉴王洪翠在武夷山保护区生态安全评价[①]中以 15.72% 作为旅游用地利用强度指标的生态安全标准值,本书以 15% 作为可持续(良)标准值,最终确定保护区游憩用地面积比率的可持续评价标准(见表 4 - 21)。

表 4 - 21　游憩用地面积比率的可持续评价标准

可持续等级	优	良	中	较差	很差
游憩用地面积比率(%)	(0～5)	[5～15)	[15～25)	[25～35)	[35～　)

---

① 王洪翠,吴承祯,洪伟,等. P - S - R 指标体系模型在武夷山风景区生态安全评价中的应用[J]. 安全与环境学报,2006(03):123 - 126.

13. 旅游环境负荷率

1) 指标说明

旅游环境负荷率是指保护区实际游客数量与保护区环境容量的比值。负荷率的大小反映了保护区环境资源的承载压力。

保护区环境容量计算主要以线路法结合面积法。以沿游道步行游览观赏为主的旅游线路,采用游线法计算环境容量;具有一定面积的活动区域,采用面积法计算环境容量。计算方法如下[①]:

$$游线法:C = \frac{M}{m} \times D \qquad (4-16)$$

式中,C 为日游客容量(人/d);m 为每位游客占用的合理游线长度(m/人)[②];D 为周转率;M 为游线总长度。

$$面积法:C = \frac{A}{a} \times D \qquad (4-17)$$

式中,C 为日游客容量(人/d);A 为可游览面积(m^2);a 为每位游客应占有的合理面积(m^2/人)[③];D 为周转率。

$$旅游环境负荷率 = 旅游负荷量 / 保护区游客容量 \qquad (4-18)$$

2) 评价标准

旅游环境负荷率的大小反映了保护区环境资源的承载压力,旅游负荷量(实际游客量)小于保护区环境容量,则表示保护区旅游环境负荷处于可持续状态,反之则表示保护区旅游环境负荷处于不可持续状态,依据此逻辑构建出旅游环境负荷率的可持续评价标准(见表4-22)。

表4-22 旅游环境负荷率的可持续评价标准

可持续等级	优	良	中	较差	很差
负荷率(%)	(0~30)	[30~60)	[60~100)	[100~150)	[150~)

① 中华人民共和国建设部. 风景名胜区规划规范: GB 50298—1999[S]. 北京,2000.
② 参考《风景名胜区规划规划》中游人容量的一般标准。
③ 同上。

14. 居民收入满意度

1) 指标说明

较高的经济收入是保护区周边社区居民的主要需求之一，居民收入满意度可反映社区的经济状况。所以本书采用居民收入满意度指标来评价保护区周边社区的经济状况。

评价居民收入满意度主要采用问卷调查法了解居民的收入满意度，并将满意度转化为分值，满意度共分5个等级，"很满意"为9分、"满意"为7分，依此类推（见表4-23）；通过对所有被调查者满意度分值的平均值来计算社区的总经济收入满意度ES：

$$ES = \sum_{i=1}^{n} P_i / n \qquad (4-19)$$

式中，P_i 为被调查者的满意度分值，i 为被调查者序号；n 为被调查者总人数。

表4-23 居民收入满意度评分

满意度	很满意	满意	一般	不满意	很不满意
评价得分	9	7	5	3	1

2) 评价标准

居民收入满意度的可持续评价标准如表4-24所示。

表4-24 居民收入满意度的可持续评价标准

可持续等级	优	良	中	较差	很差
满意度 ES	[8~10)	[6~8)	[4~6)	[2~4)	(0~2)

15. 经营者盈亏指数

1) 指标说明

经营者一般以获得利润为主要经营目的，经营者的盈利或亏损状况会决定其未来的发展状况。所以本书采用经营者盈利指标来评价保护区内经营者的经营状况。

评价方法主要通过问卷调查方式，以经营者自己的定性判断为主，并将其定性判断结果转化为分值,"盈利丰厚"为9分,"适当盈利"为7分,依此类推(见表4-25);最后根据所有被调查者的评价分值来计算保护区经营系统的总体盈亏状况 PS 值。由于天目山保护区中的经营者主要有经营企业(大华公司)、餐饮住宿业经营者和特产小商贩等,不同类型的经营者对保护区经营系统的可持续发展影响是不同的,所以需要对不同类型的经营者盈亏状况的评分值进行加权计算,以获得最终的 PS 评价值,权重由专家法确定。所以,保护区经营系统盈亏状况指标 PS 的计算方法如下:

$$PS = w_1 \times \sum_{i=1}^{m} P_i/m + w_2 \times \sum_{j=1}^{n} P_j/n + w_3 \times \sum_{r=1}^{p} P_r/q \qquad (4-20)$$

式中,PS 为公共服务设施的总评价值;P_i 为经营企业评价值,m 为被调查企业数,w_1 为经营企业权重;P_j 为餐饮住宿经营者评价值,n 为被调查餐饮住宿经营者数,w_2 为餐饮住宿经营者权重;P_r 为小商贩评价值,q 为被调查小商贩数,w_3 为小商贩权重。

表4-25 经营者盈亏状况评分标准

盈亏状况	盈利丰厚	适当盈利	基本还行	有些亏损	亏损严重
评价得分	9	7	5	3	1

2)评价标准

经营者盈亏状况指数的可持续评价标准如表4-26所示。

表4-26 经营者盈亏状况可持续评价标准

可持续等级	优	良	中	较差	很差
盈亏指数 PS	[8~10)	[6~8)	[4~6)	[2~4)	(0~2)

16. 管理者收支平衡指数

1)指标说明

管理经费是保护区管理机构运营的重要基础。本书以管理者收支平衡指标来反映管理机构的运营状况,主要比较管理者的收入和支出,来看管理资金情况。

2）评价标准

评价方法是通过管理者对管理机构财政收支的比较来定性判断,主要考虑两个方面:收支平衡状况,如果保护区管理机构财政资金收入大于支出,则认为收支状况较好,反之则说明收支状况不佳;管理资金投入状况,有些管理机构可能会为了平衡收支状况而减少管理投入,管理资金投入不足又会不利于正常管理,所以也需要评价管理资金投入情况(见表4-27)。

表4-27　管理者收支平衡的可持续评价标准

可持续等级	优	良	中	较差	很差
特征	管理经费投入正常,管理经费充裕	管理经费投入正常,收支基本平衡	压缩管理经费投入,收支勉强平衡;或管理投入较多,但财政有负债	管理经费投入不足,管理经费有些短缺(支出略大于收入)	管理经费投入不足,管理经费严重短缺(支出显著大于收入)

17. 居民生活环境变化感受指数

1）指标说明

居民对生活环境变化的感受反映了他们对当前生活状况的满意程度,居民生活环境变化感受指数可以反映保护区中社区系统的健康状况。

本书以问卷形式对周边社区的居民进行调查,了解其对生活环境的感受,并将居民的定性评价转化为分值,居民对生活环境变化的评价共分5个等级,"改善很多"为9分,"稍微改善"为7分,依此类推(见表4-28),居民对生活环境变化感受的综合评价指标 LC 为所有被调查者评分值的平均值,即

$$LC = \sum_{i=1}^{n} P_i/n \qquad (4-21)$$

式中,P_i 为被调查者的评分值,i 为被调查者序号;n 为被调查者总人数。

表4-28　居民对生活环境变化的评价

评价等级	改善很多	稍微改善	基本没变	稍微变差	差了很多
评价得分	9	7	5	3	1

2）评价标准

居民对生活环境变化感受的可持续评价标准如表4-29所示。

表4-29 居民生活环境变化感受的可持续评价标准

可持续等级	优	良	中	较差	很差
综合评价值 LC	[8~10)	[6~8)	[4~6)	[2~4)	(0~2)

18. 居民旅游业参与度

保护区周边社区居民参与到旅游业中是增加其经济收入的重要渠道，也体现了保护区发展对周边社区社会经济发展的带动作用。

1）指标说明

居民旅游参与度 DP 是指参与到旅游业中的居民数占全体居民数量的比重。

$$DP = \frac{p}{n} \times 100\% \qquad (4-22)$$

式中，p 为被调查者中参与旅游业的居民数；n 为被调查者总人数。

2）评价标准

根据相关专家讨论确定居民旅游参与度的可持续评价标准（见表4-30）。

表4-30 居民旅游参与度可持续评价标准

可持续等级	优	良	中	较差	很差
旅游参与度 DP(%)	≥30	[20~30)	[10~20)	[5~10)	<5

19. 游客满意度

游客满意度评价主要是调查游客对保护区内自然环境、人文环境、旅游服务、解说系统等的整体游憩体验满意度。游客满意度可以反映游客对保护区的综合感受，往往决定了游客是否会再次光顾该保护区，对于保护区的可持续发展有重要影响。

1）指标说明

本书主要通过对游客进行问卷调查的方法，将游客的满意度评价转化为分值，共分5个等级，"很满意"为9分、"满意"为7分，依此类推（见表4-31）。

表 4-31　游客的满意度评分

满意度	很满意	满意	一般	不满意	很不满意
评价得分	9	7	5	3	1

通过计算所有被调查者满意度分值的平均值来评价总满意度 ES,公式为

$$ES = \sum_{i=1}^{n} P_i / n \qquad (4-23)$$

式中,P_i 为被调查游客的满意度分值,i 为被调查者序号;n 为被调查者总人数。

2)评价标准

游客满意度评价的可持续标准如表 4-32 所示。

表 4-32　游客满意度可持续评价标准

可持续等级	优	良	中	较差	很差
总满意度 ES	$[8\sim10)$	$[6\sim8)$	$[4\sim6)$	$[2\sim4)$	$(0\sim2)$

20. 公共服务设施质量指数

1)指标说明

公共服务设施质量评价指数可反映保护区中的社会服务状况。

本书主要使用问卷调查法,将游客、社区居民、相关专家对天目山保护区内交通状况、旅游服务设施、环卫设施、邮政电信设施等的综合评价结果转化为分值,评价共分 5 个等级,"优"为 9 分,"良"为 7 分,依此类推(见表 4-33)。

表 4-33　公共服务设施的评价

评价等级	优	良	中	较差	很差
特征	内外交通的路况质量及便捷度好,旅游、环卫、邮政等各类服务设施内容全面、经营规范	内外交通的路况质量及便捷度较好,旅游、环卫、邮政等各类服务设施满足需求	内外交通的路况质量及便捷度一般,旅游、环卫、邮政等各类服务设施基本满足需求	内外交通的路况质量及便捷度较差,旅游、环卫、邮政等各类服务设施无法满足需求	内外交通的路况质量及便捷度很差,旅游、环卫、邮政等各类服务设施很匮乏,无法满足需求
评价得分	9	7	5	3	1

通过对三类被调查者评价值的加权计算得出综合评价值；其中三类调查者的评价值的权重分别是：游客为 0.3，居民为 0.3，专家为 0.4，则公共服务设施的综合评价值 F 的计算公式为

$$F = 0.3 \times \sum_{i=1}^{m} T_i/m + 0.3 \times \sum_{j=1}^{n} R_j/n + 0.4 \times \sum_{q=1}^{p} E_q/p \qquad (4-24)$$

式中，F 为公共服务设施的总评价值；T_i 为游客评价值，m 为被调查游客数；R_j 为居民评价值，n 为被调查居民数；E_q 为专家评价值，p 为被调查专家数。

2）评价标准

根据公共服务设施质量综合评价值 F 的取值来设定可持续评价标准（见表 4-34）。

表 4-34　服务设施质量的可持续评价标准

可持续等级	优	良	中	较差	很差
综合评价值 F	[8~10)	[6~8)	[4~6)	[2~4)	(0~2)

21. 人文风景资源质量指数

1）指标说明

人文遗产资源的保护是天目山保护区的重要目标之一，本书主要以人文风景资源质量来反映保护区的文化遗产资源状况，主要按照《风景名胜区规划规范》中的风景资源评价方法，从景源价值、规模范围和资源保存状况等方面对人文风景资源进行评价。人文景源价值主要依据美学、历史、科学等综合价值和吸引力范围来评价；规模范围评价的主要依据是景点数量和分布范围；资源保存状况评价的主要根据是景源的完整性、原真性状况等（见表 4-35）。

表 4-35　人文风景资源评价标准

资源等级	特级	一级	二级	三级	四级
特征	珍贵、独特，具有世界遗产价值和意义，有世界奇迹般的吸引力；景源数量很丰富；景源完整性和原真性完好	名贵、罕见，具有国家重点保护价值，有国际吸引力；景源数量丰富；景源完整性和原真性良好	重要、特殊，具有省级重点保护价值，有省际吸引力；景源数量较丰富；景源完整性和原真性较好	具有一定的文化价值和美学价值，有地区吸引力；有一定的景源数；景源完整性和原真性较差	具有较一般价值和构景作用，有当地吸引力；景源数量很少；景源完整性和原真性很差
得分	9	7	5	3	1

本书通过专家组对保护区人文风景资源进行等级评价,并计算平均得分值。依据《风景名胜区规划规范》将人文风景资源分为特级、一级、二级、三级、四级 5 个等级,每个等级都对应一定的分值,如"特级"为 9 分、"一级"为 7 分,依此类推(见表 4-35);然后,计算专家评分的平均值,得到最终的人文风景资源质量评价值 E,即

$$E = \sum_{i}^{n} \frac{P_i}{n} \qquad (4-25)$$

式中,P_i 为各个专家的评分值;n 为专家人数。

2)评价标准

根据人文风景资源质量评价值 E 的取值来设定人文风景资源质量的可持续评价标准(见表 4-36)。

表 4-36　人文风景资源质量的可持续评价标准

可持续等级	优	良	中	较差	很差
资源评价值 E	[8~10)	[6~8)	[4~6)	[2~4)	(0~2)

22. 文化保护与传承质量指数

1)指标说明

对文化资源保护和传承质量的评价,主要采用专家评价法。通过保护区管理者和相关专家对保护区中文化资源保护状况和文化传承状况进行评价,共分 5 个等级,评价结果转化为分值,如"优"为 9 分,"良"为 7 分,依此类推(见表 4-37)。

表 4-37　文化资源保护和传承质量评价标准

评价等级	优	良	中	较差	很差
特征	文化资源得到很好保护,传统文化得到很好的延续和传承	文化资源得到较好保护,传统文化得到较好的延续和传承	文化资源基本得到保护,传统文化得以延续	文化资源没有得到较好保护,传统文化存在消失的威胁	文化资源受到破坏,传统文化基本消失
评价得分	9	7	5	3	1

文化保护与传承质量评价指数 CP 为所有专家和管理者评价得分的平均

值,则

$$CP = \sum_{i=1}^{n} P_i / n \qquad (4-26)$$

式中,P_i 为各评价者的评价值;n 为评价者总人数。

2) 评价标准

根据文化资源保护和传承质量综合评价指数 CP 的取值来设定可持续评价标准(见表 4-38)。

表 4-38 文化保护与传承质量的可持续评价标准

可持续等级	优	良	中	较差	很差
综合评价指数 CP	[8~10)	[6~8)	[4~6)	[2~4)	(0~2)

23. 文化展示与利用质量指数

1) 指标说明

展示与利用文化资源是宣传和发扬我国传统文化、发挥保护区历史文化价值和教育功能的重要手段。

对文化资源展示与利用质量的评价,主要通过专家评价法,即相关专家和管理者从文化资源利用程度、文化价值和教育功能发挥的效果等方面对保护区中文化资源的利用状况进行评价,评价共分 5 个等级,评价结果转化为分值,如"优"为 9 分,"良"为 7 分,依此类推(见表 4-39)。

表 4-39 文化展示与利用质量评价标准

评价等级	优	良	中	较差	很差
特征	文化资源得到充分的展示和利用,很好发挥了保护区的文化展示和教育功能	文化资源得到较好的展示和利用,较好发挥了保护区的文化展示和教育功能	文化资源得到展示和利用,基本发挥了保护区的文化展示和教育功能	文化资源未得到充分的展示和利用,保护区的文化展示和教育作用不明显	文化资源基本没有得到展示和利用,保护区的文化展示和教育作用被忽视
评价得分	9	7	5	3	1

文化资源展示与利用评价指数 CU 为所有评价者评价得分的平均值,则

$$CU = \sum_{i=1}^{n} P_i/n \qquad (4-27)$$

式中，P_i 为各评价者的评价值；n 为评价者总人数。

2）评价标准

根据文化展示与利用质量评价指数 CU 的取值来设定可持续评价标准（见表 4-40）。

表 4-40　文化展示与利用质量的可持续评价标准

可持续等级	优	良	中	较差	很差
综合评价指数 CU	[8~10)	[6~8)	[4~6)	[2~4)	(0~2)

24. 管理成效指数

1）指标说明

管理成效就是指保护区管理工作的效果，可以综合反映管理系统的运行健康状况。管理成效评价主要采用专家评价法，由相关专家和管理者对保护区规划完成情况、管理科学性、管理制度、生态系统保护效果、社会秩序等方面状况进行综合评价，评价共分 5 个等级，评价结果转化为分值，如"优"为 9 分，"良"为 7 分，依此类推（见表 4-41）。

表 4-41　管理成效评价标准

评价等级	优	良	中	较差	很差
特征	保护区规划得到很好的编制和实施；管理科学；制度完善；生态系统得到很好保护；社会秩序和谐	保护区规划得到较好的编制和实施；管理较科学；制度较完善；生态系统得到较好保护；社会秩序较和谐	有保护区规划并基本实施；管理有序；有基本制度保障；生态系统得到基本保护；社会秩序基本稳定	保护区规划的编制和实施不完善；管理较混乱；没有制度保障；生态系统受到破坏；社会问题较多	缺乏保护区规划；管理很混乱；没有制度保障；生态系统受到严重破坏；社会问题严重
评价得分	9	7	5	3	1

保护区管理成效综合评价值 MP 为所有专家和管理者评价分值的平均值：

$$MP = \sum_{i=1}^{n} P_i/n \qquad (4-28)$$

式中，P_i 为各评价者的评价值；n 为评价者总人数。

2) 评价标准

根据管理成效评价值 MP 的取值来设定可持续评价标准(见表 4-42)。

表 4-42　管理成效的可持续评价标准

可持续等级	优	良	中	较差	很差
评价值 MP	[8~10)	[6~8)	[4~6)	[2~4)	(0~2)

25. 科研力量指数

1) 指标说明

科学研究是保护区实现科学管理的基础，科研力量可以基本反映一个保护区科学研究的状况。

科研力量评价主要采用专家评价法，即通过管理者和相关专家对保护区中科研队伍、科研成果、本底资源调查情况等方面状况进行综合评价，评价共分 5 个等级，评价结果转化为分值，如"优"为 9 分，"良"为 7 分，依此类推(见表 4-43)。

表 4-43　科研力量评价标准

评价等级	优	良	中	较差	很差
特征	有完善的科研队伍；科研工作全面、成果丰富；对保护区本底资源进行了很好的调查、监测	有较好的科研队伍；科研工作较扎实、成果较丰富；对保护区本底资源进行了较好的调查、监测	有科研队伍；开展一定的科研工作；对保护区本底资源做过基本调查	没有科研队伍；偶尔请外面专家开展一些科研工作；对保护区本底资源部分做过调查	没有科研队伍；没有开展科研工作；没有对保护区本底资源做过调查
评价得分	9	7	5	3	1

保护区科研力量指数的综合评价值 SR 为所有专家和管理者评价分值的平均值：

$$SR = \sum_{i=1}^{n} P_i / n \qquad (4-29)$$

式中，P_i 为各评价者的评价值；n 为评价者总人数。

2）评价标准

根据科研力量评价值 SR 的取值来设定可持续评价标准（见表 4-44）。

表 4-44　科研力量的可持续评价标准

可持续等级	优	良	中	较差	很差
科研力量评价值 SR	[8~10)	[6~8)	[4~6)	[2~4)	(0~2)

26. 管理条件指数

1）指标说明

保护区的管理条件可以一定程度反映该保护区的管理状况。

对保护区管理条件的评价主要采用专家评价法，即通过管理者和相关专家对保护区中管理机构设置、人员配置、管理资金、管理设施等方面的状况进行评价，评价共分 5 个等级，评价结果转化为分值，如"优"为 9 分，"良"为 7 分，依此类推（见表 4-45）。

表 4-45　管理条件评价标准

评价等级	优	良	中	较差	很差
特征	管理机构和人员配置完善；管理资金充足；管理设施完备	管理机构和人员配置比较完善；管理资金较充足；管理设施较完备	管理机构和人员配置达到基本要求；管理资金可承担基本管理运营；管理设施符合基本要求	管理机构和人员配置不到基本要求；管理资金有亏缺；管理设施简陋	管理机构和人员配置离基本要求差距很大；管理资金亏缺严重；管理设施很匮乏
评价得分	9	7	5	3	1

保护区管理条件的综合评价值 MC 为所有专家和管理者评价分值的平均值：

$$MC = \sum_{i=1}^{n} P_i / n \qquad (4-30)$$

式中，P_i 为各评价者的评价值；n 为评价者总人数。

2）评价标准

根据管理条件综合评价值 MC 的取值来设定可持续评价标准（见表 4-46）。

表 4-46　管理条件的可持续评价标准

可持续等级	优	良	中	较差	很差
综合评价值 MC	[8~10)	[6~8)	[4~6)	[2~4)	(0~2)

（三）指标评价标准总结

上文已对天目山保护区中各个生态系统可持续评价指标作了说明，并设定了各指标的可持续评价标准，为了便于参照和比较，在此将所有指标的可持续评价标准总结在一起（见表 4-47）。

表 4-47　天目山保护区生态系统可持续指标评价标准总览

指标/指数	单位	可持续等级				
		优	良	中	较差	很差
景观破碎化指数	/	（　~1.0)	[1.0~5.0)	[5.0~10.0)	[10.0~15.0)	[15.0~　)
森林覆盖率	%	（　~70]	[60~70)	[50~60)	[40~50)	(40~0)
生境质量指数	/	[75~　)	[55~75)	[35~55)	[20~35)	(5~20)
地表水水质综合合格率	%	[90~100]	[80~90)	[70~80)	[60~70)	(0~60)
大气综合污染指数	/	(0~1.3]	(1.3~4]	(4~8]	(8~12]	(12~　)
土壤肥力	/	[3~　)	[2.25~3)	[1.5~2.25)	[0.75~1.5)	(0~0.75)
生物 α 多样性指数	种/ha	(60~　)	[50~60]	[40~50)	[30~40]	（　~30)
受威胁物种丰度指数	/	[60~　)	[50~60)	[30~50)	[20~30)	(0~20)
物种入侵面积比率	%	0.0	(0.0~1.5)	[1.5~3.5)	[3.5~5.0)	[5.0~　)
植被覆盖度	/	[75~　)	[55~75)	[35~55)	[20~35)	(0~20)
自然风景资源质量指数	/	[8~10)	[6~8)	[4~6)	[2~4)	(0~2)
游憩用地面积比率	%	(0~5)	[5~15)	[15~25)	[25~35)	[35~　)
旅游环境负荷率	%	(0~30)	[30~60)	[60~100)	[100~150)	[150~　)
居民收入满意度	/	[8~10)	[6~8)	[4~6)	[2~4)	(0~2)
经营者盈亏指数	/	[8~10)	[6~8)	[4~6)	[2~4)	(0~2)
管理者收支平衡指数	/	管理经费很充裕	管理经费较充裕	收支基本平衡	管理经费有些短缺	管理经费严重短缺

指标/指数	单位	可持续等级				
		优	良	中	较差	很差
居民生活环境变化感受指数	/	[8~10)	[6~8)	[4~6)	[2~4)	(0~2)
居民旅游业参与度	%	[30~)	[20~30)	[10~20)	[5~10)	[0~5)
游客满意度	/	[8~10)	[6~8)	[4~6)	[2~4)	(0~2)
公共服务设施质量指数	/	[8~10)	[6~8)	[4~6)	[2~4)	(0~2)
人文风景资源质量指数	/	[8~10)	[6~8)	[4~6)	[2~4)	(0~2)
文化保护与传承质量指数	/	[8~10)	[6~8)	[4~6)	[2~4)	(0~2)
文化展示与利用质量指数	/	[8~10)	[6~8)	[4~6)	[2~4)	(0~2)
管理成效指数	/	[8~10)	[6~8)	[4~6)	[2~4)	(0~2)
科研力量指数	/	[8~10)	[6~8)	[4~6)	[2~4)	(0~2)
管理条件指数	/	[8~10)	[6~8)	[4~6)	[2~4)	(0~2)

（四）天目山保护区生态系统可持续评价与结果分析

1. 单项指标评价

1）景观破碎化指数

根据景观破碎化指数的计算方法，管理局和相关专家通过遥感资料分析计算得到天目山保护区的景观破碎化指数为 1.633 254 937 块/km^2[1]，对照评价标准，天目山保护区景观破碎化指数为"良"。

2）森林覆盖率

根据天目山管理局统计，2013 年天目山保护区的森林覆盖率为 98.5%。根据可持续评价标准，天目山保护区的森林覆盖率处于"优"的可持续等级。

---

① 王祖良，丁丽霞，傅起升.天目山自然保护区的景观分析[J].四川林勘设计，2002(03)：11-15.

3）生境质量指数

根据天目山管理局的统计，天目山保护区总面积 4 284 ha，其中林业用地
3 968.7 ha，水体 64.5 ha，农田 172.3 ha，草地 21.3 ha，建设用地 33.5 ha，非利用地
23.6 ha[1][2]。

根据生境质量指数计算公式（4-7）计算得，天目山保护区生境质量指数为
170.91，对照生境质量指数可持续评价标准，天目山保护区生境质量为"优"。

4）地表水水质综合达标率

目前，天目山保护区内仅有少数村庄，人口密度低，基本无工业，另外保护区内
森林覆盖率高、水源涵养作用明显，溪涧流量稳定，水质优良。经天目山管理局测
定，目前天目山保护区地表水质都达到国家Ⅰ类水标准。所以，根据可持续评价标
准，天目山保护区地表水质为"优"。

5）大气污染综合指数

天目山保护区周边无大型工业生产设施，周围数十公里以内基本没有空气污
染源。通过对天目山自然保护区大气的实际调查和测定，得到 2013 年大气污染物
含量数据（见表 4-48）。

表4-48　天目山保护区大气污染物测量数据

监测项目	$SO_2(\mu g/m^3)$	$NO_2(\mu g/m^3)$	$TSP(\mu g/m^3)$
年均值	14	9	27
国家一级大气标准值(年均值)	<20	<40	<80

根据大气污染综合指数计算公式（4-8）和（4-9），天目山保护区大气污染综
合指数 P 值约为 1.26；对照空气质量可持续评价标准，天目山保护区空气质量可
持续等级为"优"。

6）土壤肥力

根据天目山管理局和相关专家对天目山保护区土壤的检测分析[3]，得到其土壤

---

① 浙江天目山管理局.浙江天目山国家级自然保护区总体规划(2015—2024)[R].临安:浙江天目山管理局,2014.

② 王祖良,丁丽霞,傅起升.天目山自然保护区的景观分析[J].四川林勘设计,2002(03)：11-15.

③ 重修西天目山志编纂委员会.西天目山志[M].北京：方志出版社,2009.

肥力各参数的测量值如表 4 - 49 所示。

表 4 - 49　天目山保护区土壤肥力各参数的测量数据

肥力指标	有机质(%)	全氮(%)	速效磷(mg/kg)
指标值	3.8	0.17	32

根据土壤肥力指数计算公式(4 - 10),计算得天目山保护区土壤肥力指数值为 7.6,属于"优"的可持续等级。

7)生物 α 多样性指数

天目山保护区地处中亚热带的北缘,区内植物资源丰富,区系复杂,组成的植被类型比较多,分布有高等植物 246 科 974 属 2 160 种[1]。

根据生物 α 多样性指数计算公式(4 - 11)计算得到天目山保护区生物多样性指数为 51 种/ha,对照可持续评价标准,天目山物种多样性处于"良"的级别。

8)受威胁物种丰度指数

据统计,天目山保护区受威胁植物有南方红豆杉、天目铁木、金钱松等约 33 种,受威胁动物有云豹、金钱豹、穿山甲等约 16 种[2]。根据受威胁物种丰度的计算公式(4 - 12),计算得到天目山保护区受威胁物种丰度指数值为 43.5。

对照可持续评价标准,天目山保护区受威胁物种丰度处于"中"的可持续等级。

9)物种入侵面积比率

天目山保护区毛竹林入侵问题是保护区主要的物种入侵问题。根据本书分析,当前天目山扩散面积约为 110.6 ha,而天目山保护区总面积为 4 284 ha,则根据物种入侵面积比率计算公式(4 - 13)计算得出,天目山保护区物种入侵面积比率为 2.6%。

对照可持续评价标准,则天目山物种入侵情况处于"中"的可持续等级。

10)植被覆盖度

天目山保护区总面积为 4 284 ha,其中林业用地 3 968.7 ha,水体 64.5 ha,农田

---

[1] 浙江天目山管理局.浙江天目山国家级自然保护区总体规划(2015—2024)[R].临安:浙江天目山管理局,2014.
[2] 同上。

172.3 ha,草地 21.3 ha,建设用地 33.5 ha,非利用地 23.6 ha[①②]。

根据植被覆盖度计算公式(4-14),计算得到天目山保护区植被覆盖度为 304.5;对照可持续评价标准,植被覆盖度为"优"等级。

11) 自然风景资源质量指数

根据相关专家和天目山管理人员的调查统计[③④],天目山保护区有自然风景点 60 多处,其中仙人顶、四面佛、大树王等景点达到了国家重点保护价值,具有国际吸引力,且天目山保护区生态环境条件优越[⑤]。根据 20 位旅游规划专家对天目山保护区自然风景资源质量的定性评价,并依据公式(4-15)计算综合评价值,最后得分为 6.9,对照可持续评价标准,天目山保护区自然风景资源等级为"良"。

12) 游憩用地面积比率

天目山保护区面积为 4 284 ha,按照天目山保护区功能区的划分,共有 4 个游赏活动区,各区面积分别为:禅源寺景区 69.1 ha,大树王景区为 7.6 ha,天目冰川景区 178.9 ha,天目峡谷景区 117.2 ha,合计总面积为 372.8 ha[⑥]。因此,天目山保护区游憩用地面积比率为 8.7%。对照可持续评价标准,天目山保护区旅游开发强度属于"良"的等级。

13) 旅游环境负荷率

根据天目山保护区中 4 个旅游景区的游线长度和游览区面积的实际情况[⑦],并运用容量计算公式(4-16 和 4-17),分别计算各旅游景区游客容量(见表 4-50 和表 4-51):

表 4-50　天目山保护区游线的游客容量

景区/景点	游线长度 (m)	人均合理 游线(m/人)	日周转率 (次/d)	年可游览 天数(d)	年容量 (人/a)
大树王景区	8 300	20	2	210	174 300
天目冰川景区	2 500	15	2	210	70 000

① 浙江天目山管理局.浙江天目山国家级自然保护区总体规划(2015—2024)[R].临安:浙江天目山管理局,2014.
② 王祖良,丁丽霞,傅起升.天目山自然保护区的景观分析[J].四川林勘设计,2002(03):11-15.
③ 重修西天目山志编纂委员会.西天目山志[M].北京:方志出版社,2009.
④ 浙江天目山管理局.浙江天目山国家级自然保护区生态旅游规划(2015—2024 年)[R].临安:浙江天目山管理局,2015.
⑤ 同上.
⑥ 同上.
⑦ 同上.

景区/景点	游线长度 （m）	人均合理 游线（m/人）	日周转率 （次/d）	年可游览 天数（d）	年容量 （人/a）
天目峡谷景区	2 400	15	2	210	67 200
禅源寺景区	5 000	15	2	210	140 000
总计					451 500

表4-51　天目山保护区游览区游客容量

景区/景点	可游憩 面积（m²）	人均合理使 用面积（m²）	周转率 （次）	年可游览 天数（d）	年容量 （人/a）
大树王景区	3 600	60	2	210	25 200
禅源寺景区	8 200	50	2	210	68 880
天目冰川景区	1 400	100	1	210	2 940
天目峡谷景区	1 100	100	1	210	2 310
总计					99 330

经计算得天目山保护区总游客年容量为 550 830 人。据统计，天目山保护区 2013 年游客量为 19.38 万人次，占保护区总年容量的比率约为 35.2%。对照可持续评价标准，天目山保护区旅游环境负荷为"良"。

14）居民收入满意度

通过对天目山保护区周边社区居民进行收入满意度的问卷调查[①]，并根据居民收入满意度计算公式（4-19）计算得到居民收入满意度综合评价值为 5.3，所以可持续等级为"中"。

15）经营者盈亏指数

天目山保护区中经营者主要有旅游经营企业、餐饮住宿经营者和特产小商贩等。旅游企业主要是大华公司；餐饮住宿经营者包括度假村经营者、一些餐馆和农家乐承包经营者；小商贩主要就是一些贩卖天目山特产的经营者。本书主要通过调查问卷加访谈的形式对各类经营者抽样调查，调查旅游企业 1 家，餐饮住宿经营者 5 家，小商贩 5 家。

根据调查了解到，天目山保护区通过特许经营方式把保护区承包给大华公司，

---

① 本次调查共发放问卷 100 份，回收有效问卷数为 91 份，有效回收率为 91%。

大华每年交给天目山保护区管理局 350 万;大华在天目山保护区的工作人员约有 110 人,平均月工资约 3 000 元;每年建设投入平均约 200 万;所以大华公司在天目山保护区每年支出约 946 万。大华公司当前的经营收入主要来自景区门票,2013 年接待游客约为 19.38 万人次,2013 年收入约为 800 万。可见,大华公司 2013 年收支为−146 万,公司处于略微亏损的经营状态。而天目山保护区中的餐饮住宿经营者和特产商贩对于经营状况总体还是满意的。

根据天目山保护区经营者情况,经专家讨论,计算经营者盈亏指标时经营企业权重 w_1 为 0.5;餐饮住宿经营者权重 w_2 为 0.3;小商贩权重 w_3 为 0.2。

最后,对调查问卷结果进行统计,按照经营者盈亏指数计算公式(4-20),计算得出天目山保护区经营者盈亏状况指数 PS 值为 5.9,对照可持续评价标准,天目山保护区经营者盈亏状况可持续等级为"中"。

16) 管理者收支平衡指数

天目山管理局 2013 年财务总收入为 572.13 万元,其中财政拨款 137.62 万元,上级补助 88.33 万元,旅游服务等其他收入 346.18 万元;财务总支出 572.13 万元,其中职工工资、福利等支出 165.45 万元,办公支出 367.98 万元,其他支出 38.70 万元[①]。可见,天目山管理局财政收支处于基本平衡状态。

对照可持续评价标准,天目山保护区管理机构收支处于"中"状态。

17) 居民生活环境变化感受指数

通过对天目山保护区周边居民的问卷调查,并根据居民生活环境变化感受指数计算公式(4-21)计算得到居民生活环境变化感受的综合评价值为 7.7;对照可持续评价标准,天目山保护区居民生活环境变化感受的可持续等级为"良"。

18) 居民旅游业参与度

根据对天目山保护区周边居民的问卷调查和公式(4-22),计算得到天目山保护区居民旅游参与度为 18.4%,参与者中开展农家乐的约占 13.5%、旅游服务占 2.6%、特产销售占 2.3%。对照可持续评价标准,天目山保护区居民旅游业参与度为"中"。

---

① 浙江天目山管理局.浙江天目山国家级自然保护区总体规划(2015—2024)[R].临安:浙江天目山管理局,2014.

19）游客满意度

根据对天目山保护区游客的问卷调查结果和公式（4-23），计算得到游客满意度综合评价值为7.1。对照可持续评价标准，天目山保护区游客满意度为"良"。

20）公共服务设施质量指数

根据对天目山保护区中游客、社区居民、相关专家关于服务设施满意度的问卷调查和公共服务设施质量指数综合评价值的计算公式（4-24），计算得到天目山保护区公共服务设施质量指数的综合评价值为7.4，所以公共服务设施质量的可持续等级为"良"。

21）人文风景资源质量指数

根据相关专家和天目山管理人员的调查统计[1]，天目山保护区有人文风景点20余处，其中禅源寺、周恩来演讲纪念亭、开山老殿等景点达到了国家重点保护价值，具有国际吸引力，开山老殿等景点具有较好的完整性和原真性，但是禅源寺等一些景点是近年来重新修建的，原真性较差[2]。

根据20位旅游规划专家对天目山保护区人文风景资源质量的定性评价，并依据公式（4-25）计算综合评价值为6.3，对照可持续评价标准，天目山保护区人文风景资源等级为"良"。

22）文化保护与传承质量指数

天目山保护区最重要的文化是宗教文化和红色文化。著名的禅源寺得以修复，恢复了历史面貌，弘扬了佛教文化；周恩来演讲纪念亭的修建就是为了弘扬红色文化，为保护和传承天目山保护区文化做出了贡献。

根据问卷调查中专家和管理者的定性评价，并依据文化保护与传承质量综合评价值的计算公式（4-26），计算得到天目山保护区文化保护与传承质量指数 CP 的综合评价值为6.2。对照可持续评价标准，评价结果为"良"。

23）文化展示与利用质量指数

天目山保护区历来就是旅游胜地，20世纪80年代起，开展生态旅游，发挥风景

---

① 重修西天目山志编纂委员会．西天目山志［M］．北京：方志出版社，2009；浙江天目山管理局．浙江天目山国家级自然保护区生态旅游规划（2015—2024年）［R］．临安：浙江天目山管理局，2015．
② 同上。

资源的展示和利用功能得到共识,尤其 2000 年后天目山成为 4A 级景区。此外,《天目山生态旅游发展规划(2004—2014)》的出台,也为天目山保护区文化资源的展示和利用提供了有利条件。

根据问卷调查中专家和管理者的定性评价,并依据文化资源展示与利用质量指数综合评价值的计算公式(4 - 27),计算得出天目山保护区文化资源展示与利用评价指数 CU 的综合评价值为 7.3。对照可持续评价标准,评价结果为"良"。

24) 管理成效指数

天目山保护区已完成 2004 版和 2014 版两轮总体规划和生态旅游规划,并得到较好执行[1]。

天目山保护区管理制度建设较好,已出台《天目山自然保护区守则》《定点定人管护责任制》《野外用火制度》《防火瞭望值班制度》《消防制度》《核心区封山制度》《进山登记制度》等十几部规章制度[2]。

天目山保护区的管理一定程度上以科学研究为指导,管理有序,基本完成规划和政府规定的相关任务;保护区生态系统基本得到较好的保护;社区关系基本和谐[3]。但是,也存在一定问题,比如保护区存在柳杉退化、毛竹林入侵等生态问题,保护区周边社区经济发展不平衡,居民对保护区管理有一些抵触情绪[4]。

根据问卷调查中相关专家和管理者的定性评价,并依据管理成效指数综合评价值的计算公式(4 - 28),计算得出天目山保护区管理成效指数 MP 的综合评价值为 7.6。对照可持续评价标准,评价结果为"良"。

25) 科研力量指数

天目山保护区建立了自己的科研队伍,且广交科研合作伙伴,具有较好的科研能力。

天目山科研工作有序开展,科研成果较多。保护区先后完成"天目山自然资源综合考察报告""天目木兰繁殖和利用""天目铁木、普陀鹅耳枥保存及繁殖技术研究""中国亚热带土壤动物研究""南方古树名木复壮技术研究""天目山昆虫资源研

---

① 浙江天目山管理局.浙江天目山国家级自然保护区总体规划(2015—2024)[R].临安:浙江天目山管理局,2014.
② 重修西天目山志编纂委员会.西天目山志[M].北京:方志出版社,2009.
③ 同上.
④ 同上.

究"等课题;主编、参编科技、科普专著8部①。获得中科院自然科学二等奖1项;省人民政府、林业部科技进步三等奖各1项;省科技进步优秀奖1项;省林业厅科技进步二等奖2项等多类奖项②。

由于管理经费不足等原因,虽然对保护区本底资源进行了基本调查,但是整个生态系统的监测工作做得仍然不够③。

根据问卷调查中相关专家和管理者的定性评价,并依据科研力量指数综合评价值的计算公式(4-29),计算得出天目山保护区科研力量指数 SR 的综合评价值为7.5。对照可持续评价标准,评价结果为"良"。

26)管理条件指数

天目山管理局相当于副县处级的事业单位,下设5个职能科室,实行管理局、保护站、保护点三级管理,有事业编制职工33人,管理机构和人员配置较为完善④。保护区基础设施有一定规模,基本具备保护、科教、管理、生态旅游的基础设施条件⑤。

天目山保护区国家和政府对天目山保护区的拨款少,尽管保护区通过开展生态旅游的收入可以弥补日常管护开支,但难以支撑森防监控、生态系统监测及科研活动,从而制约了保护区的可持续发展⑥。

根据问卷调查中相关专家和管理者的定性评价,并依据管理条件指数综合评价值的计算公式(4-30),计算得出天目山保护区管理条件指数 MC 的综合评价值为6.3。对照可持续评价标准,评价结果为"良"。

2. 综合评价

1)指标的标准化

为了方便天目山保护区生态系统可持续综合评价,需要将所有指数/指标的评价值进行标准化处理,最后转化为无量纲的"可持续评价值(简称可持续值)"。本书主要采用前文中给出的比例压缩法⑦,将各指标数据都转化到0~10之间。表4-52

① 重修西天目山志编纂委员会. 西天目山志[M]. 北京:方志出版社,2009.
② 同上.
③ 杨淑贞. 天目山自然保护区在生物多样性管理中存在的问题与对策[J]. 当代生态农业,2001(Z2):47-49.
④ 重修西天目山志编纂委员会. 西天目山志[M]. 北京:方志出版社,2009.
⑤ 浙江天目山管理局. 浙江天目山国家级自然保护区总体规划(2015—2024)[R]. 临安:浙江天目山管理局,2014.
⑥ 杨淑贞. 天目山自然保护区在生物多样性管理中存在的问题与对策[J]. 当代生态农业,2001(Z2):47-49.
⑦ 参见本章第八节标准化公式(4-4).

表 4-52　指标标准化后的可持续评价标准

可持续等级	优	良	中	较差	很差
标准化值	[8～10)	[6～8)	[4～6)	[2～4)	(0～2)

是指标标准化后的可持续评价标准。

2) 综合评价

本书中天目山保护区生态系统可持续评价综合评价值、子系统评价值、综合指数评价值分别由各自下一级评价指标的标准化评价值加权计算得出[①],并对照标准化可持续评价标准(见表 4-52),最后得到天目山保护区生态系统可持续评价各层级的结果(见表 4-53)。

表 4-53　天目山保护区生态系统可持续评价结果

整个系统	子系统	评价维度	具体指标/指数	具体指标评价结果	各维度评价结果	子系统评价结果	综合评价结果
一级指数	二级指数	三级指数	四级指标	四级指标	三级指数	二级指数	一级指数
天目山保护区生态系统可持续状态	自然子系统可持续状况	生态系统状况	景观破碎化指数	良	优	良	良
			森林覆盖率	良			
			生境质量指数	优			
		物化环境状况	地表水水质综合合格率	优	优		
			大气综合污染指数	优			
			土壤肥力	优			
		生物状况	生物 α 多样性指数	良	中		
			受威胁物种丰度	中			
			物种入侵面积比率	中			
		资源状况	植被覆盖度	优	良		
			自然风景资源质量指数	良			
			游憩用地面积比率	良			
			旅游环境负荷率	良			
	人类子系统可持续状况	经济状况	居民收入满意度	中	中	良	
			经营者盈亏指数	中			
			管理者收支平衡指数	中			
		社会状况	居民生活环境变化感受指数	良	良		
			居民旅游业参与度	中			

---

① 参见本章第八节综合评价指数计算公式(4-5);各指标/指数的权重参见"表 4-6 天目山保护区生态系统可持续评价指标体系权重分配情况"。

整个系统	子系统	评价维度	具体指标/指数	具体指标评价结果	各维度评价结果	子系统评价结果	综合评价结果
一级指数	二级指数	三级指数	四级指标	四级指标	三级指数	二级指数	一级指数
			游客满意度	良	良	良	良
			公共服务设施质量	良			
		文化状况	人文风景资源质量指数	良	良		
			文化保护与传承质量指数	良			
			文化展示与利用质量指数	良			
		管理状况	管理成效指数	良	良		
			科研力量指数	良			
			管理条件指数	良			

从评价结果看,天目山保护区生态系统综合可持续状态、自然子系统和人类子系统的可持续状态都为良,这反映了天目山保护区生态系统整体状况较好。8个维度中,生态系统维度和物化环境维度评价等级为"优",资源状况、社会状况、文化状况和管理状况等维度评价等级为"良",说明这6个维度可持续状况良好,但是,生物状况维度和经济状况维度评价等级为"中",这两项处于不可持续状态。

四、当前天目山保护区生态系统问题的识别

主要根据前文中提出的国家公园生态系统问题识别方法和步骤[1],来识别天目山保护区的生态系统问题并选择需要管理的主要问题。

(一) 识别具体生态系统问题

从生态系统可持续评价结果可以看出,天目山保护区中生物可持续指数和经济可持续指数项处于不可持续状态。

根据"国家公园可持续评价体系与公园各系统问题的对应关系框架"[2],生物状况和经济状况所反映的是自然环境系统、社区系统、宗教系统、经营系统和管理系

---

[1] 参见本章第九节。
[2] 见"图4-3国家公园可持续评价体系与公园各系统问题的对应关系框架"。

统可能出现生态问题。

管理者和相关专家针对天目山保护区生态系统评价结果所反映出来的几方面的问题作了进一步的讨论分析,最后认定导致"生物状况""经济状况"评价结果不佳的具体问题为:毛竹林入侵、柳杉退化、社区居民经济收入不满、经营机构(大华公司)经营不善、天目山管理局管理资金不足等(见表4-54)。

表4-54　可持续评价问题对应的天目山保护区具体生态问题

评价问题	对应的子系统	生态系统具体问题
物种状况不佳	自然系统	毛竹林入侵、柳杉退化
经济状况不佳	社区系统、经营系统、管理系统	居民经济收入不满、大华公司经营不善、天目山管理局管理资金不足

(二) 选择要管理的主要生态系统问题

这里主要依据前文中提出的国家公园生态系统主要问题识别过程(见图4-4),从管理目标、自然人文资源、国家公园特征和特色等方面来分析和识别天目山保护区的主要生态问题。

天目山保护区是一个野生植物类型的自然保护区,天目山保护区的管理目标之一就是要重点保护生物多样性和森林生态系统,以及维护好银杏、天目铁木、柳杉和云豹等珍贵的动植物资源[①]。而毛竹入侵对天目山保护区的森林生态系统造成很多不利影响,引起生物多样性降低,所以被列为主要生态问题。

人类系统方面,天目山保护区的管理目标主要就是使保护区内人类社会的经济、社会、文化、管理等各方面处于较好的状态,实现人类的福祉。居民对经济收入不满不仅反映了天目山保护区的社会和经济问题,还造成居民对保护区保护的不支持,甚至破坏保护区的行为[②],对整个保护区的可持续发展十分不利。因而,居民对经济收入不满问题也被列为主要问题。

自然人文遗产资源保护是天目山保护区重要的管理目标。柳杉本来就是天目

---

① 重修西天目山志编纂委员会. 西天目山志[M]. 北京:方志出版社,2009.
② 天目山保护区周边社区居民因对经济收入不满而在保护区周围开荒种竹,加剧毛竹入侵,影响保护区生态环境——这在本书后面章节中有详细论述。

山保护区的一种珍贵植物，又是天目山保护区的重要风景资源，保护区中著名的景点"大树王"就是柳杉古树。柳杉的退化对天目山保护区风景资源质量有很大影响，因而也是主要生态问题。

所以，经天目山协调共管委员会的讨论认为，当前天目山保护区生态系统亟待解决的主要生态问题为：毛竹林入侵、柳杉死亡以及农民对经济收入不满。

对于另外两个没被选为亟待解决的生态问题的说明：

（1）大华公司经营不善：经了解大华2013年收入约为800万，而支出约为946万，因此2013年收支为－146万，公司处于略微亏损的经营状态。

大华公司在2003年7月通过竞标获得了天目山保护区70年的特许经营权。由于天目山保护区运营前期设施建设、品牌推广等费用支出需求较多，而游客还不多，所以大华公司前期的收益本来微薄，而需要向天目山管理局缴纳的租赁费却比较高，因此亏本经营是可以理解的。随着旅游区的逐渐成熟，以后还是会盈利的。因此，此问题并非紧迫的问题。

（2）天目山管理局管理资金不足：天目山保护区2013年财务总收入572.13万元，财务总支出也是572.13万元[1]，可见，天目山保护区财政收支处于基本持平状态。虽然天目山管理局的财政收支显示为基本平衡状态，但是要进行广泛深入的科研管理就显得资金不够了[2]。当前，天目山管理局就是抱着"有多少钱，办多少事"的态度。由于天目山管理局经济收入有限，为了平衡收支，在保护区设施建设、科研管理等方面的投入就比较有限。所以，天目山管理局需要增加财政拨款，增加收益渠道，才能真正达到有效保护和管理的目的。该问题具有综合性，在其他问题的处理中可以兼顾考虑之。

由于天目山保护区是国家级自然保护区，开发建设限制较严，所以很多保护地中普遍存在的管理部门和经营者乱建设乱开发的问题在天目山保护区并不明显。

---

① 浙江天目山管理局.浙江天目山国家级自然保护区总体规划(2015—2024)[R].临安:浙江天目山管理局,2014.
② 杨淑贞.天目山自然保护区在生物多样性管理中存在的问题与对策[J].当代生态农业,2001(Z2)：47-49.

第五章

国家公园生态系统胁迫机制分析方法

通过上一章对国家公园生态系统的可持续评价,了解了国家公园生态系统的基本状况。如果没有发现任何问题,所有评价指数都处于较好的状态,说明该国家公园生态系统基本处于可持续发展的健康状态,则可以不对生态系统进行多余的人为干预管理。但是,如果国家公园评价结果不是很好,存在一些生态系统问题,就说明国家公园生态系统没有处于健康状态,不利于国家公园的可持续发展,这就要分析国家公园出现生态问题的原因,寻找胁迫因素,分析其胁迫机制,找到关键的胁迫因子。

本章就是针对存在生态问题的国家公园,探讨如何去寻找问题的胁迫因素、分析其胁迫机制,找出关键胁迫因子,从而为后面的调控管理提供依据。

第一节 相关概念界定

1. 生态系统胁迫

生态系统胁迫是指引起生态系统发生变化、产生反应或功能失调的外力、外因或外部刺激①。

2. 胁迫因素（因子）

胁迫因素（因子）也可称为引起生态问题的"驱动因子"，主要是指对生态系统施加有害影响的自然因素或人为因素（因子）。如干旱、冻害、高温、水涝、环境污染等，这些因素都可以称为生态系统胁迫因素。

3. 生态系统胁迫机制

"机制"一词最早源于希腊文，原指机器的构造和运作原理，后来引用到生物学、医学以及社会科学之中，借指事物的内在工作方式，包括相关组成要素的相互联系、作用和工作原理②。

生态系统胁迫机制是指生态系统的胁迫因子相互作用引起生态系统退变的工作原理。

第二节　国家公园生态系统胁迫机制研究的基本思路

不同生态系统的稳定性和自我调节能力有较大差异，相同强度的干扰对不同生态系统的影响是不一样的，有些生态系统比较敏感且脆弱，容易在干扰下发生退化，而有些生态系统则具有较强的稳定性，轻微干扰不易对其造成影响。不同国家公园生态系统类型的特征和稳定性也有较大不同。国家公园又是复合生态系统，由自然系统和人类系统共同组成。因而，在对国家公园生态系统胁迫机制分析之前，首先，需要对国家公园生态系统特征进行分析。

国家公园生态系统的胁迫机制分析包括胁迫因子分析和空间胁迫因素分析，以及多个胁迫因素构成的胁迫链和胁迫网分析。胁迫要素分析主要从国家公园自然系统和人类系统两方面去分析；空间胁迫因素分析主要通过生态系统敏感性分析和人类活动空间的叠加分析来实现。根据分析出的各个胁迫因子间的相互作用关系，构建出胁迫链和胁迫网。根据胁迫机制分析，找出国家公园生态系统问题的

---

① 孙刚,盛连喜,周道玮,等.胁迫生态学理论框架(上)——受胁生态系统的症状[J].环境保护,1999(07)：37-39.
② 李如生.风景名胜区保护性开发的机制与评价模型研究[D].长春：东北师范大学,2011.

关键胁迫因子,为后面的调控管理提供依据。

为验证胁迫机制分析方法的可行性,本书还以天目山保护区为例进行了实证研究。

所以,本章的研究思路和内容如图5-1所示。

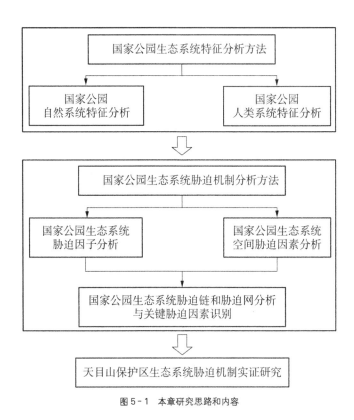

图5-1 本章研究思路和内容

第三节 国家公园生态系统特征分析方法

国家公园是复合生态系统,对国家公园生态系统特征的分析主要从自然系统和人类系统两方面入手。

一、国家公园自然系统特征分析

（一）自然生态系统基本特征分析

自然生态系统基本特征分析主要是分析系统的生态系统类型、系统组成和稳定性特征等，为后面敏感性分析和胁迫机制分析提供依据。

前文已探讨过国家公园自然系统又可分为森林生态系统、草地生态系统、水域生态系统、湿地生态系统、农田生态系统等多种亚类型，每个国家公园自然系统可能是一种或多种亚类型的组合。不同生态系统类型的稳定性特征、胁迫因素等都是不同的，分析国家公园自然系统的亚类型组合特征可为胁迫机制分析提供依据。

自然生态系统的稳定性特征跟植被状况、地形地貌、土壤地质和水文特征都有较大关系。一般来说，植被覆盖度低、地质不稳定、地形起伏大的生态系统敏感性较高，稳定性较低。另外，还要分析系统中是否有特别的敏感生境和自然遗产资源、有没有明显退化的情况等。对国家公园自然系统的稳定性特征的初步分析，可以为系统敏感性分析提供依据。

（二）国家公园生态系统环境敏感性分析

国家公园生态系统胁迫机制的分析，除了从系统的内外胁迫因素入手之外，还需要从空间角度进行分析，对国家公园生态系统的敏感性分析是空间分析和管控的基础。

环境敏感性是指生态系统对人类活动干扰和自然环境变化的反映程度，表明一个区域发生生态环境问题的难易程度、可能性大小及恢复的速度，它是生态因子对外界干扰及变化的承载能力的体现。

区域环境敏感度高，表明生态系统抵抗力较弱，对开发利用很敏感，该环境区域需要重点保护而不宜开发利用；区域环境敏感度低，表明可承受一定强度的开发利用[1]。生态敏感性分析的目的是确定国家公园内环境敏感和不敏感的区域，为国

---

① 曾慧梅. 基于生态敏感性分析与景源评价的风景区保护区划分探讨[D]. 重庆：西南大学，2013.

家公园的保护和利用提供依据。

在对国家公园进行环境敏感性分析时,通过对各生态环境因子的综合评价,确定环境敏感性的强弱程度,再据此划分出不同级别的环境敏感区。

1. 国家公园生态系统环境敏感性评价方法

国家公园生态系统环境敏感性分析流程如下:

1) 现状调查

对国家公园现状的调查工作包括收集资料和现场踏勘,所需资料包括地形图、遥感图及一些相关部门的基础资料。调查内容包括对国家公园内的山、水、植物、动物等生态实体以及土地利用现状、建筑物、构筑物、道路和节点等信息的调查。

2) 生态环境因子的选择

一般来说,影响一个国家公园的环境敏感性因子很多,如海拔、坡度、植被、土壤、水文等。不同类型的国家公园生态系统,其影响因子是不同的,在对一个国家公园的环境敏感性进行分析时,应该根据该国家公园生态系统的特点和区域的实际情况来选择生态环境因子。

3) 生态环境因子评价标准

确定了国家公园生态系统敏感性评价因子后,还需要设定因子评价标准。针对不同的地理环境环境特征和生态系统类型,生态环境因子的评价标准会有所区别。根据以往研究的总结[①],本书在此给出国家公园生态系统较为常用的敏感性评价指标和建议的评价标准(见表5-1)。根据国家公园生态系统的具体特征,可以从中筛选一些敏感性评价指标,并根据具体情况适当调整标准值。

表5-1 国家公园生态系统环境敏感性评价指标和评价标准

敏感性指标	分级分区标准
坡度因子	坡度 0°~25°为三级敏感区,敏感度值为 1;坡度 25°~45°为二级敏感区,敏感度值为 3;坡度 45°~90°,为一级敏感区,敏感度值为 5
高程因子	海拔 800 m 以下,为三级敏感区,敏感度值为 1;海拔 800 m 至 1 200 m,为二级敏感区,敏感度值为 3;海拔 1 200 m 以上,为一级敏感区,敏感度值为 5

---

① 曾慧梅.基于生态敏感性分析与景源评价的风景区保护区划分探讨[D].重庆:西南大学,2013.

敏感性指标	分级分区标准
山脊线因子	山脊线两侧200 m以外范围,为三级敏感区,敏感度值为1;山脊线两侧100 m至200 m范围,为二级敏感区,敏感度值为3;山脊线两侧各100 m范围内,为一级敏感区,敏感度值为5
水文因子	主要水域为一级敏感区,敏感度值为5;距离主要水域100米范围内为二级敏感区,敏感度值为3;其余为三级敏感区,敏感度值为1
土壤因子	严重水土退化区为一级敏感区,敏感度值为5;轻微水土退化区为二级敏感区,敏感度值为3;其余为三级敏感区,敏感度值为1
植被因子	人工植被区域为三级敏感区,敏感度值为1;一般的密林、灌木草丛区域为二级敏感区,敏感度值为3;原生植被区域为一级敏感区,敏感度值为5
敏感生境因子	敏感生境范围为一级敏感区,敏感度值为5;敏感生境外围100 m范围内为二级敏感区,敏感度值为3;其余为三级敏感区,敏感度值为1
景源因子	距四级景源200 m范围内为三级敏感区,敏感度值为1;距二级、三级景源200 m范围内为二级敏感区,敏感度值为3;距特级景源、一级景源200 m范围内为一级敏感区,敏感度值为5

坡度因子:对于地形起伏较大、地貌复杂的国家公园,坡度是影响国家公园生态系统敏感性的重要指标。坡度对植物生长有较大影响,通常坡度大于25°时只能生长灌木或小乔木,坡度大于45°时连灌草都难以生长,并容易引发自然灾害。由此将坡度因子敏感性等级划分如下:坡度区间由0°至25°为三级敏感区,敏感度值为1;坡度区间由25°至45°为二级敏感区,敏感度值为3;坡度区间由45°至90°为一级敏感区,敏感度值为5。

高程因子:对于一些高程变化较大的国家公园,高程因子是重要的环境敏感性影响因子。高程因子的变化直接影响着区域的气温与湿度,关系到物种的垂直分布,随着高程增加,生态多样性降低,生态系统也越脆弱。以低海拔地区为例,内陆亚热带地区植物垂直分布,800 m以下植被主要为低山阔叶林;800 m至1 200 m区间主要为常绿落叶阔叶混交林;1 200 m至1 600 m区间主要为针叶阔叶混交林;1 600 m以上主要为山地矮林、草丛灌丛、高山草甸。由此对低海拔地区高程因子等级划分如下:高程800 m以下为三级敏感区,敏感度值为1,高程由800 m至1 200 m为二级敏感区,敏感度值为3;高程由1 200 m以上为一级敏感区,敏感度值为5。

山脊线因子:山体的山脊线两侧属生态敏感性较高的区域,易受风力、雨水及阳光等自然影响,也是水土流失最为严重、植被群落最易遭到破坏的区域。可以依据山脊线两侧距离进行敏感等级划分:山脊线两侧200 m以外范围为三级敏感区,敏感度值为1;山脊线两侧100 m至200 m范围为二级敏感区,敏感度值为3;山脊线两侧各100 m范围内为一级敏感区,敏感度值为5。

水文因子:包括地表水和地下水,它对动植物的生存有重要影响,也是最容易受到人为干扰的因子之一。在实际中,国家公园水文条件的分析往往以地表水域分析为主。可按距水源距离远近划分水文因子敏感度[1]:距水源100 m以外的区域为三级敏感区,敏感度值为1;距水源50 m至100 m的区域为二级敏感区,敏感度值为3;距水源50 m范围内的区域为一级敏感区,敏感度值为5。

土壤因子:土壤对于国家公园中植物的生长起着关键作用,自然和人为等干扰会对土壤产生影响,造成土壤退化,土壤退化区域植被就容易衰亡,进而引起水土流失。依据土壤退化程度可以划分土壤因子的敏感性等级:严重土壤退化区为一级敏感区,敏感度值为5;轻微土壤退化区为二级敏感区,敏感度值为3;其余为三级敏感区,敏感度值为1。

植被因子:植被是生物资源最重要的组成部分,它是国家公园内影响环境敏感性的重要生态因子之一。植被的类型不同,其覆盖区域的环境敏感性也不同,原生植被比次生植被和人工植被易受干扰而变得不稳定,敏感性最高;而一般的密林、灌木草丛、竹林等植被敏感性为中等;而果林、农田等其他人工植被则敏感评价值最低[2]。由此划定植被敏感性等级:人工植被区域为三级敏感区,敏感度值为1;一般的密林、灌木草丛区域为二级敏感区,敏感度值为3;原生植被区域为一级敏感区,敏感度值为5。

敏感生境因子:生境是生物生活的地域环境,是维持生物正常生存的重要因素。有些生物的生境很重要但很脆弱,生境外围还需要有缓冲地带,据此可以划分敏感性等级:敏感生境范围为一级敏感区,敏感度值为5;敏感生境外围100 m范围内为二级敏感区,敏感度值为3;其余为三级敏感区,敏感度值为1。

景源因子:根据《风景名胜区条例》对景源保护分级的思路,本书主要通过景源等级进行敏感性等级划分。距四级景源200 m范围内为三级敏感区,敏感度值为1;距二级、三级景源200 m范围内为二级敏感区,敏感度值为3;距特级景源、一

---

[1] 曾慧梅. 基于生态敏感性分析与景源评价的风景区保护区划分探讨[D]. 重庆:西南大学,2013.
[2] 同上。

级景源 200 m 范围内为一级敏感区,敏感度值为 5。

4)单因子环境敏感性评价

根据环境敏感性评价因子的评价标准,利用 GIS 软件可绘制出国家公园单因子环境敏感性评价图。

5)多因子叠加方法

要得到国家公园环境敏感性综合评价结果,还需要对各单因子环境敏感性评价图作叠加分析。

本书主要采用最大值叠加法。对已栅格化的单因子评价图叠加时,采用 GIS 软件,对各单因子图中相对应的栅格的属性值进行比较,取所有值中的最大值作为叠加后的值(见图 5-2),从而得到国家公园环境敏感性多因子综合评价结果。

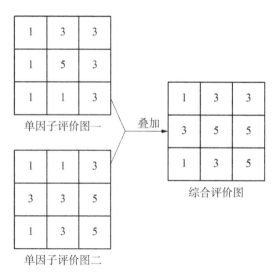

图 5-2　最大值叠加方法图示

2. 国家公园敏感性分区的保护与利用原则

国家公园生态系统中不同级别的环境敏感区具有不同的生态特性,需要依据此决定各分区的保护和利用。

一级敏感区(最敏感区):该区域生态环境脆弱敏感,受到外来干扰后容易发生退化,且不宜恢复。该区域应该重点保护,严禁开发建设,避免人类活动干扰。

二级敏感区(较敏感区)：该区域对人类活动敏感性较高,生态恢复较难,虽然能承受一定的人为干扰,但受到严重干扰后会引起生态环境退化,生态恢复慢。该区域可允许少量的人类活动,禁止较高强度的人类活动和开发建设。

三级敏感区(不敏感区)：该区域可承受较高强度的开发建设和人类活动,可以作为主要的人类活动区,允许进行一定强度的开发建设。

二、国家公园人类系统特征分析

人类要素是国家公园中最活跃的因素,既是造成系统压力的主要胁迫因素,又是调节整个系统的管理者。在国家公园复合生态系统中,人类与自然环境的关系成为决定系统发展的主要矛盾关系。要了解人类与环境相互关系,就必须清楚地认识人类系统[①]。

第二章探讨了国家公园人类系统的基本结构和特征,并提出了人类系统的一般概念模型。这里主要运用概念模型法,对国家公园各人类子系统的结构和运行机制以及各人类子系统空间范围进行分析。

1. 国家公园人类系统结构模型分析

国家公园人类系统主要由 5 个子系统构成：国家公园社会系统、国家公园旅游系统、国家公园宗教系统、国家公园经营系统和国家公园管理系统。国家公园人类系统分析主要就是按照国家公园基本结构原理和模型分析方法来构建人类系统结构模型以分析国家公园人类系统的结构和运行机制等基本特征(见图5-3)。

每个子系统都由人类活动结构、环境系统、人类需求结构、调控系统、经济系统、文化系统和人类自身素质等要素组成,并决定整个人类系统的基本特征(见图5-4)。国家公园人类系统分析主要依据第三章中已经给出的国家公园人类系统基本结构原理和一般结构模型,并结合国家公园生态系统的具体特征,构建出各人

---

① 蔡运龙.人地关系研究范型：地域系统实证[J].人文地理,1998(02)：11-17;包维楷,陈庆恒.生态系统退化的过程及其特点[J].生态学杂志,1999(02)：37-43.

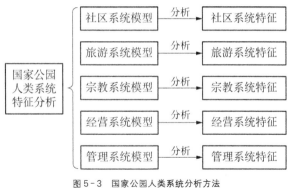

图5-3 国家公园人类系统分析方法

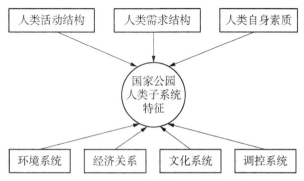

图5-4 国家公园人类系统特征的主要影响方面

类子系统概念模型。

2. 国家公园人类系统空间范围分析

人类系统是人类及其活动与活动空间环境所组成的综合体,需要以一定的地域空间为载体。人类系统的地域空间载体是人类系统和环境系统的基础,也是人类活动压力直接作用的环境系统范围。要从空间上分析人类系统的自身合理性与人类系统和自然系统的作用关系,就需要首先明确人类系统的活动空间范围,划定人类系统空间边界。

人类系统空间范围主要是人类活动空间及活动的直接影响范围,承载了人类系统的所有要素和活动。

国家公园中社区子系统空间主要包括生活空间(村落)和生产空间(农田、牧场、渔场)。空间范围应涵盖社区生态系统的所有自然和人文组成要素,包括建筑、农田、鱼塘、道路等。

国家公园旅游子系统主要包括风景旅游资源、旅游服务设施体系、旅游活动场地等要素和空间。国家公园中旅游系统空间应涵盖所有要素和场地。

国家公园宗教子系统主要包括寺庙、附属建筑设施、道路、周边环境、山门等要素。宗教系统空间主要是寺庙/道观建筑群及周边与宗教氛围相一致的环境区域，比如寺庙周边可能会栽植竹林、松林等。宗教系统空间应涵盖所有宗教系统要素，保证人文环境的统一性和完整性。

国家公园经营子系统空间包括自然环境和人工环境，如经营机构所在场所、游乐场、运动场、餐饮和住宿场所、经营者改造过的自然旅游活动区域等。

国家公园管理子系统空间主要包括管理机构所在地、管理设施所在地、防护道路等空间范围。

国家公园人类系统空间范围的划定原则：

（1）涵盖人类系统所有的组成要素；

（2）尽量保证系统结构的完整性；

（3）便于保护和管理。

由于人类活动是国家公园生态系统的最主要干扰因素，人类系统活动空间应尽量限定于国家公园非生态敏感区域内，尽量减少对国家公园生态系统的不利影响。

第四节　国家公园生态系统胁迫因素分析方法

国家公园生态系统胁迫机制分析从分胁迫因子和空间胁迫两方面入手。

一、国家公园生态系统胁迫因子分析

国家公园生态系统的胁迫因子分析主要可以分为三个步骤：系统胁迫特征分析、胁迫因子分析和主要胁迫因子筛选。

系统胁迫特征就是指某系统的常见胁迫因素、受胁迫后的反应等特征，国家公

园是复合生态系统,由自然亚系统和人类亚系统组成,两个亚系统的胁迫特征有较大差别,所以本书对国家公园自然系统胁迫特征和国家公园人类系统特征分别进行分析;在此基础上对国家公园生态系统的胁迫因子分析方法和主要胁迫因子筛选方法作阐释。

(一) 国家公园自然系统的胁迫特征

1. 自然系统变化特征

国家公园自然生态系统是一种动态系统,一直处于不断演替变化之中。在无外力干扰下,生态系统演替变化具有一定的自然规律,一般沿着结构由简单到复杂,最终趋于功能相对稳定的状态,这称之为生态系统的正向演替(见表5-2)。自然生态系统具有自我调节能力以维持其稳定状态,可当外来的自然和人为干扰超过系统的自我调节能力时,系统状态就可能出现不正常的波动,甚至发生逆向演替(见表5-2),系统稳定性被打破,并可能出现生态问题,使系统发生退化。因此,系统自身调节能力和外来干扰的强弱决定了国家公园自然生态系统发展状况的好坏。

表5-2 国家公园自然生态系统状态变化规律[①]

特征	正向演替 ————————————————————→	
稳定性	不稳定	较稳定
结构复杂性	结构简单,物种减少	结构复杂,物种增加
多样性	物种多样性低,空间异质性低	物种多样性高,空间异质性高
资源利用	资源、能量低效利用	资源、能量有效利用
生产率	系统生产率降低,短命植物增多	系统生产率增加,长命植物增多
总生物量	较低	很高
食物链	单一	复杂
自我调节能力	系统脆弱、敏感,自我调节能力弱	系统抵抗力强,自我调节能力强
	←———————————————————— 逆向演替	

---

① 包维楷,陈庆恒.生态系统退化的过程及其特点[J].生态学杂志,1999(02):37-43;林鹏.植物群落学[M].上海:上海科学技术出版社,1986;章家恩,徐琪.退化生态系统的诊断特征及其评价指标体系[J].长江流域资源与环境,1999(02):215-220.

正常的自然生态系统是生物群落与自然环境处于平衡状态的自我维持系统，各种组分按照一定规律发展变化并到达某一平衡位置（可能存在一定程度的波动），从而达到一种动态平衡的可持续发展状态[①]。一般当生态系统处于健康可持续状态时，系统各个方面都表现出较好的状况，不易出现生态问题。

但当生态系统受到内外各种因素干扰而偏离原来的稳定状态时，就会逐渐暴露出各种生态问题，这个时候生态系统已经发生了退化[②]。一般而言，退化的生态系统种类组成、群落或系统结构改变，生物多样性减少，生物生产力降低，土壤和微环境恶化，生物间相互关系改变，暴露出很多生态问题[③]。

2. 自然生态系统退化的三个阶段

一个正常自然生态系统退化到荒漠状态（崩溃状态），一般可分为以下三个阶段[④]（见图 5-5）。

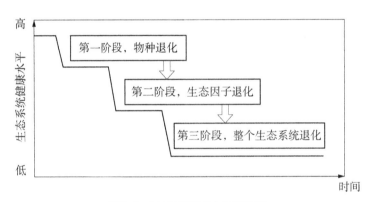

图 5-5　自然生态系统退化三阶段特征

第一阶段，物种退化。植物种群老龄化，植物更新困难；植物群落结构退化，乔木群落逐渐向低矮灌木和草本物种群落转变。植物群落结构的变化直接影响系统的功能，并影响和限制着次级消费者动物、微生物群落等的生存和发展，导致系统

---

① 魏志刚.恢复生态学原理与应用[M].哈尔滨：哈尔滨工业大学出版社，2012.

② 同上.

③ 任海，彭少麟.恢复生态学导论[M].北京：科学出版社，2001.

④ 包维楷，陈庆恒.生态系统退化的过程及其特点[J].生态学杂志，1999(02)：37-43；赵晓英，陈怀顺，孙成权.恢复生态学——生态恢复的原理与方法[M].北京：中国环境科学出版社，2001；孙刚，周道玮，盛连喜，等.胁迫生态学理论框架(下)——受胁生态系统的阶段性适应反应[J].环境保护，1999(08)：32-34.

生物多样性和生产力下降。

第二阶段,生态因子退化(环境退化)。植被盖度变小,土壤侵蚀,水土流失加剧,环境不断退化。

第三阶段,整个生态系统退化。生态系统健康状况不断下降,植被逐渐消亡,环境退化严重,土壤沙质化或盐碱化,系统趋向荒漠状态。

自然生态系统退化的外在表现为系统中物种、生态环境因子和整个系统的不良变化或丧失,其实质是系统的结构被破坏后出现失衡,导致其功能衰弱。

3. 自然系统退化的主要胁迫因素分析

生态系统退化的原因是复杂的,既有系统本身的自然属性决定的内在因素,又有人为的外部干扰体系的驱动。不同退化阶段呈现不同的胁迫因素。

1) 物种退化阶段的主要胁迫因素

物种都有自身的调节机制,一旦外来胁迫超过了物种的自我调节能力,物种就会出现退化现象,从而暴露生态问题。引起物种变化的胁迫因素主要来自自然和人为两方面。

根据对前人研究的总结[1],一般来说,物种变化的自然胁迫因素主要来自以下方面:①气候和物理环境影响,当生态系统所处的气候环境发生变化,土壤、水文、大气等物理环境条件发生改变,就可能会导致植物、动物和微生物等物种发生相应的变化;②自然灾害,包括干旱、洪涝、暴雪等气象灾害,滑坡、泥石流等地质灾害,森林火灾和病虫灾害等,这些都是引起生物退化的重要胁迫因素;③种间生物作用关系,物种间的捕食、寄生、竞争等生物过程会引起生态系统中物种的变化;④食物链变化(动物),就大多数脊椎动物而言,食物短缺是最重要的限制因子,一般来说,复杂的食物网是维持生态系统稳定性的重要条件,食物网越复杂,生态系统抵御外界干扰的能力就越强,而食物网过于简单,则生态系统容易出现不稳定和生态问题[2],如果生态系统的食物链发生了变化(断裂或者简化),就可能会引起物种尤其是食物链顶端物种的退化;⑤种群自动调节作用,某类种群的密度变化可能会影响该物种的生存状况,比如密度过高时,种内竞争就会加剧,从而引起物种的退化。

---

① 任海,彭少麟. 恢复生态学导论[M]. 北京:科学出版社,2001.
② 常杰,葛滢. 生态学[M]. 北京:高等教育出版社,2010.

自然生态系统中物种退化的人为胁迫因素,主要是由国家公园中的人类活动所引起的:①过度利用生物资源。生态系统植被的破坏很多时候是由于社区居民的滥采、滥伐、滥挖,过度利用生物资源造成的,尤其是对一些具有较高经济价值的植物资源的无计划、无节制的采集和采挖[①];过度的狩猎和捕捞活动会对自然系统内的动物造成较大影响,干扰其种群生殖繁衍,造成种群结构变化,引起物种退化。②外来物种引入。一些外来物种由于其很强的生长能力和竞争力,会不断侵占原有物种的生存空间,造成物种入侵问题[②]。③不合理开垦。对林地和草地的不合理开垦,易造成植被退化、生境破坏。④环境污染。因生产生活而产生的废水、废物会引起自然系统土壤、水质等的污染,从而对生物生存造成影响。⑤不合理的旅游活动。游客踩踏土壤、破坏植被、对环境造成污染,干扰动物栖息地等都是国家公园中重要干扰因素。⑥建设活动。在国家公园中不合理地建设道路、建筑、索道、场地等,容易造成植被破坏、生物栖息地干扰,从而导致物种退化;⑦管理不合理。管理者对资源保护管理的不到位,宣传教育不够、防护设施不足、监管措施不力、管理政策不合理等也是导致人类胁迫泛滥的间接因素。

所以,以下是国家公园物种退化的主要胁迫因素(见图5-6)。

2) 生态因子退化阶段主要胁迫因素

国家公园生态系统中的生态环境也具有自我调节能力,但是当外来干扰过强,超越环境调节能力时,生态环境因子就可能出现退化。国家公园中生态因子变化主要包括土壤因子、水文因子和大气因子等的变化(见图5-7)。

(1)土壤退化及原因　　土壤退化是指土壤理化性质变化而导致土壤生态系统功能的降低[③]。土地退化的原因包括自然因素和人为因素。

自然因素包括:气候变化,全球气候变化导致土壤沙化、酸化及盐碱化等退化现象;水文作用,对土壤盐渍化的影响最为明显,当对土地进行漫灌,又未能进行良好的排水时,就容易造成土壤盐渍化;地形地貌因素,坡度大的地块,容易发生侵蚀作用;自然灾害,火山喷发、火灾、泥石流等自然灾害不但会毁坏地表的植被,还会

---

① 彭少麟.恢复生态学[M].北京:气象出版社,2007.
② 同上.
③ 顾卫兵.环境生态学[M].北京:中国环境科学出版社,2007.

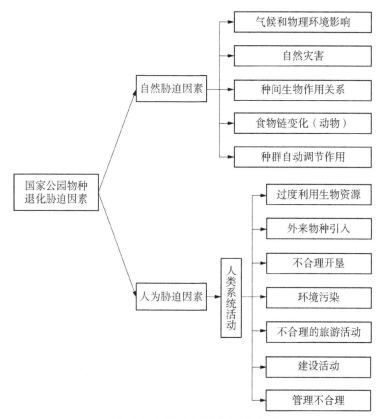

图 5-6　国家公园物种退化的主要胁迫因素

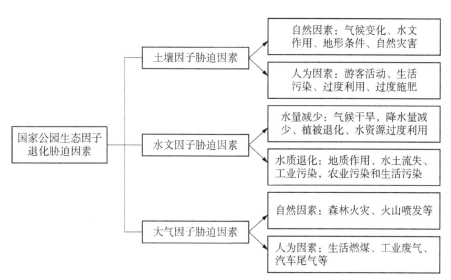

图 5-7　国家公园生态因子退化的主要胁迫因素

改变土壤生态系统的结构,导致土壤贫瘠化,土壤生产力下降。

人为因素是影响土壤退化的重要原因。在国家公园中,人为因素主要来自五个人类子系统的人类活动,如游客对土壤的踩踏,居民和游客的生活污染对土壤的影响,居民对土地的过度利用、过度施肥等。

（2）水文退化　水文退化包括水量减少和水质退化。引起自然生态系统水文退化的原因同样既有自然因素也有人为因素。

水体数量减少的自然原因有:气候干旱,降水量减少;一些区域由于植被退化、水土流失,导致土壤对水分涵养能力减弱,水资源减少;人为过度使用水资源、大量开采地下水等行为也是导致水资源减少的重要原因;在国家公园中,社区居民生产用水和大量游客进入国家公园需要消耗大量水资源,也给国家公园水资源带来压力。

水质退化主要就是水体污染。水体污染有些是自然造成的,如岩石的风化和溶解、火山喷发增加水体有害物质、水土流失等也会造成水体污染。但水体污染主要还是由人类活动产生的污染物造成的,包括工业污染、农业污染和生活污染三大部分。在国家公园中,居民农业生产中畜禽养殖、水产养殖、农药和化肥等是主要的农业污染源;居民和游客大量的生活污染物排放也是造成国家公园水体污染的重要原因,游客在水中的娱乐活动也会造成水体污染;有些国家公园中还存在的工业废水也是水污染的重要因素。

（3）大气污染　按照国际标准化组织(ISO)的定义,大气污染通常是指由于人类活动或自然过程引起某些物质进入大气中,呈现出足够的浓度,达到足够的时间,并因此危害了人类的舒适、健康和福利或危害了环境的现象[①]。国家公园大气污染的胁迫因素也包括自然因素和人为因素。

自然因素主要有森林火灾、火山喷发等。

人为因素主要包括:生活燃煤、工业废气、汽车尾气等。在国家公园中,人为因素是引起空气污染的主要因素。因旅游活动,每天有大量汽车进入,造成严重的空气污染。

---

① 叶安珊.环境科学基础[M].南昌:江西科学技术出版社,2009.

3）生态系统退化阶段胁迫因素

当外来干扰压力超过国家公园生态系统整体的调节能力时，生态系统就会出现衰退现象。国家公园中主要的自然和半自然生态系统类型包括森林生态系统、草地生态系统、水域生态系统、湿地生态系统、农田生态系统等，不同类型的生态系统对应的胁迫因素会有所不同（见图5-8）。

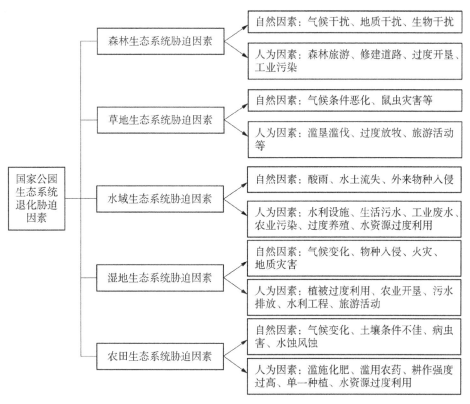

图5-8 国家公园自然生态系统退化主要胁迫因素

（1）森林生态系统主要胁迫因素 森林生态系统是森林群落与其环境相互作用形成的具有一定结构、功能和自调控能力的自然综合体，是陆地生态系统中面积最多、最重要的自然生态系统。

森林生态系统的退化特征主要表现为[1][2]：系统结构改变，系统结构复杂性降低，林分质量变差，生物多样性降低；系统功能改变，系统生产力下降，物质循环和能量流动发生不良变化，食物链断裂，服务功能衰退；生态环境恶化，土壤、水文等生态因子出现严重退化，土壤肥力下降，水土流失加剧。

森林生态系统退化的原因既有自然因素也有人为因素。自然胁迫因素主要包括干旱、风暴、大雪等气候干扰，洪涝、地震、泥石流、滑坡等地质干扰，以及生物入侵、病虫害等生物干扰[3][4]。当这些自然干扰超过了森林生态系统的自我调节能力时，就会导致生态系统退化。人为因素主要是由于人类生产、生活、旅游等活动对森林生态系统施加的各种影响，人类干扰的强度和范围都已远超自然干扰，成为森林生态系统退化的主要原因。在国家公园中主要的人为干扰活动有森林旅游、修建道路、过度开垦、工业污染等。

（2）草地生态系统主要胁迫因素　草地生态系统是指以多年生草本植物为主要生产者的陆地生态系统。

草地生态系统退化的主要特征：草地植被结构退化，表现为植被层次的减少和植被的矮化；植被的退化，导致草地生产能力下降；草地土壤环境恶化；草地生态系统的服务功能衰退，植被水源涵养和存储能力降低，风化或水蚀过程加剧[5]。

草地生态系统的退化主要是自然因素和人为因素共同作用的结果[6]。自然因素方面，气候条件恶化、草地出现干旱化、虫鼠害等都会导致草地退化[7]。人为因素包括滥垦滥伐，对草地过度开垦，过度采伐植被，超载过牧，不合理的旅游活动，以及过量游客在草地开展的宿营、篝火等活动，都会引起草地生态系统退化。

（3）水域生态系统主要胁迫因素　水域生态系统指在水域中由生物群落及其环境共同组成的生态系统。国家公园中水域生态系统主要包括江河、溪流、湖泊、池塘、水库等。水域生态系统退化的原因也分为自然和人为两方面。

① 魏志刚.恢复生态学原理与应用［M］.哈尔滨：哈尔滨工业大学出版社,2012.
② 任海,彭少麟.恢复生态学导论［M］.北京：科学出版社,2001.
③ 同上.
④ 彭珂珊.森林灾害危害及生态环境恢复与重建［J］.菏泽师院学报,2002,24(04)：41-47.
⑤ 魏志刚.恢复生态学原理与应用［M］.哈尔滨：哈尔滨工业大学出版社,2012.
⑥ 任海,彭少麟.恢复生态学导论［M］.北京：科学出版社,2001.
⑦ 同上.

自然因素：大气及排入水中的酸性物质导致水体酸化，影响水生生物群落生存，并使有机质分解率下降，抑制水体物质循环[①]；水土流失，影响水体的物理性质，破坏水生生物群落的生存条件，导致水生生态系统退化[②]；外来物种入侵，外来物种通过竞争、捕食和改变生境，使得原有的水域生态系统结构和功能破坏[③]。

人为因素：人为改变水体的水文及相关的物理条件，如筑坝等水利工程设施导致水体的水文过程中断[④]；污染物排放，生活污水和工业废水中含有多种有毒污染物和过量养分，它们会对水域生态系统产生影响；农业污染，现代农业中农药和化肥的大量施用，导致地表径流含有多种污染物和过量养分，引起水体污染和富营养化[⑤]；过度养殖和过度捕捞；水资源不合理利用，对水资源的过度汲取，尤其旅游旺季，游客量大增，人类生活需水量大大增加，对国家公园内水生态系统造成影响。

（4）湿地生态系统主要胁迫因素　湿地生态系统是指陆地与水生系统之间的过渡生态系统，其地表为浅水所覆盖或者其水位在地表附近变化[⑥]。

湿地生态系统退化主要表现为：水文状况恶化、食物网结构简化、生产力下降等[⑦]。

湿地生态系统退化的原因也包括自然因素和人为因素[⑧⑨]。自然因素包括：气候变化，气温升高、降水变化可能会引起湿地分布和功能变化；河流改道可以引起湿地水文的变化，从而导致系统变化；外来物种入侵，在湿地生态系统中也较为常见，由于外来入侵物种竞争力强，引起当地物种退化；火灾，也是湿地生态系统植被的重要胁迫因素；地质灾害，如地震、火山运动等都可能直接造成湿地的退化和消失。人为因素包括：植被过度利用，湿地植被过度砍伐、采集、放牧等导致湿地生态系统失衡；农业开垦和过度开展养殖业；污水排放，生态污水、农业污水、工业废水向湿地排放，引起湿地水域污染，水体富营养化，造成湿地退化；水利工程的

① 任海,彭少麟.恢复生态学导论[M].北京：科学出版社,2001.
② 王庆礼,陈高,代力民.生态系统健康学：理论与实践[M].沈阳：辽宁科学技术出版社,2007.
③ 同上.
④ 任海,彭少麟.恢复生态学导论[M].北京：科学出版社,2001.
⑤ 王庆礼,陈高,代力民.生态系统健康学：理论与实践[M].沈阳：辽宁科学技术出版社,2007.
⑥ 王强,王立,马放.湿地生态系统服务功能评估研究进展[J].城市环境与城市生态,2009,22(04)：5-8.
⑦ 魏志刚.恢复生态学原理与应用[M].哈尔滨：哈尔滨工业大学出版社,2012.
⑧ 同上.
⑨ 郭跃东,何岩,邓伟,等.扎龙河滨湿地水系统脆弱性特征及影响因素分析[J].湿地科学,2004(01)：47-53.

不合理建造,也会对湿地造成不良因素;不合理的旅游活动,会干扰野生鸟类栖息地。

(5)农田生态系统主要胁迫因素　农田生态系统是以农作物为主体的生物群落与其生态环境相互作用所构成的生态系统。农田生态系统是半自然半人工生态系统。

农田生态系统的退化主要表现为:农田水土流失、土壤污染、土壤沙化、盐渍化、土壤肥力下降、作物产量下降等[1][2]。

农田生态系统退化的成因有自然和人为两方面。自然因素主要包括:气候变化,酸雨增加、紫外线增强等对作物造成不良影响;土壤条件退化,干旱、风化、水蚀等作用使农田土壤侵蚀;在山区受强降水影响,易引起水土流失、山体滑坡等灾害,破坏农田系统;病虫害,如虫害、病害、鼠害等生物灾害,影响农作物生长。人为因素主要包括:滥施化肥,使土壤有机质含量下降,肥力衰减;滥施农药,农药残留造成环境污染[3];过度耕作,使土壤肥力下降,导致农田系统生产力下降;不合理的种植方式,如单一种植,使农田生态系统生物多样性降低,抵抗力变差,容易引起系统退化;水资源过度利用,使农田生态系统旱化、盐碱化加剧[4]。

(二) 人类系统胁迫特征

1. 人类系统问题主要表现

国家公园生态系统的可持续发展目标是,除了实现自然系统可持续外,还要实现人类系统可持续。按照 IUCN 的观点,人类系统的可持续就是要实现人类的福祉[5]。

如图 5-9 所示,对于人类系统福祉,不少学者提出了各自的看法:吉特等认为人类系统福祉,就是所有社会成员的各方面需求都能得到满足的社会状况[6];卡明

---

① 魏志刚.恢复生态学原理与应用[M].哈尔滨:哈尔滨工业大学出版社,2012.
② 任海,彭少麟.恢复生态学导论[M].北京:科学出版社,2001.
③ 同上.
④ 魏志刚.恢复生态学原理与应用[M].哈尔滨:哈尔滨工业大学出版社,2012.
⑤ Guijt I, Moiseev A. IUCN resource kit for sustainability assessment [R]. Gland, Switzerland and Cambridge, UK: International Union for Conservation of Nature and Natural Resources, 2001.
⑥ 同上.

斯等(2003)认为人类福祉是一个总体衡量人们生活满意度的概念,包括生活水平的满意、健康、生活成就、人际关系、安全、社区联系和未来的安全7个主要领域[1]。还有不少学者从经济、环境和社会三方面来看待人类福祉,人类福祉划分为经济福祉、健康福祉和社会福祉[2]。

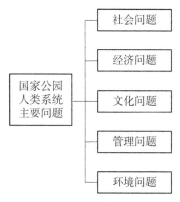

图5-9　国家公园人类系统主要问题

本书认为,在国家公园中,人类系统的可持续和福祉的实现,就是环境、社会、经济、文化和管理调控系统都表现出良好状态。所以,反过来人类系统的问题主要可以概括为:社会问题、经济问题、文化问题、管理问题和环境问题等(见图5-9)。

国家公园中人类系统的社会问题主要表现为社会成员的满意度低、社会秩序和治安状况不太理想等;经济问题主要表现为人类系统成员对经济状况不满、经济产业结构不合理等;文化问题主要表现为传统文化失落、文化资源破坏、文化趋同、文化过度商业化等;管理问题主要表现为管理体制问题、经费不足、管理不力、管理不科学、管理缺乏公众参与等;环境问题主要表现为资源过度使用、人类活动破坏生态环境、环境污染等。

2. 人类系统胁迫因素分析

国家公园人类系统问题的出现是系统中多方面因素相互作用的结果。人类系统的健康状况主要是以下多方面因素共同作用决定的:人类需求、人类活动、人的素质、调控系统、经济关系、文化系统、人类对环境的影响、环境对人类的反馈等(见图5-10)。比如,国家公园居民经济收入不满(经济问题),可能是由于居民的需求比以往提升、国家公园管理制度和政策限制了居民对资源的利用、生产方式落后、环境资源贫乏等多种因素共同造成的;文化资源破坏问题(文化问题),也可能是国

① Gummins R A, Eckersley R, Lo SK. The Australian unity wellbeing index: an overview [J]. Social Indicators Research, 2003(76): 1-4.
② Smith L M, Case J L, Smith H. Relating ecosystem services to domains of human well-being: foundation for a U. S. index [J]. Ecological Indicators, 2013,28(05): 79-90.

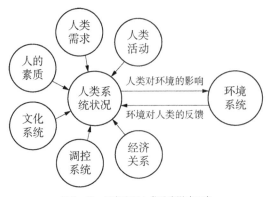

图 5-10　国家公园人类系统影响因素

家公园经营者过度开发文化资源、管理不力,游客不良行为破坏资源等多种因素引起的。当然,不同的国家公园情况可能不同,需要根据情况具体分析。

所以,对于人类系统问题的胁迫因素,可以根据人类系统结构模型,从各个人类子系统的人类活动结构、人类需求结构、人类对环境的利用、环境对人类的反馈、调控管理系统、经济系统、文化系统和人类自身素质等方面分析存在的问题,寻找胁迫因素(见图 5-11)。

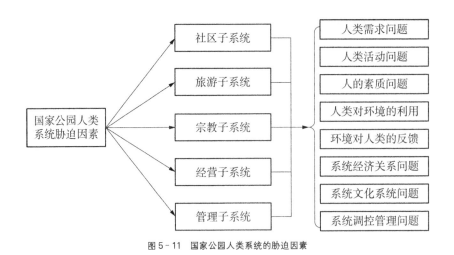

图 5-11　国家公园人类系统的胁迫因素

(三) 胁迫因子的分析方法

生态系统的胁迫因素往往错综复杂,既有自然因素,又有人为因素,既有直接因素,又有间接因素,因而直接分析往往难以找到头绪。如果有一个分析框架就会使胁迫因子的分析和寻找方便很多。本书尝试构建国家公园生态系统胁迫因子的分析框架,以方便分析和识别引起国家公园生态系统问题的胁迫因子。

通过上文对国家公园生态系统胁迫因素的分析我们可知,国家公园中自然生态系统和人类系统的胁迫因子和发生机制是不同的。所以对国家公园生态系统胁迫因子的分析,首先,要分清系统暴露的生态问题是属于自然系统问题还是属于人类系统问题;然后,根据国家公园自然系统或人类系统的胁迫因子分析框架,分析和识别胁迫因子。

本书根据国家公园自然系统和人类系统的胁迫特征,分别构建了自然系统胁迫因子分析框架和人类系统胁迫因子分析框架(见图 5-12、图 5-13)。

1. 国家公园自然系统胁迫因子分析框架

当确定国家公园生态系统问题是属于自然系统问题后,就可以根据国家公园自然系统胁迫因子分析框架(见图 5-12)去分析和寻找引起系统问题的胁迫因素。

对于自然系统问题,首先分析是属于什么阶段的问题,比如是物种退化阶段、生态因子退化阶段还是整个生态系统退化阶段;确定了什么阶段的问题后,还要进一步分析是哪个具体方面出了问题,比如物种退化阶段可能是植物退化、动物退化或微生物退化,生态因子退化阶段可能是土壤退化、水文退化或大气退化,生态系统退化阶段可能是森林生态系统退化、草地生态系统退化、水域生态系统退化、湿地生态系统退化或农田生态系统退化;之后再进行具体分析。

一般国家公园自然系统问题都是由自然胁迫因素和人为胁迫因素共同作用造成的。自然胁迫机制往往非常复杂,所以对自然胁迫因子的分析需要设置专门的课题研究,请相应的专业研究团队来做。例如,美国黄石公园在分析物种入侵时专门成立了陆生/水生物种研究小组;在分析白皮松问题时专门成立了白皮松研究委员会等[1]。人为胁迫因子的分析,主要是从国家公园五个人类子系统中寻找引起自

---

① 吴承照,周思瑜,陶聪.国家公园生态系统管理及其体制适应性研究——以美国黄石国家公园为例[J].中国园林,2014(08):21-25.

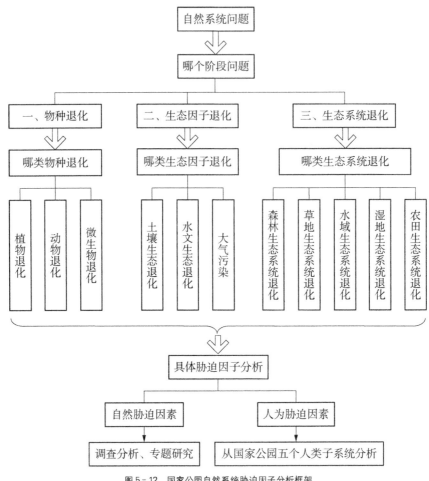

图 5-12　国家公园自然系统胁迫因子分析框架

然系统问题的胁迫因子。

2. 国家公园人类系统胁迫因子分析框架

当确定国家公园生态系统问题是属于人类系统问题后,就可以根据国家公园人类系统胁迫因子分析框架(见图 5-13)去分析和识别引起系统问题的胁迫因素。

对于人类系统问题,首先分析是属于哪类问题,社会问题、经济问题、文化问题、管理问题还是环境问题;然后,分析具体的某类问题主要是由哪个或哪几个人类子系统所引起的;再根据国家公园人类子系统的结构模型,从人类需求、人类活

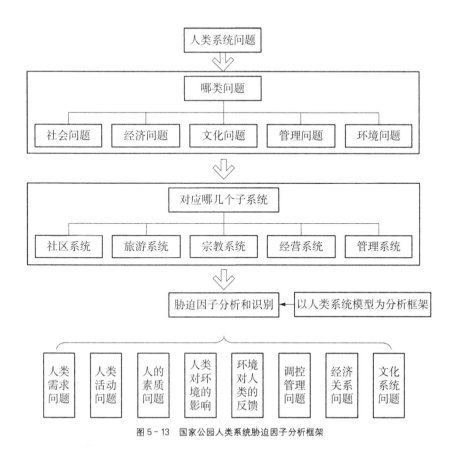

图 5-13 国家公园人类系统胁迫因子分析框架

动、人的素质、人类对环境的影响、环境对人类的反馈、调控管理关系、经济关系、文化系统等方面分析和寻找造成系统问题的胁迫因子。

（四）胁迫因子的识别和筛选方法

对于国家公园生态系统中出现的生态问题,我们可以根据前面提出的胁迫因子分析框架,从自然系统和人类系统中识别自然和人为胁迫因子。

对于简单生态问题的胁迫因子,可以根据上述分析框架通过定性分析直接判断得到;但是对于较为复杂的生态问题,则需要借助统计分析等方法,识别出哪些是起到主要作用的胁迫因子;而对于复杂性很高的生态问题,则需要开展专门的专题研究。所以,对于国家公园生态系统生态问题的胁迫因子的分析主要有三种方法：

1. 定性评价法

对于简单系统问题的胁迫因子，可以用定性方法直接判断。

比如用专家评价法判定生态系统变化的胁迫因子。该方法主要分两个步骤：①首先根据前文中提出的胁迫因子分析框架分析出所有可能的胁迫因子；②再让相关专家、管理者和利益相关者对分析出来的全部胁迫因子进行定性选择和打分，根据入选率和评分高低来确定主要胁迫因子。

2. 统计分析评价法

对于关系较为复杂的系统问题，则需要借助统计分析的方法，来识别出主要的胁迫因子。

通常需要以下两个步骤：①影响因子的定性筛选：这跟定性评价法的第一步较为类似，即根据胁迫因子分析框架分析出所有可能的胁迫因子；②运用统计学方法确定胁迫因子：较为普遍适用的两种方法是多元线性逐步回归法和偏相关系数法。

多元线性逐步回归法是在因变量与自变量（可能的胁迫因子）之间建立多元回归方程，通过逐步回归法确定胁迫因子，即每引入一个变量的同时检验方程中各个自变量的显著性，逐渐剔除不显著变量，反复进行直到再没有显著的变量可以引入为止[1]。

偏相关系数法是通过固定因变量与其中一个自变量以外的其他变量，来分析二者之间的相关关系，其偏相关系数绝对值越大，说明偏相关程度越大，从而确定主要的胁迫因子[2]。

3. 专题研究法

很多国家公园生态系统中的问题十分复杂，人们很难通过上述方法分析清楚问题的根源并找到主要胁迫因子。所以，实际上，对于国家公园生态系统问题的研究往往需要在分析框架指导下提出研究专题，邀请相关专家共同展开专门的研究才能弄清楚。就像美国黄石国家公园为弄清楚物种入侵问题和退化物种保护问

① 李传哲,于福亮,刘佳,等.基于多元统计分析的水质综合评价[J].水资源与水工程学报,2006(04)：36-40.
② 王海燕,杨方廷,刘鲁.标准化系数与偏相关系数的比较与应用[J].数量经济技术经济研究,2006(09)：150-155.

题,专门成立了"水生入侵物种合作社""陆生入侵物种小组""渔业研究团队""白皮松委员会"等研究小组,分别开展了"入侵物种清单—监测框架研究(2009)""大黄石地区切喉鳟分布研究""大黄石地区白皮松分布研究(2004)""大黄石地区白皮松监测研究(2004)"等相关专题研究。

二、国家公园生态系统的空间胁迫分析方法

空间胁迫分析就是从空间角度分析国家公园生态系统出现问题的可能原因。

上文探讨了国家公园生态系统敏感性分析方法和敏感性分级图的绘制以及国家公园人类系统空间的划定方法。国家公园生态系统敏感性分区主要分为三级。人类系统空间是不同人类群体的活动空间范围,在国家公园中主要有游客活动的旅游系统空间、社会居民活动的社区系统空间、经营者活动的经营系统空间和管理者活动的管理系统空间。

人类活动空间应该与国家公园的敏感性分区保持一致。也就是说在国家公园中敏感性较高的区域应该尽量限制人类活动,而在敏感性较低的区域则可允许较高强度的人类活动。但是,在实际中人类活动空间往往不与国家公园的敏感性分区相一致,这常常是导致生态问题出现的重要原因。

所以,国家公园生态系统的空间胁迫机制分析,就是要将国家公园中人类活动空间与国家公园的敏感性分区图进行适宜性分析(叠加分析),寻找二者冲突的地方,这里往往是生态环境问题容易爆发的地方。

国家公园中环境敏感性较高的区域,表明该区域生态环境较敏感、环境脆弱,人类稍加干扰就可能会引起生态环境退化,也可能会为该区域的人类安全带来隐患,一般需要严格限制人类进入,所以旅游系统、社会系统、宗教系统、经营系统和管理系统空间都应该尽量避免高敏感区域,而可以适当存在于中敏感区域和低敏感区域。国家公园中人类活动空间与国家公园敏感性分区的适宜性关系如表5-3所示。

表 5-3 国家公园人类活动空间与敏感性分区的适宜性关系

	社区系统空间	游客系统空间	宗教系统空间	经营系统空间	管理系统空间
高敏感区域	不适宜	不适宜	不适宜	不适宜	不适宜
中敏感区域	较适宜	较适宜	较适宜	较适宜	较适宜
低敏感区域	适宜	适宜	适宜	适宜	适宜

当人类活动空间与国家公园敏感性分区在不相适宜的区域发生了空间重叠,则可能会引起生态问题。国家公园生态问题空间胁迫机制分析,主要就是要发现这些不合理的人类活动空间,为生态问题胁迫因素分析和管理提供依据。

第五节　国家公园生态胁迫链（网）分析和关键胁迫因子识别

一、生态胁迫链(网)分析方法

根据国家公园系统性原理,国家公园生态系统中各要素之间都是相互关联、相互影响的,国家公园的分析不应该将各要素孤立开来,所以仅仅知道了国家公园生态系统变化的胁迫因子,并不能直接指导生态系统管理,还要了解生态因子是通过怎样的方式和过程来影响生态系统变化的,因而需要分析胁迫机制。

生态系统的胁迫机制非常复杂[1],本书提出"生态胁迫链（网）"的概念来帮助分析生态胁迫机制,可以更清晰地呈现胁迫因子引起生态系统问题的整个过程。

生态胁迫链就是将引起系统生态问题的胁迫因子间的相互作用关系,通过"链条"的方式形象表达出来,胁迫链中的其中一段称为"胁迫段"（见图 5-14）,图中 P 为生态问题,A_n 为引起 P 的胁迫因子;生态胁迫网就是生态胁迫链进一步组合而形成的关系更为复杂的网络结构（见图 5-15）,图中 P 为生态问题,A_n、B_n、C_n 为胁迫因子,共有 5 条胁迫链引起生态问题 P,将 5 条生态胁迫链进行组合可以得到 P 的生态胁迫网。

---

[1]　张永民,席桂萍. 生态系统管理的概念·框架与建议[J]. 安徽农业科学,2009,37(13): 6075-6076,6079.

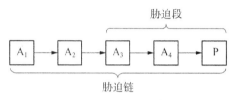

图 5-14 生态胁迫链和胁迫段

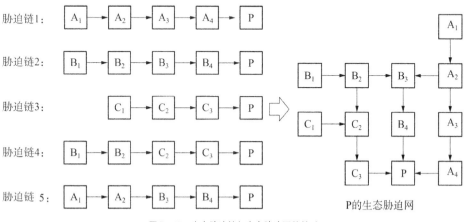

图 5-15 生态胁迫链与生态胁迫网的关系

通过分析和建立生态系统的胁迫链（网）模型，可以更清楚地剖析胁迫因子与系统生态问题的作用关系，为国家公园生态系统管理制订针对性的管理策略具有重要作用。

对于国家公园生态问题综合胁迫链和胁迫网的分析一般遵从以下步骤：先进行胁迫因子分析；接着针对单个问题分析胁迫链（网）；再综合分析多个问题的胁迫网。

当然，对于具体的生态问题和具体的胁迫机制，还需要请专门的专家或专家组进行专题分析，才能真正分析透彻。比如，黄石国家公园中就有关于外来物种入侵、气候变化等专题的研究。基于这样的专业分析，以生态系统思维，找到问题的生态系统胁迫机制，从而为下一步适应性管理策略提供依据。

在国家公园生态系统管理中，不能只关注一两个生态胁迫因子，而是要对整个胁迫链进行综合考虑，这样才能实现系统性的管理。

二、关键胁迫因子的识别

　　胁迫因素中,总有几个导致问题出现的特别关键的因子,需要对这些关键因素进行识别,这些关键因子将是之后生态系统管理调控的主要对象。

　　前面已经对国家公园生态系统问题的胁迫链和胁迫网进行了分析和建构,关键胁迫因子可以借助生态胁迫链和生态胁迫网来识别。一般来说,在胁迫网中,端头位置和分支多的交叉点(如图 5 - 15 中的 A_1、B_1、C_1、A_2、B_2、C_2、B_3)较可能是关键胁迫因子。因为胁迫链(网)中位于端头位置的因子可能是问题的根源所在;而分叉较多的点说明是重要节点,所以也可能是关键胁迫因子。另外,因为自然人文资源保护是国家公园的重要目标,所以还要特别关注对自然人文资源造成直接或间接重要影响的胁迫因子。当然,实践中关键胁迫因子的识别还需要专家和管理者根据具体情况商议确定。

第六节　天目山保护区生态系统胁迫机制研究

　　主要根据上面提出的国家公园生态系统胁迫机制分析方法展开对天目山保护区生态系统胁迫机制的分析研究,主要包括天目山保护区生态系统特征分析、主要生态问题的胁迫因素分析、生态系统空间胁迫分析、生态系统胁迫机制分析和关键胁迫因素识别等内容。

一、天目山保护区生态系统特征分析

(一) 天目山保护区自然系统特征分析

1. 天目山保护区自然系统基本特征

天目山保护区以中亚热带湿润性常绿阔叶林森林生态系统为主要类型,具有丰富的动植物资源的陆地生态系统①。植被覆盖率高达98%,生态环境较好,生态系统稳定性较高。

天目山保护区具有优越的自然风景资源,保护区内有自然景点60多处,其中仙人顶、四面佛、大树王等景点具有国家重点保护价值②。

天目山保护区还是一个以保护生物多样性和森林生态系统为重点的野生植物类型国家级自然保护区③,除主要保护地带性森林生态系统外,还要保护银杏、天目铁木、柳杉和云豹、猕猴等珍稀野生动植物资源④。

2. 天目山保护区生态系统环境敏感性分析

天目山保护区环境敏感性分析主要依据前文中提出的国家公园环境敏感性评价方法和步骤。

1) 敏感性评价因子选择和评价标准确定

天目山保护区属于山岳型保护地,高程、坡度和山脊线等因素对保护区敏感性有较大影响;天目山保护区景源资源丰富,质量也较高;保护区内还有一些敏感的生境,如柳杉林等;保护区中还有一个小型水库,水文因素也是保护区敏感性因素。据此,本书选择坡度因子、高程因子、山脊线因子、水文因子、敏感生境因子和景源因子等指标对天目山保护区生态系统进行敏感性分析,指标分级标准主要参照"国家公园生态系统敏感性评价指标和评价标准"(见表5-1)。

2) 单因子环境敏感性评价

根据选取的环境敏感性评价因子及其敏感性评价标准,利用GIS软件绘制出天目山保护区单因子生态敏感性分级图(见图5-16至图5-21)。

3) 多因子叠加分析

用GIS软件对各单因子生态敏感性评价图按照本章中阐释的最大值叠加法进行叠加分析,得到天目山保护区环境敏感性综合评价分区图(见图5-22)。为了便于分析和管理,避免分区过于破碎,保证空间的相对完整性,对敏感性综合评价分

---

① 重修西天目山志编纂委员会.西天目山志[M].北京:方志出版社,2009.
② 浙江天目山管理局.浙江天目山国家级自然保护区生态旅游规划(2015—2024年)[R].临安:浙江天目山管理局,2015.
③ 杜晴洲.天目山国家级自然保护区生态质量评价研究[J].国家林业局管理干部学院学报,2007(01):53-56.
④ 重修西天目山志编纂委员会.西天目山志[M].北京:方志出版社,2009.

图 5-16 坡度敏感性评价分级图

图 5-17 高程敏感性评价分级图

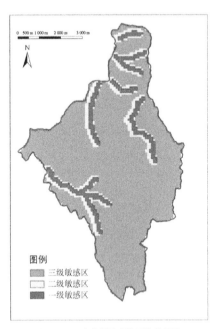

图 5-18 山脊线敏感性评价分级图

图 5-19 水域敏感性评价分级图

图 5-20 敏感生境评价分级图　　　　　　图 5-21 景源敏感性评价分级图

级图进行人工修整,形成天目山保护区敏感性分区图(见图 5-23)。

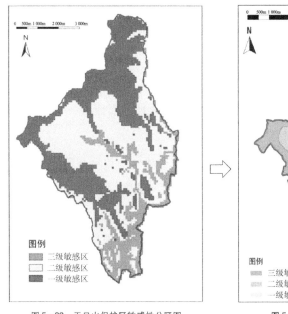

图 5-22 天目山保护区敏感性分区图

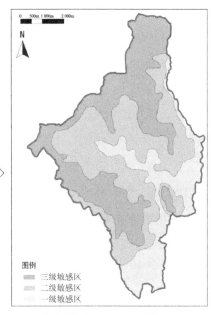

图 5-23 敏感性综合评价分区图

4）敏感性分区保护利用原则

天目山保护区敏感性分区的保护利用原则如下：

天目山保护区一级敏感区，面积约为 1 673 ha，主要分布于保护区西南部和西北部，包括珍稀濒危动植物物种所在区域、保护区中海拔较高的区域以及西关水库等区域。这些区域生态环境敏感性很高，应以保护为主，尽量避免人类活动和开发建设。

天目山保护区二级敏感区，面积约为 1 704 ha，主要分布于保护区的中间区域，这些区域生态环境敏感较高，可以允许适当的人类活动，尽量避免较高强度的人类活动和开发建设。

天目山保护区三级敏感区，面积约为 907 ha，主要分布于保护区东侧，该区域生态环境敏感性较低，适合于开展一定强度的人类活动和开发建设。

（二）天目山保护区人类系统分析

天目山保护区人类系统的分析主要根据国家公园人类系统基本结构原理，通过建构人类子系统结构模型来分析系统的基本特征。

天目山保护区人类系统由社区系统、旅游系统、宗教系统、经营系统和管理系统 5 个子系统组成，下面分别对 5 个子系统进行分析。

1. 天目山保护区社区系统

1）构成要素

天目山保护区中现还散居有鲍家和东关两个行政村的部分小自然村，有当地居民 171 人，区内人口密度为每平方公里 8 人①。

天目山保护区社区系统主要由保护区内自然村落中的物质和非物质要素组成。包括建筑、农田、林地、道路、传统文化、乡土技艺等要素。

2）社区系统结构模型

依据第三章提出的国家公园人类系统一般概念模型，并根据天目山保护区社区系统的居民需求结构、调控管理系统、经济系统、文化系统、居民活动结构和环境

---

① 浙江天目山管理局.浙江天目山国家级自然保护区总体规划(2015—2024)[R].临安:浙江天目山管理局,2014.

系统等要素和子系统的相互作用关系,构建出天目山保护区社区系统结构模型(见图5-24)。

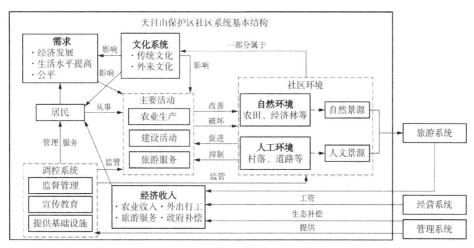

图5-24　天目山保护区社区系统结构模型

了解社区的基本情况主要通过问卷调查、访谈和查阅相关政府资料。

社会环境系统包括村落建筑、道路、农田、林地等要素。天目山保护区社区系统中村民受教育水平普遍不高,半文盲人数较多;由于天目山保护区成立较早,管理局一直开展宣传工作,所以居民的生态意识总体还不错。居民需求方面,主要是期望提高经济水平和生活水平,并且期望在保护区中获得公平的地位。居民主要活动包括:农业生产(主要以种植山核桃和毛竹林经营为主)、房屋建设、旅游服务(农家乐、特产销售、抬轿等)等。经济收入主要来自农业收入、农家乐收入、外出打工和少量政府生态补偿,少数居民在大华公司上班获得一定工资收入,基本没有保护区分红收入。文化方面,社区中传统文化已经不明显,随着旅游业的蓬勃发展,外来文化对社区冲击较大,社区文化逐渐趋同于现代城市的时尚文化,居民趋向于高收入、高消费的追求,这对社会的生产生活也产生了较大影响。调控系统主要是由天目山管理局和天目山镇政府对居民及其活动进行监督管理。

3) 社区系统空间范围分析

天目山保护区社区系统空间主要包括村落和周边生产用地等。

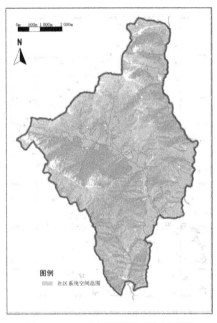

图 5-25　天目山保护区社区系统空间范围

依据景观特征划定天目山保护区社区系统空间(见图5-25),空间范围涵盖社区系统的所有自然和人文组成要素,包括建筑、农田、经济林、村落环境等。

2. 天目山保护区旅游系统

1) 构成要素

天目山保护区旅游系统主要由游客、风景旅游资源、旅游服务体系、旅游环境要素等方面构成。风景旅游资源包括大树王、仙人顶等自然景源和禅源寺、周恩来演讲纪念亭、开山老殿等人文景源;旅游服务体系主要包括服务设施、解说系统等;旅游环境要素包括旅游活动场地、道路、自然环境等。

2) 旅游系统结构模型

依据国家公园人类系统一般概念模型,并根据天目山保护区社区系统的游客需求结构、调控管理系统、经济系统、文化系统、游客活动结构和环境系统等基本要素和子系统及其相互作用关系,本书构建出天目山保护区旅游系统结构模型(见图5-26)。

天目山保护区旅游系统的环境系统主要包括保护区内的自然和人文风景资源及其周边环境,以及旅游活动区域。来天目山保护区的游客,主要是为了享受天目山优质的生态环境和优美景观,体验宗教文化。旅游活动包括景观游赏、游憩活动、宗教文化体验、购物以及基本生活消费活动等。游客在旅游活动中,可能会踩踏土壤、触摸树木、丢弃垃圾等,对生态环境造成影响。游客享受旅游服务和购物需要经济支出,从而为管理系统、经营系统、宗教系统和社会系统等带来经济收入。旅游文化可以影响游客的需求和行为方式,天目山保护区鼓励生态旅游,倡导旅游活动对生态环境的影响尽量要小,这有利于促进保护区的可持续发展。天目山管理局主要负责对游客及旅游活动的监管工作,但管理局在服务设施和解说系统方

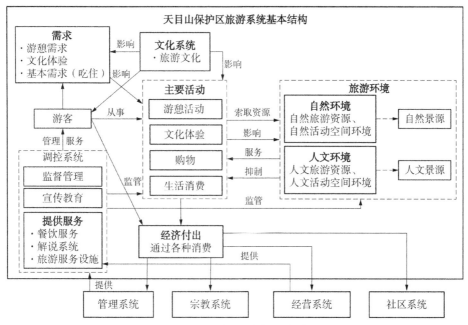

图 5-26 天目山保护区旅游系统结构模型

面做得不太到位,管理力度较低,这是引起游客旅游中出现破坏生态环境不良行为的一个重要原因。

3)旅游系统空间范围分析

天目山保护区中旅游系统空间范围主要包括风景旅游资源、旅游服务设施体系及其周边环境,以及旅游活动场地等。天目山保护区中共有 60 多处自然景点和 20 多处人文景点;共有禅源寺景区、大树王景区、天目冰川景区、天目峡谷景区 4 个景区(见图 5-27)。

3. 天目山保护区宗教系统

1)构成要素

天目山保护区中共有禅源寺和开

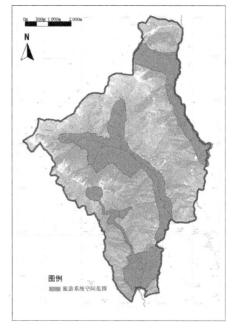

图 5-27 天目山保护区旅游系统空间范围

山老殿两座寺庙,天目山保护区宗教系统主要由这两座寺庙及其周边环境范围内的物质要素和非物质文化要素组成,包括僧侣、香客、寺庙建筑、道路、场地、周边物质环境、宗教仪式、宗教活动等。

2）宗教系统结构模型

依据国家公园人类系统一般概念模型,并根据天目山保护区宗教系统的人类需求结构、调控管理系统、经济系统、文化系统、人类活动结构和环境系统等基本要素和子系统及其相互作用关系,本书构建出天目山保护区宗教系统结构模型(见图5-28)。

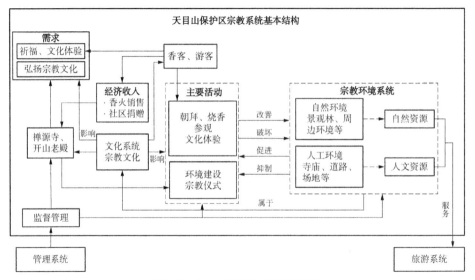

图5-28 天目山保护区宗教系统结构模型

天目山保护区宗教环境系统包括禅源寺和开山老殿两座寺庙,及其周边和二者之间的自然环境和人文环境,如寺庙建筑、道路、活动场地和周边具有宗教氛围的自然环境等,宗教环境系统包含了丰富的风景资源。

天目山保护区宗教系统中的人类活动,主要包括游客的旅游活动和文化体验活动,香客的朝拜活动,以及寺庙宗教仪式等文化活动和宗教单位的建设活动(见图5-29)。宗教系统中的人类活动也会对环境系统产生压力。

通过访谈了解到,进入宗教系统的香客,其主要目的是祈福;游客进入寺庙主要是想体验宗教文化和观光；寺庙中的宗教人士则希望弘扬宗教文化。寺庙的经济收入主要是靠社会捐赠和香火销售等。天目山宗教文化系统以传承中国文化为主要内涵，但是随着旅游经济的发展，寺庙规模过度扩大，经济收入的追求也在膨胀。天目山保护区的宗教系统主要受临安区宗教管理部门和天目山管理局共同监管。

3）宗教系统空间范围分析

宗教系统空间范围主要包括自然要素和人文要素以及人类的活动空间。天目山保护区宗教系统空间范围主要涉及禅源寺和开山老殿及其周边环境区域，比如禅源寺周边的与寺庙氛围较为协调的毛竹林等。

图 5-29　天目山保护区宗教系统空间范围

4. 天目山保护区经营系统

1）构成要素

天目山保护区经营系统主要由大华旅游公司及其员工、住宿餐饮服务商、特产商、旅游服务设施、旅游经营活动区等要素构成。

2）经营系统结构模型

依据国家公园人类系统一般概念模型，并根据天目山保护区经营系统的经营者需求结构、调控管理系统、经济系统、文化系统、经营者活动结构和环境系统等基本要素和子系统及其相互作用关系，本书构建出天目山保护区经营系统结构模型（见图 5-30）。

天目山保护区经营环境系统包括自然环境和人工环境，如经营机构所在地、餐饮和住宿场所、旅游经营活动区域等。

天目山保护区经营系统的人类活动主要包括旅游服务设施、旅游标识系统等

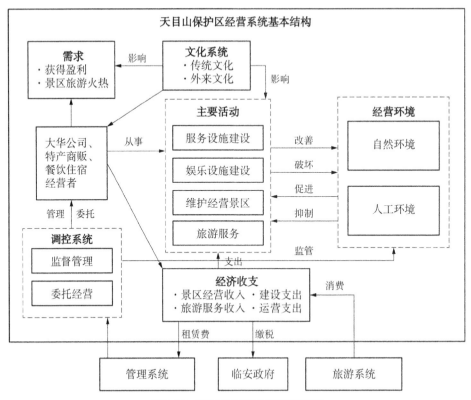

图 5-30 天目山保护区经营系统结构模型

的建设;餐饮服务、住宿服务、交通服务等服务活动;特产销售活动;保护区维护的活动。

天目山保护区经营者主要包括大华旅游公司及其员工、住宿餐饮服务商、特产商等。作为经营者,其最根本的需求当然是追求经营利润的最大化。大华旅游公司是天目山保护区特许经营的授权代理,天目山保护区又是自然保护区,资源利用限制较多,因而大华公司还有争取更大经营范围和权力的追求,还曾与天目山管理局因此产生过一些矛盾冲突。游客量的增加也是天目山经营者比较关心的。

天目山保护区经营者中,大华旅游公司主要以旅游经营收入(主要为门票收入)和旅游服务收入为主。经济支出方面,每年须向天目山管理局支付 350 万左右(逐年增加)特许经营租赁费,同时在维护保护区和服务设施建设时需要一定的经济支出。据笔者访谈了解到,当前大华公司经济支出大于收入。一般的餐饮住宿经营者和小商贩,主要通过旅游服务和销售特产获得经济收入。所有经营者需要向临安政府缴纳一定的税收。

经营文化方面,天目山保护区经营者还是以近期经济利益为主要追求,管理者应该多宣传和鼓励经营者,向其倡导可持续发展理念,追求环境保护与经济利益双赢的目标。

天目山管理局主要负责保护区经营者以及经营活动的管理工作,以协调旅游经营活动与保护区生态系统保护。

3)经营系统空间范围分析

天目山保护区经营系统空间主要是系统中基础设施、旅游服务设施、旅游经营活动场地等所在的空间区域(见图5-31)。

5.天目山保护区管理系统

1)构成要素

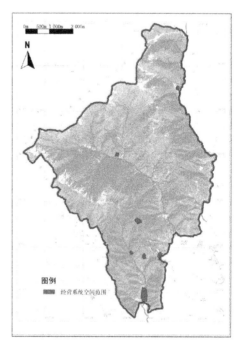

图5-31 天目山保护区经营系统空间范围

天目山保护区中的管理系统主要由管理人员、管理设备和管理体制等内容构成。包括管理者、办公建筑、管理设施、科研设备、监管设施、防护道路、管理制度等。

2)管理系统结构模型

依据国家公园人类系统一般概念模型,并根据天目山保护区管理系统的管理者需求结构、调控管理系统、经济系统、文化系统、管理者活动结构和环境系统等基本要素和子系统及其相互作用关系,本书构建出天目山保护区管理系统结构模型(见图5-32)。

天目山保护区管理环境系统主要包括管理机构所在地、管理设施所在地、防护道路等。

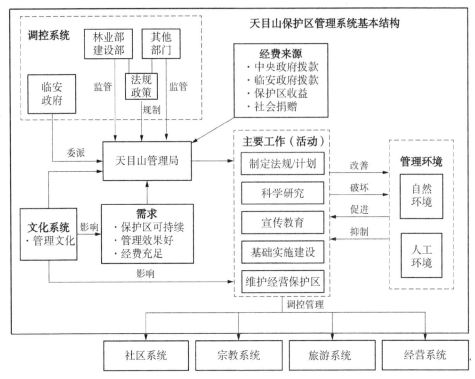

图 5-32　天目山保护区管理系统结构模型

据访谈了解到天目山管理局的主要活动包括制定保护区管理的政策法规和工作计划、基础设施建设、保护区资源和环境的维护、科学研究、宣传教育等。

天目山管理局已经将保护区的旅游经营权通过特许经营方式转让给大华旅游公司，所以管理局并不追求游客数量和旅游收入，主要以保护保护区生态环境、促进保护区的可持续发展为根本追求；由于没有了旅游收入，天目山管理局的管理经费不足，争取足够的经费是他们的重要目标之一；作为政府机关，管理绩效也是天目山管理者追求的目标。

在管理者素质方面，天目山管理局现有工作人员 33 人，其中专业技术人员主要集中在林学、林业经济管理和财会等相关专业，缺乏环保、气象、生态等方面的专业技术人才[①]。

---

① 浙江天目山管理局.浙江天目山国家级自然保护区总体规划(2015—2024)[R].临安:浙江天目山管理局,2014.

天目山管理局的管理经费来源主要为上级政府和临安区的拨款、保护区的一些经营收益和社会捐赠。保护区的维护、基础设施的建设、科研工作等都需要较多的费用,所以天目山管理局的经费难以有效支撑管理工作,这也是有时候出现管理不力的原因之一。

管理文化方面,管理者还主要以行政管理思想指导天目山保护区管理工作,基本还比较兢兢业业,但是公众参与不足,管理缺乏灵活性。推行新的管理理念和管理模式,对于改善天目山保护区的管理效果有较重要意义。

天目山管理局是整个保护区的协调者和管理者,但是其本身也还是受到上级部门如林业部、建设部和其他相关部门的监督管理,另外,还受到临安区政府的监管,有些人事任免就是由临安区委派的。

3)管理系统空间范围分析

天目山保护区管理系统空间范围主要包括管理机构单位所在地、科研场地、监测点(仙人顶气象观察站)、保护站(峰尖保护站、西关保护站、东关保护站)、防护道路等所在地域空间(见图5-33)。

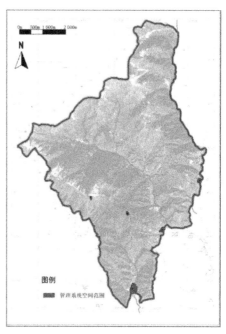

图 5-33 天目山保护区管理系统空间范围

二、天目山保护区生态系统主要问题的解析

上一章中已经通过对天目山保护区生态系统进行可持续评价找到了保护区中存在的几个主要生态问题:柳杉退化、毛竹入侵和居民对经济收入不满。本节对这三个问题进行详细剖析。

(一) 柳杉退化问题分析

由于天目山保护区中柳杉主要分布于双清溪集水区内,所以对柳杉退化问题的管理主要以天目山保护区双清溪集水区为管理边界,另外,柳杉退化问题还与周边社区有关,所以将保护区周边的武山村和天目村纳入跨边界管理的范围中(见图5-34)。

图 5-34 天目山保护区柳杉林退化情况

1. **柳杉林退化面积变化情况**

根据天目山管理局观察,自 20 世纪 90 年代初以来,保护区内古柳杉种群总体呈现衰退现象。

为了了解天目山保护区中柳杉林的退化情况,本书根据天目山保护区 2003 年和 2013 年两期 spot413 遥感图,并结合现场比对,获得了天目山保护区 2003 年和 2013 年时柳杉林的大致分布范围(见图 5-34)。

通过 CAD(Computer Aided Design)软件计算得 2003 年天目山保护区柳杉林面积约为 92.17 ha,2013 年面积约为 84.77 ha,退化面积约 7.4 ha,退化比率大约为 8%,情况较为严重(见表 5-4)。

表 5-4　2003 年和 2013 年天目山保护区柳杉林面积变化情况

年份	柳杉林面积(ha)	柳杉林面积(亩[①])
2003	92.17	1 382.55
2013	84.77	1 271.55
退化面积	7.4	111

2. 柳杉退化问题的辨析

虽然,有一种观点认为天目山保护区中的柳杉是由僧侣引种过来的(并非当地种),柳杉退化是正常现象,不是天目山保护区生态系统的问题。但是,柳杉在天目山生存了上千年[②],已经与周边植物群落(除了毛竹外)形成了稳定的共生状态[③],而且柳杉是天目山保护区重要的风景资源和重点保护的珍贵物种,所以,本书认为柳杉退化确实是天目山保护区生态系统管理需要重点解决的问题。

3. 柳杉退化的影响

柳杉是天目山保护区中的珍贵物种,"大树华盖"讲的就是天目山上的柳杉,保护区中著名的"大树王"就是柳杉古树。柳杉作为天目山保护区的重要风景资源,其退化既是保护区管理的失职,也是很多游客来到天目山以后感到遗憾的地方,对于天目山保护区的可持续发展影响很大。

---

① 1 亩=0.066 7 ha,后文不一一标注。
② 赵明水.天目山古柳杉林与人类活动关系研究[C]//浙江省第二届生物多样性保护与可持续发展研讨会论文集.中国浙江遂昌,2004:2.
③ 张欣,杨淑贞,赵明水,等.天目山自然保护区柳杉种群种内和种间竞争[J].农村生态环境,2004(04):10-14.

(二) 毛竹林入侵问题分析

由于天目山保护区中毛竹林主要分布于双清溪集水区内,所以对毛竹入侵问题的管理主要以天目山保护区双清溪集水区为管理边界,另外,毛竹入侵问题还与周边社区有关,所以将保护区周边的武山村和天目村纳入跨边界管理的范围中(如图5-35)。

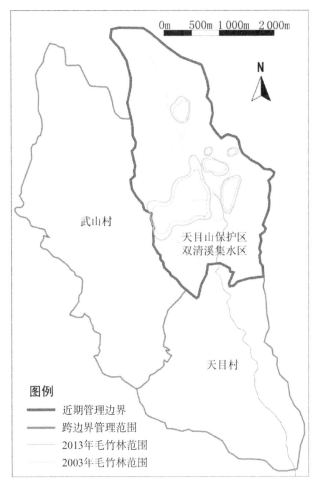

图5-35 毛竹林扩散示意图

1. 天目山保护区毛竹林发展情况

天目山毛竹林最早为僧侣们栽植,1950年代建立天目山林场后,毛竹林得到进一步开发利用,使局部地段毛竹林逐步入侵常绿阔叶林,导致植被类型发生逆向演替①。近年来,天目山周边为发展经济、增加经济收入,大力发展竹业,农民在毗邻保护区的山坡上开荒种竹,毛竹林面积迅速增加,形成了向保护区内渗透的趋势。同时,保护区内一些杉木林被间伐,也使得保护区原有毛竹林趁机扩增,挤占了林地②。毛竹依靠强大的根鞭繁殖能力,其面积会随时间的推移不断扩大,且多形成纯林,对保护区内的生物多样性产生极为不利的影响。以禅源寺东侧青龙山为例,原先是以苦槠、青栲、香樟和青冈等树种组成的地带性常绿阔叶林,毛竹不断扩散使常绿阔叶林遭受破坏,目前该山体约 1/3 面积已被毛竹林占据③。

保护区内毛竹林基本上呈纯林,且盖度高,达到 90% 以上,林下植物种类极少,其周围的其他植物的更新受到竹林根系生长和面积扩展的严重影响,导致在竹林与阔叶林交界处的幼年乔木生长缓慢或停止生长,最终影响到天目山保护区原生生态系统安全④。

2. 近期毛竹林面积扩散状况分析

本书根据天目山毛竹林面积的历史记载数据和近期遥感图像,对毛竹林面积变化进行分析。

1) 数据获取

由于没有关于天目山保护区的早期遥感图,因而对于 20 世纪 90 年代前的毛竹林面积情况只能通过历史记载数据获知。据记载,1956 年,区内有毛竹林 826.5亩,1989 年扩大到 1 107 亩⑤。

研究中有 2003 年和 2013 年两期 spot413 遥感图。由于冬季毛竹林在近红外波段(spot413)的反射率比其他植被明显偏高,因而很容易在 spot413 波段组合的遥感图像上将毛竹林与其他植被区分开来⑥。因而研究中把 2003 年和 2013 年冬

---

① 重修西天目山志编纂委员会. 西天目山志[M]. 北京:方志出版社,2009.
② 蔡亮,张瑞霖,李春福,等. 基于竹鞭状态分析的抑制毛竹林扩散的方法[J]. 东北林业大学学报,2003(05):68-70.
③ 浙江天目山管理局. 浙江天目山国家级自然保护区总体规划(2015—2024)[R]. 临安:浙江天目山管理局,2014.
④ 丁丽霞,王祖良,周国模,等. 天目山国家级自然保护区毛竹林扩张遥感监测[J]. 浙江林学院学报,2006(03):297-300.
⑤ 陈建新,徐良,刘亮. 天目山自然保护区毛竹林扩张及调控对策[C]//浙江省第三届生物多样性保护与可持续发展研讨会会议论文集. 中国浙江开化,2006:1.
⑥ 王祖良,丁丽霞,傅起升. 天目山自然保护区的景观分析[J]. 四川林勘设计,2002(03):11-15.

季的 spot 等两期的遥感图像进行了几何精校正后作为毛竹林扩张监测的数据源。

利用 GIS 软件通过人机互动方式,根据在遥感图像上毛竹林与其他植被的颜色差异,对两期遥感图像进行解译与勾绘,得到了两个时期的毛竹林空间分布和面积信息(见图 5-35、表 5-5)。

表 5-5　2003 年和 2013 年天目山保护区毛竹林面积

年份	毛竹林面积(亩)
2003	1 303.35
2013	1 659

2) 结论分析

利用 Excel 软件对天目山保护区毛竹林面积的变化情况进行分析(见图 5-36),可见,1956 年至 1989 年间,虽然天目山保护区毛竹林面积也呈现不断增加的趋势,而相对增长速度较慢;但是到了 1989 年后,毛竹林面积增速加快,2003 年后,毛竹林面积增速又进一步加快。

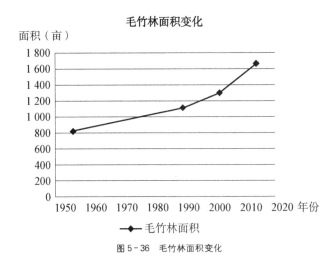

图 5-36　毛竹林面积变化

3. 毛竹林对天目山保护区生态系统的影响

天目山保护区毛竹林面积的不断扩大,给保护区生态系统造成了很多不利影响。

1) 毛竹林面积迅速扩大，周边原有森林植被退化

毛竹因其强劲的竞争力不断向周边扩散，而扩散到周边林分中的毛竹胸径和竹高要比原毛竹纯林内生长得更好，这种高度及养分竞争优势使得毛竹林可以逐渐挤占原有林分中其他树木的生存空间，并阻碍林下乔木幼苗的自然更新，从而对以柳杉古树为代表的重点保护物种的生存产生严重影响[①]。

2) 生态系统生物多样性下降

天目山保护区中生物多样性指数和均匀度指数从常绿落叶阔叶林到毛竹纯林呈现出规律性变化，即群落的多样性随毛竹的出现均呈下降趋势[②]。

研究表明，在毛竹林纯林化过程中，对生物多样性的影响不仅表现在物种丰富度降低，而且群落中乔灌草各层次的物种组成也发生较大改变。实际上随着毛竹的逐年扩张，毛竹林下的土壤逐渐贫瘠，生境质量也不断下降[③]。

3) 对珍稀动物的影响

毛竹林的入侵促使动植物资源退化，原来混生在竹林中丰富的植物种类逐渐消失；毛竹入侵导致野生动物的栖息环境被破坏和食物减少，动物栖息地海拔连续性降低，许多越冬物种离开天目山保护区[④]。

4) 混交林转变成毛竹纯林，生态稳定性降低

毛竹林在演替过程中呈现出天然阔叶林→竹木混交林→毛竹纯林的演替趋势。植物群落逐渐向毛竹纯林演化的过程中，会导致植物多样性减少、生态稳定性降低以及各种自然灾害日趋严重[⑤]。例如冬季强降雪就会造成毛竹纯林被雪压大片折断死亡[⑥]。

4. 对毛竹入侵问题的说明

天目山保护区中的毛竹林因其强劲的竞争力而不断向四周扩散，入侵保护区原有植物群落，对于保护区森林生态系统和生物多样性保护来说，是一个严重的生

① 浙江天目山管理局.浙江天目山国家级自然保护区总体规划(2015—2024)[R].临安:浙江天目山管理局,2014.
② 杨怀,李培学,戴慧堂,等.鸡公山毛竹扩张对植物多样性的影响及控制措施[J].信阳师范学院学报(自然科学版),2010(04):553-557.
③ 同上.
④ 周世宝.武夷山自然保护区控制毛竹蚕食天然林措施的探讨[J].林业勘察设计,1999(01):84-86.
⑤ 陈存及.福建毛竹林生态培育与生态系统管理[J].竹子研究汇刊,2004,23(02):1-4.
⑥ 张雪林.天目山竹资源优势与地理环境分析[J].浙江师范大学报(自然科学版),1994(03):9-12.

态问题。

但是毛竹本身具有景观美学价值,也是一种风景资源,竹子又可以烘托宗教气氛,天目山保护区的毛竹因其实用性和美学价值,据说最早就是由僧侣们所引种的[①]。

所以,也不能一概认为天目山保护区中毛竹林是有害物种而将之处理,还要看到其有价值的一面,应根据具体情况灵活对待。

(三) 居民经济收入不满问题分析

根据天目山保护区生态系统可持续性评价结果,天目山保护区中经济可持续性方面评价较低,主要问题为天目山社区居民的生活满意度较低。

1. 居民经济收入满意度分析

经笔者调查天目山保护区所在的天目山镇 2013 年农村居民人均纯收入为 18 750 元[②],是全国 2013 年农村居民人均纯收入 8 896 元[③]的 2 倍多。天目山居民实际经济收入较高与经济收入满意度较低似乎形成矛盾。

笔者经过问卷调查[④]发现,天目山保护区及其周边社区居民可以分为农家乐居民和非农家乐居民,二者的经济收入差距较大。进一步分析,我们将农家乐居民和非农家乐居民分别进行统计,被调查居民 91 人中非农家乐居民 49 人,农家乐居民 42 人。调查(见图 5 - 37)发现非农家乐居民的经济满意度普遍较低,而农家乐居民满意度普遍较高。

计算平均值发现,非农家乐居民平均满意度约为 3.3,满意度较低;而农家乐居民平均满意约为 7.1,满意度较高。

由此,我们可以认为天目山保护区周边社区居民经济满意度整体评价较低的原因是非农家乐居民对经济收入较不满意。

所以,对非农家乐居民经济状况进行分析和改善是天目山保护区生态系统管

---

① 重修西天目山志编纂委员会. 西天目山志[M]. 北京:方志出版社,2009.
② 临安区地方志编纂委员会. 临安年鉴(2014)[M]. 北京:方志出版社,2014.
③ 引自"2013 年国民经济和社会发展统计公报"。
④ 本次调查共发放问卷 100 份,实际回收 94 份,其中有效问卷数为 91 份,其中农家乐居民 42 份,非农家乐居民 49 份,有效回收率为 91%。

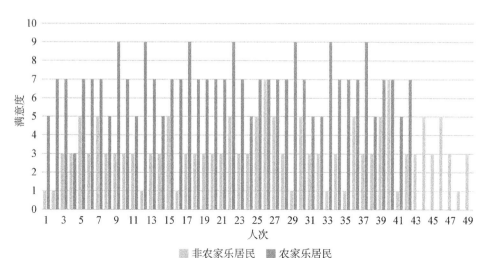

图5-37 天目山保护区周边居民经济收入满意度情况

理需要考虑的重要问题之一。

2. 居民经济收入不满对天目山保护区的影响

天目山保护区社区居民对经济收入不满所带来的影响表现为居民不支持保护区的保护和管理,因为不少居民认为是天目山成立保护区后导致居民资源利用受限,从而经济收入减少,所以对保护区管理较为反感;另外因为对自己的经济收入不满意,所以很多居民选择在周边开荒种毛竹,期望通过毛竹经营提高收入,而这恰恰又是导致毛竹入侵的重要原因之一[①]。

(四) 三个问题对天目山保护区影响的综合分析

通过以上分析可以发现,三个问题对天目山保护区产生了较大影响。

柳杉是天目山保护区中的珍贵物种,也是重要的景观资源,所以柳杉的退化问题引起了保护区珍稀生物资源和景观资源的损失,对天目山保护区自然系统和人类系统的管理目标都造成了较大影响(见图5-38)。

毛竹入侵引起了周边植被的退化,影响了保护区中很多动物的生存环境,降低

---

① 后文中有详细论述。

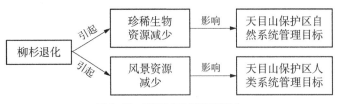

图 5-38　柳杉退化对保护区的影响

了保护区的生物多样性,毛竹的纯林化问题又导致生态系统结构简化,生态稳定性降低,这些问题都严重阻碍了天目山保护区管理目标的实现(见图 5-39)。

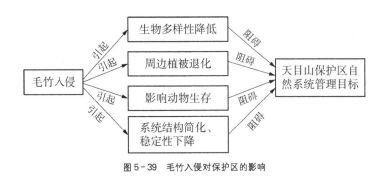

图 5-39　毛竹入侵对保护区的影响

　　天目山保护区周边社会居民对经济收入不满,不仅是经济问题,而且引起社会居民对保护区管理的不支持,是造成社会冲突的问题,另外因为对经济收入不满,很多非农家乐居民在保护区外围开荒种竹,导致毛竹入侵的情况加剧,对生态保护非常不利,所以经济收入不满问题对天目山保护区的人类系统和自然系统的管理目标都有较大的阻碍(见图 5-40)。

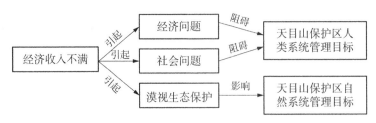

图 5-40　经济收入不满问题对保护区的影响

综合以上分析,柳杉退化、毛竹入侵和居民经济收入不满三个问题共同对天目山保护区造成了很大影响,阻碍了天目山保护区生态系统管理目标的实现(见图5-41)。所以,对于天目山保护区生态系统中三个问题的破解显得十分必要。本章以下内容主要就是深入分析造成天目山保护区这三个问题的胁迫因素和胁迫机制,从而为天目山保护区生态系统管理提供依据。

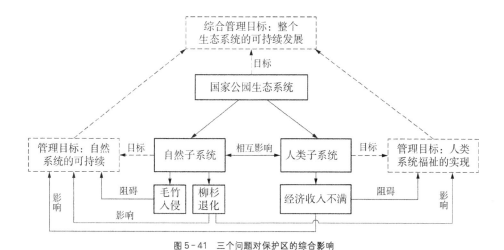

图5-41 三个问题对保护区的综合影响

三、天目山保护区生态问题的胁迫因素分析

(一) 柳杉退化胁迫因子和胁迫机制分析

1. 胁迫因子分析

运用前文中提出的对国家公园生态系统胁迫因素的分析方法,来对天目山保护区柳杉退化问题的胁迫因子进行分析。

首先,我们可以确定柳杉退化是自然系统问题。根据自然系统胁迫机制分析的一般框架(见图5-12),我们进一步可以确定柳杉退化属于物种退化的问题,并且是植物退化问题。

根据生态系统物种退化胁迫因素分析框架(见图5-6),柳杉退化属于植物退化问题,所以自然因素分析主要从气候和物理环境因素、自然灾害、种间物种作用关系、种群内部作用四方面入手,人为因素主要从天目山保护区 5 个子人类系统进行分析。

对于胁迫因素(尤其自然胁迫因素)的分析,因为常常情况较为复杂,需要进行调查研究甚至专门的课题研究才能确定。天目山管理局和相关院校的专家已经对天目山保护区内柳杉退化问题的影响、原因和管理措施等方面进行了较多的研究[①],为本次天目山保护区生态系统管理研究提供了很好的基础。

经分析总结,天目山柳杉退化自然胁迫主要体现在种群内部作用、种间物种作用关系、自然灾害三方面,人为胁迫主要在于人类管理子系统、社区子系统和旅游子系统这三个子系统存在问题(见图 5 - 42)。

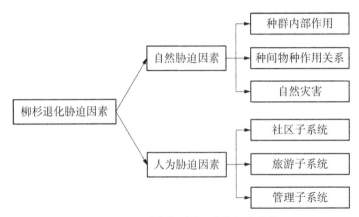

图 5-42　天目山保护区柳杉退化胁迫因素分类

1) 柳杉种群内部作用

柳杉种内竞争。华东师范大学专家和天目山保护区管理者对天目山保护区中

---

① 赵明水.天目山古柳杉林与人类活动关系研究[C]//浙江省第二届生物多样性保护与可持续发展研讨会论文集.中国浙江遂昌,2004:2;张欣,杨淑贞,赵明水,等.天目山自然保护区柳杉种群种内和种间竞争[J].农村生态环境,2004(04):10-14;宋艳,骆晓菁.天目山古柳杉衰退原因初探[J].科技资讯,2012(17):137;夏爱梅,达良俊,朱虹霞,等.天目山柳杉群落结构及其更新类型[J].浙江林学院学报,2004(01):46-52;钱莲芳,汤社平,袁庭芳,等.柳杉生态习性和生育特性初步研究[J].浙江林业科技,1985(04):5-13;杨淑贞,陈建新,赵明水,等.天目山柳杉古树群衰退死亡原因调研初报[C]//浙江省第三届生物多样性保护与可持续发展研讨会会议论文集.中国浙江开化,2006;程爱兴,杨淑贞.天目山珍稀柳杉古树群的生长现状研究[C]//浙江省第二届生物多样性保护与可持续发展研讨会论文集.中国浙江遂昌,2004:2.

柳杉林进行分析,发现柳杉林存在较明显的种间竞争[①],竞争主要体现在空间竞争,由于单位面积上空间有限,因此单位面积上胸高断面积和材积越高,竞争就越激烈[②]。

通过研究初步得出,种内竞争导致柳杉古树生长衰弱,进而降低其对外界干扰(如病虫害)的抵抗力,这是天目山柳杉衰退的重要原因之一[③]。

自然演替的结果。对于天目山柳杉的退化一种解释认为天目山保护区内的柳杉主要是由僧侣引种而来的,并非当地物种,所以由于自然演替的作用,当柳杉在没有人为维护的情况下出现退化是正常现象。对此也有学者表示质疑,虽然很多古柳杉确认是由僧侣所种,但是并不能保证就没有野生植株的存在[④];另有学者研究发现天目山柳杉具有较强的种间竞争优势[⑤],还有学者研究认为柳杉林是天目山海拔 1 000 m 附近的顶级群落[⑥]。所以,对于自然演替作为柳杉退化的影响因素的观点还值得商榷。

2) 种间物种作用关系

毛竹入侵。毛竹林入侵也是导致柳杉退化的原因之一。

天目山保护区中双清溪集水区中的毛竹林不断扩散,向周边的柳杉林渗入,逐渐形成"毛竹进、柳杉退"的趋势。图 5 - 43 展示了毛竹扩散和柳杉退化的相互关系。柳杉林从 2003 年的 1 382.55 亩逐渐退化到 2013 年的 1 271.55 亩,而退化较为明显的区域也正好是毛竹林扩散明显的区域,如图中 A 和 B 处。

毛竹扩散引起柳杉林退化主要有几点原因:

第一,毛竹抢占资源,使柳杉退化。毛竹细根生长速率和周转率均很高,具有很强的资源获取能力[⑦],且毛竹生长需水量大[⑧],所以毛竹林的扩散会抢占土壤中的营养物质和水分,从而导致柳杉缺乏生长所需的营养物和充沛的水分而出现

① 张欣,杨淑贞,赵明水,等.天目山自然保护区柳杉种群种内和种间竞争[J].农村生态环境,2004(04):10-14.
② 同上.
③ 宋艳,骆晓菁.天目山古柳杉衰退原因初探[J].科技资讯,2012(17):137.
④ 夏爱梅,达良俊,朱虹霞,等.天目山柳杉群落结构及其更新类型[J].浙江林学院学报,2004(01):46-52.
⑤ 张欣,杨淑贞,赵明水,等.天目山自然保护区柳杉种群种内和种间竞争[J].农村生态环境,2004(04):10-14.
⑥ 夏爱梅,达良俊,朱虹霞,等.天目山柳杉群落结构及其更新类型[J].浙江林学院学报,2004(01):46-52.
⑦ 刘骏,杨清培,宋庆妮,等.毛竹种群向常绿阔叶林扩张的细根策略[J].植物生态学报,2013(03):230-238.
⑧ 张雪林.天目山竹资源优势与地理环境分析[J].浙江师范大学学报(自然科学版),1994(03):9-12.

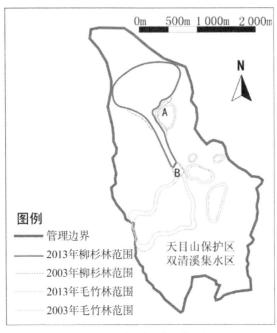

图例
—— 管理边界
—— 2013年柳杉林范围
······ 2003年柳杉林范围
······ 2013年毛竹林范围
······ 2003年毛竹林范围

图5-43　毛竹林与柳杉林的进退关系

衰退①。

第二,毛竹抢占生存空间。强劲的竞争优势使得天目山保护区中的毛竹林可以逐渐挤占原有柳杉林分中其他树木的生存空间(见图5-44),并且毛竹长得又高又密,阻碍林下乔木幼苗的自然更新(见图5-45),从而形成了"毛竹进、柳杉退"的竞争局面②。

3) 自然灾害

病虫害。柳杉本来抗病虫害能力较强,后来因种间竞争、环境条件变化、水资源缺乏等原因,导致自身抵抗力下降③。

根据天目山保护区柳杉病虫害(见图5-46)的发生情况,其主要的种类有柳杉瘿瘤病(见图5-47)、鞭角华扁叶蜂、柳杉长卷蛾和柳杉毛虫等。

---

① 浙江天目山管理局.浙江天目山国家级自然保护区总体规划(2015—2024)[R].临安:浙江天目山管理局,2014.
② 同上。
③ 张欣,杨淑贞,赵明水,等.天目山自然保护区柳杉种群种内和种间竞争[J].农村生态环境,2004(04):10-14.

图5-44　毛竹林严重挤压天目山保护区中柳杉的生存空间　　图5-45　茂密的毛竹林下其他乔木幼苗难以生长起来

　　在瘿瘤病危害严重的老殿、七里亭等地段的柳杉单位枝条上肿瘤数量已分别达到25个和26个;从合成的生物量来看,肿瘤占了相当大的比重。过多的肿瘤严重影响了柳杉的光合作用,减少并大量消耗光合作用的产物,从而加剧了树体的衰退[1]。

　　危害柳杉的昆虫以食叶害虫为主。一方面柳杉树体高大,虫害一旦发生很难控制。另一方面,由于近几年环境恶化、污染严重,保护区内鸟的种类和数量明显减少,其中杂食性鸟的数量下降最多。因此虫害的大量发生也与鸟类等天敌数量减少有关[2]。

图5-46　柳杉病虫害　　　　　　　　　　图5-47　柳杉瘿瘤病

① 宋艳,骆晓菁.天目山古柳杉衰退原因初探[J].科技资讯,2012(17):137.
② 同上。

4）人类社区子系统胁迫因素

（1）柳杉生存条件分析　柳杉最适生存条件分析：柳杉是喜湿树种,喜欢温暖湿润的山区气候,多生于海拔 400 m～2 500 m 的山谷溪边潮湿林中;喜深厚肥沃的沙质壤土,要求土壤深厚、湿润、疏松;6～8 月为柳杉生长旺盛期,生长量占全年的 75%,适宜的气温在 20℃～25℃之间,月降雨量在 100 mm 以上,湿度在70%以上[1]。

天目山保护区柳杉林分布区气候环境条件分析：天目山保护区自山麓(禅源寺)至山顶(仙人顶),年平均气温 14.8℃～8.8℃,最冷月平均气温 3.4℃～－2.6℃,最热月平均气温 28.1℃～19.9℃,年降水量 1 390 mm～1 870 mm,相对湿度 76%～81%[2];保护区中柳杉位于海拔 500 m～1100 m 高度范围内[3],处于天目山垂直地带的中间地段,因而柳杉林分布区夏季月最高温约为 24℃;夏季降雨量约为山麓(禅源寺)和山顶(仙人顶)的中间值(见表 5－6);天目山保护区位于第四纪泥石流堆积体上,土体疏松、通透性好[4],对柳杉生长也较为有利。

表5-6　天目山保护区夏季降雨情况

月份	降雨量(mm)		
	禅源寺(山麓)	仙人顶(山顶)	中间值
6	302.10	233.50	267.80
7	206.40	108.00	157.20
8	237.10	226.90	232.00

根据天目山保护区气候环境条件与柳杉最适生存条件的对比(见表 5－7)可见,天目山保护区柳杉林分布区的气候环境条件非常适合柳杉的生长,因而天目山保护区中柳杉生长繁茂,很多柳杉形成大树华盖,古今闻名。

---

① 钱莲芳,汤社平,袁庭芳,等.柳杉生态习性和生育特性初步研究[J].浙江林业科技,1985(04)：5－13;中国科学院中国植物志编辑委员会.中国植物志-第 7 卷-裸子植物门[M].北京：科学出版社,1978;利川县福宝山林场.柳杉的特性及引种栽培技术[J].湖北林业科技,1978(04)：6－9.
② 重修西天目山志编纂委员会.西天目山志[M].北京：方志出版社,2009.
③ 刘禄生.天目山的土壤及其利用问题[J].土壤通报,1966(02)：40－44.
④ 张雪林.天目山竹资源优势与地理环境分析[J].浙江师范大学报(自然科学版),1994(03)：9－12.

表 5-7　天目山保护区柳杉环境适宜性分析

特性	柳杉最适生存条件	天目山保护区现状	是否达到柳杉最适生存条件
月降雨量	100 mm 以上	夏季月平均 219mm	是
湿度	70％以上	78％左右	是
海拔	生产于海拔 400 m～2 500 m 范围内	柳杉位于海拔 500 m～1 100 m 高度范围内	是
土壤	土壤深厚、湿润、疏松	土体疏松、通透性好、湿润	是
温度	夏季(6～8 月)20℃～25℃	夏季(6～8 月)24℃左右	是
最适生长期	夏季(6～8 月),生长量占全年的 75％	天目山保护区夏季气候正好符合柳杉生长最适条件	是

　　但是近年来,天目山保护区中柳杉林却出现很多退化迹象,甚至有很多柳杉死亡。管理者和相关专家观察认为,因生态旅游而引起的保护区水资源的过度汲取可能是导致柳杉林退化的一个重要原因。

　　根据相关研究成果,夏季(6～8 月)是柳杉的高生长旺盛期,生长量占全年的75％,而夏季 6～8 月也正是天目山保护区生态旅游的高峰时期,由于大量游客的用水需要,天目山保护区中水资源的汲取量大大超过了以往水资源利用量。

　　本书通过对夏季(6～8 月)[1]天目山保护区水资源的利用情况的分析,来说明人类过度用水对柳杉生长环境的影响。

　　(2) 游客数量分析　从历年来天目山保护区每月的游客量变化[2]可以看出,每年 7～8 月是游客的高峰期,5 月和 10 月因黄金周的影响游客也较多(见图 5-48)。总体来说夏季是天目山保护区旅游的高峰期,冬季是旅游低谷期。这说明了天目山保护区主要是游客避暑度假的旅游目的地。

　　天目山保护区管理者和浙江工商大学的专家对天目村 2010 年上半年的农家乐收益按照单位床位和餐位的收益情况进行了统计分析[3](见表 5-8)。用 Excel将统计数据绘制出变化趋势的图形(见图 5-49),可以看出天目村 2010 年上半年

---

① 气象划分法,通常以 6～8 月为夏季。

② 天目山保护区历年游客量数据从大华旅游公司获得。

③ 陆森宏,张琪,单邵伟.天目山农家乐可持续发展问题研究——基于利益相关者理论[J].经济研究导刊,2011(05):83-86.

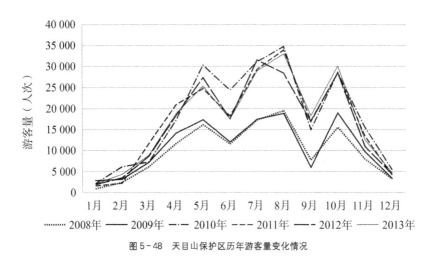

图 5-48　天目山保护区历年游客量变化情况

的农家乐收益基本呈现递增趋势,前面几月递增速度较慢,到七八月份收益呈跳跃式增长。

表 5-8　2010 年上半年天目村收益情况[①]

	2 月	4 月	5 月	6 月	7 月	8 月
单位床位收益(元/床)	107.19	383.52	525.40	640.64	1 296.16	1 581.16
单位餐位收益(元/餐位)	61.13	218.73	299.65	365.37	739.22	901.77

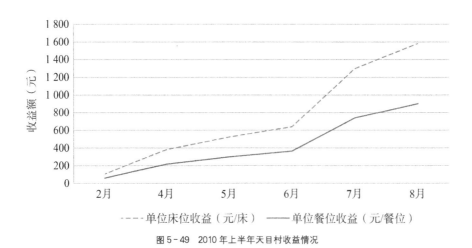

图 5-49　2010 年上半年天目村收益情况

① 3 月份数据缺失。

从农家乐营业收入看,5月份的旅游黄金周对于农家乐的收入增加并不是很明显,通过对农家乐居民的访谈发现这可能因为黄金周游客中一日游游客较多,另外农家乐床位和餐位有限,客满后游客不得不到其他地方寻找住宿,而5月份也就主要集中于黄金周游客较多,黄金周一过游客量大减,农家乐收益也锐减,因而整个5月农家乐收益并没有明显增加。而7、8月份,游客以避暑度假为主,每日游客数量较为均匀,农家乐每天的入住率都在80%左右,因而7月和8月收益十分可观。

从上面的分析可见,7、8月份是天目山保护区旅游度假的高峰时期,也是农家乐生意的高峰期,同时也是天目山保护区生态压力最大的时期。

(3) 居民和度假村对水资源的不合理利用方式 在天目山保护区及周边地区,水资源利用主要来自当地社区居民的生活生产用水、农家乐和度假村的游客的生活用水。当地社区现在已很少种植水稻,农业生产主要以毛竹和山核桃为主,且居民人数较少,因而当地居民的生活生产用水较少;近年来随着生态旅游的大力发展,天目山保护区游客量不断增加,尤其夏季来天目山保护区度假的游客量很大,这一时段的游客是天目山水资源利用的主力。

天目山保护区作为国家级自然保护区规定,其内部的水资源是不允许人们随意使用的。但是,由于天目山周边社区并没有连接城市自来水,其生活用水主要来源是山上接的山泉水。由于夏季游客量多,水资源利用量大,而天目山上水资源相对丰富,农家乐村民和度假村都纷纷到天目山保护区内的山上取水。村民利用毛竹和水管从天目山上引水到自家庭院的水箱和水池中(见图5-50、图5-51)。

图5-50 从天目山上取溪水   图5-51 将山上引来的水收集入池

农家乐和度假村为了给大量游客提供水资源,而不顾天目山作为国家级自然保护区不允许人为去区内汲取水资源、破坏保护区生态环境的政策,去天目山保护区内非法盗取水资源。尤其夏季,游客量大,农家乐和度假村从天目山保护区内汲取的水资源量是巨大的,这对天目山保护区内的生态环境和生物生长都可能造成严重的影响。

(4)用水量计算　从天目山保护区双清溪集水区汲取水资源的主要是位于双清溪下游的天目村农家乐居民和保护区中的度假村(见图5-52)。

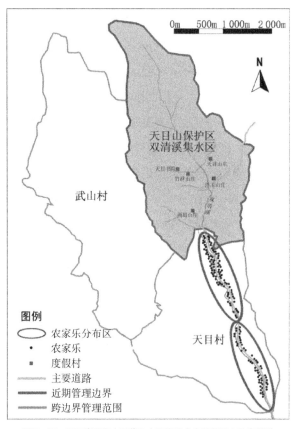

图5-52　从双清溪集水区截取水资源的农家乐居民点和度假村

天目山保护区南大门外是天目村,位于天目山保护区双清溪集水下游约有115户,都经营农家乐,总共约有3 000个床位、5 000个餐位;在保护区中双清溪集水区内还有天目山庄、竹祥山庄、天目书院、画眉山庄、浮玉山庄等几个度假村,共有接待床位 1 300 个,餐位约 1 000 个[①]。

天目村平均每户约 3 人[②],双清溪集水内天目村 115 户,约有居民 345 人。

根据《村镇供水工程技术规范》(SL310—2004)[③]中"最高日居民生活用水定额"表,本书认为天目村生活用水情况符合规范中五区第三用水条件的情况,依据规范该条件下居民日生活用水量为 90~140 L/人·d,本书取中间值 115 L/人·d。

6~8 月,从双清溪取水的天目村居民用水量:

从双清溪取水的天目村居民用水量 C =居民日生活用水量×人数×天数= 115 L/人·d×345 人×92d=3 650 100 L。

根据《2009 全国民用建筑工程设计技术措施—给水排水》[④]中规定,宾馆客房每床位每日生活用水额为 250~400 L。在对天目村农家乐居民访谈中了解到,夏季(6~8 月)来天目山度假的游客洗澡频率高、用水量很大,因而本书中对度假村和农家乐每床位用水量取值为 400 L。

根据《建筑给水排水设计规范》(GB50015—2003)[⑤]中对中式餐饮店中每位顾客每次用水定额为 40~60 L,本书中取中间值 50 L/人次。根据访谈情况每个餐位平均每日接待顾客次数,7、8 月份按 1.6 次计,6 月份按 1.2 次计。

天目山保护区是度假避暑胜地,每年夏天是客流高峰,据访谈了解到 7、8 月份暑假期间度假村和天目村农家乐入住率都达到约 80%,而 6 月份入住率稍低,约 60%。

据此,分别计算 6 月与 7、8 月用水量,具体如下。

7、8 月:

度假村住宿用水量 C_1 =每个床位日用水量×床位数×入住率×天数=400 L/床·d×1 300 床×80%×62 d=25 792 000 L;

① 浙江天目山管理局.浙江天目山国家级自然保护区生态旅游规划(2015—2024)[R].临安:浙江天目山管理局,2014.
② 临安区地方志编纂委员会.临安年鉴(2014)[M].北京:方志出版社,2014.
③ 中华人民共和国水利部.村镇供水工程技术规范:SL310—2004[S].北京,2004.
④ 住房和城乡建设部.2009 全国民用建筑工程设计技术措施—给水排水[S].北京,2009.
⑤ 中国工程建设标准化协会.建筑给水排水设计规范:GB50015—2003[S].北京,2009.

度假村餐饮用水量 C_2＝每个餐位每次用水量×餐位数×每个餐位每日平均接待次数×天数＝50 L/位・次×1 000 位×1.6 次/d×62 d＝4 960 000 L；

天目村农家乐住宿用水量 C_3＝每个床位日用水量×床位数×入住率×天数＝400 L/床・d×3 000 床×80％×62 d＝59 520 000 L；

天目村农家乐餐饮用水量 C_4＝每个餐位每次用水量×餐位数×每个餐位每日平均接待次数×天数＝50 L/位・次×5 000 位×1.6 次/d×62 d＝24 800 000 L。

6 月：

度假村住宿用水量 C_5＝每个床位日用水量×床位数×入住率×天数＝400 L/床・d×1 300 床×60％×30 d＝9 360 000 L；

度假村餐饮用水量 C_6＝每个餐位每次用水量×餐位数×每个餐位每日平均接待次数×天数＝50 L/位・次×1 000 位×1.2 次/d×30 d＝1 800 000 L；

天目村农家乐住宿用水量 C_7＝每个床位日用水量×床位数×入住率×天数＝400 L/床・d×3 000 床×60％×30 d＝21 600 000 L；

天目村农家乐餐饮用水量 C_8＝每个餐位每次用水量×餐位数×每个餐位每日平均接待次数×天数＝50 L/位・次×5 000 位×1.2 次/d×30 d＝9 000 000 L。

总计,6、7、8 月,双清溪集水区游客总用水量约 156 832 000 L,双清溪集水区当地居民用水量约为 3 650 100 L(见图 5-53)。在夏季生活用水中,当地居民用水仅占 2.3％,而游客用水约占 97.7％,游客用水约为当地居民用水的 42 倍(见图 5-54)。可见,天目山保护区开展旅游后,双清溪集水区内夏季人类水资源利用约增加 42 倍。

(5) 双清溪水分盈亏分析 水分盈亏量是降水量减去蒸发量的差值,反映气候的干湿状况。当水分盈亏量＞0 时,表示水分有盈余,气候湿润;当水分盈亏量＜0 时,表示水分有亏缺,气候干燥。

$$水分盈亏 ＝ 降雨量 － 蒸发量$$

根据天目山管理局多年观测资料分析天目山保护区山麓(禅源寺)与山顶(仙人顶)6～8 月的降雨量(见表 5-9),因柳杉林分布于二者的中间地带,所以取其中

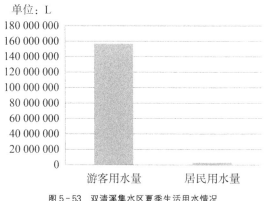

单位：L

图 5-53　双清溪集水区夏季生活用水情况

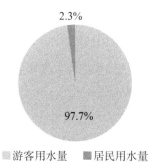

2.3%

97.7%

游客用水量　居民用水量

图 5-54　游客与居民用水比例

间值。据管理局统计分析,禅源寺地带年蒸发量约为 1360 mm,仙人顶年蒸发量约为 1050 mm,而 6～8 月天目山保护区蒸发量最大,约占全年的 40%,6～8 月平均蒸发量如表 5-9 所示。

表 5-9　天目山保护区夏季降雨量和蒸发量情况

月份	降雨量（mm）			蒸发量（mm）		
	禅源寺	仙人顶	平均（柳杉分布区）	禅源寺	仙人顶	平均（柳杉分布区）
6	302.10	233.50	267.8	$1360 \times 40\%$ $=544$	$1050 \times 40\%$ $=420$	482
7	206.40	108.00	157.2			
8	237.10	226.90	232			

虽然 6～8 月天目山保护区降雨量较大,但是蒸发量也大,计算三个月的水分盈亏情况:(267.8+157.2+232)−482=175 mm。

则 6～8 月,平均每月水分盈余也只有 175÷3≈58.3 mm。

可见天目山柳杉分布区水分盈余 58.3 mm,远小于 100 mm,再加上大量游客用水使保护区水资源进一步减少,所以对柳杉的生存造成了影响。

(6) 实际缺水现象的证实　在与天目村、郎岭村村民访谈中发现,现在夏季天目山麓缺水严重,原先的沟渠中都没有水了,所以都已不种水稻,而十几年前还是有水的。

可见,近年来,由于大力发展生态旅游和农家乐等原因,导致天目山保护区水资源的利用大大增加,确实引发了缺水问题,是柳杉退化的重要原因之一。

因而,本书认为因生态旅游的发展,游客量的增加,农家乐、度假村等对于天目山水资源的过度利用,是引起天目山保护区柳杉死亡的原因之一。

5) 人类旅游子系统胁迫因素

柳杉退化的另一个重要原因是柳杉周边土壤变化,导致柳杉水分获取和呼吸受影响。

柳杉无明显主根,而侧根异常发达,根系浅,适合生长在深厚肥沃、结构疏松的酸性土壤,要求土壤湿润且排水良好;在土层瘠薄、板结、干燥的土地上柳杉较难生长。

天目山独特的自然环境也吸引了大量的游客前来旅游、避暑。柳杉是天目山保护区的重要观赏树种,被誉为"大树华盖"的就是山中的柳杉古树。所以,游客往往靠近柳杉去触摸、拥抱、拍照等,过多的游客对土壤形成了明显的压实作用。

由于柳杉是侧根系浅根性树种,其根系的 80% 都分布在土壤的疏松层中,因此,柳杉生长对土壤松土层厚度有较高的要求[①]。林小梅等通过对柳杉生长量与其立地条件间相互关系的研究,指出了柳杉生长适宜的松土层厚度应在 30 cm 以上[②],而在老殿、大树王、禅源寺、五世同堂等景点,松土层被压实,土壤明显板结,这在一定程度上影响了柳杉根系的呼吸。

所以游客对柳杉周边土壤的压实作用,也是导致柳杉退化的重要原因。

6) 人类管理子系统胁迫因素

另外,管理部门为方便游客而铺设的石阶、水泥小道,可能会阻断地下水路,导致局部干旱,或者改变排水导致局部积水,继而影响古柳杉的生长。

2. 胁迫因子筛选

前面已经分析总结了很多柳杉退化的胁迫因子,我们还要通过专家评价法和频度分析法来筛选出柳杉退化的主要胁迫因子,以方便后面针对性管理。

让相关专家、管理者和利益相关者对已总结出的全部胁迫因子进行定性选

---

① 宋艳,骆晓菁. 天目山古柳杉衰退原因初探[J].科技资讯,2012(17):137.
② 林小梅,陶大贵,黄家炽. 立地条件与柳杉生长量关系研究初报[J].福建林业科技,1995(04):93-96.

择[1],根据入选率来确定主要胁迫因子(见表5-10)。

表5-10 柳杉退化胁迫因素频度分析

编号	胁 迫 因 子	入选数(总共为20个评价者)	入选率
1	柳杉林下土壤被游客踩踏板结,影响柳杉呼吸和水分吸收	17	85%
2	农家乐从保护区中过度汲取水资源,使柳杉生存环境恶化	14	70%
3	周边毛竹入侵,抢占生存空间和资源,使柳杉退化	13	65%
4	柳杉种间竞争,使柳杉生长衰弱	11	55%
5	瘿瘤病、柳杉毛虫等病虫害使柳杉生病、死亡	10	50%
6	管理不力	10	50%
7	环境污染	8	40%
8	自然演替的结果	7	35%
9	微波影响	7	35%
10	游客破坏柳杉植株	6	30%
11	酸雨	5	25%
12	气候变化	4	20%

通过频度分析法,我们确定把入选率50%以上的指标作为天目山柳杉退化问题的主要驱动因子,共有6个驱动因子。

3. 柳杉退化胁迫机制分析

本书主要采用在上文中提出的建构"胁迫链"和"胁迫网"的方法来进行天目山保护区柳杉退化胁迫机制分析。

1) 胁迫链建构

柳杉退化胁迫链的建构,主要通过相关专家和天目山保护区管理者共同讨论确定,最终根据前面筛选出的6个因子构建出如图5-55所示的胁迫链。

2) 胁迫网建构

根据以上胁迫链,我们可以构建出天目山保护区柳杉退化的胁迫网(见图5-56)。

---

[1] 本书选择相关专家、天目山保护区管理者、当地居民共20人,对天目山保护区生态问题胁迫因素进行了筛选评价。

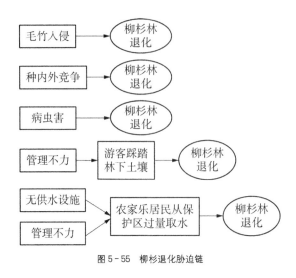

图 5-55　柳杉退化胁迫链

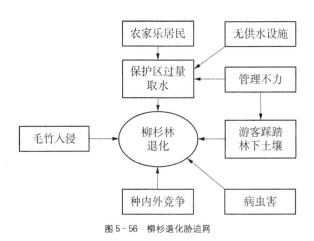

图 5-56　柳杉退化胁迫网

(二) 毛竹林入侵问题胁迫因子和机制分析

1. 胁迫因子分析

根据前文中提出的国家公园生态系统胁迫因素分析方法,来展开对天目山保护区毛竹入侵问题的胁迫因子的分析。

首先,我们可以确定毛竹入侵是自然系统问题。根据自然系统胁迫机制的分析框架(见图 5-12),我们进一步可以确定毛竹入侵属于物种退化的问题,并且是植物退化问题。

根据生态系统物种退化主要胁迫因素框架图(见图 5-6),因为毛竹入侵属于植物退化问题,所以对于自然胁迫因素主要从气候和物理环境影响、自然灾害、种间生物作用关系和种群自动调节作用这 4 个方面去分析和寻找具体的胁迫因子;对于人为胁迫因素主要从天目山保护区 5 个人类子系统的人类活动中分析胁迫因子。

多年来天目山管理局和相关院校专家已经对天目山保护区内毛竹入侵问题的影响、原因和管理措施等方面进行了较多的研究[①],为本次天目山保护区生态系统管理研究提供了很好的基础。

经分析总结,天目山毛竹入侵自然系统主要体现在气候和物理环境因素、种间物种作用关系两方面,人为胁迫主要在于人类管理子系统和社区子系统两个子系统存在问题(见图 5-57)。

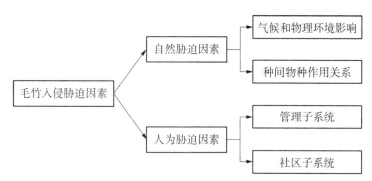

图 5-57　天目山保护区毛竹入侵胁迫因素分类

1) 气候和物理环境因素

(1) 气候条件　天目山优越的气候条件正好适宜毛竹的温湿习性和生态学特

① 蔡亮,张瑞霖,李春福,等.基于竹鞭状态分析的抑制毛竹林扩散的方法[J].东北林业大学学报,2003(05):68-70;丁丽霞,王祖良,周国模,等.天目山国家级自然保护区毛竹林扩张遥感监测[J].浙江林学院学报,2006(03):297-300;张雪林.天目山竹资源优势与地理环境分析[J].浙江师范大学学报(自然科学版),1994(03):9-12;林倩倩,王彬,马元丹,等.天目山国家级自然保护区毛竹林扩张对生物多样性的影响[J].东北林业大学学报.2014(09):43-47;娄明华.天目山近自然毛竹林空间结构动态分析[D].临安:浙江农林大学,2013.

性,有利于毛竹生长①。例如天目山地区的江南梅雨季和8月的台风雨季,正好是毛竹全生育期中需水量最大的时期——孕笋期和发笋期,对孕笋和发笋非常有利②。

(2)土壤条件　竹子是依靠地下茎(竹鞭)蔓延发笋繁殖的,因此竹鞭在土壤中能否通畅无阻地伸展、孕笋,对竹子繁衍和林相群体优势的扩大影响极大③。天目山保护区位于第四纪泥石流堆积体上,土体疏松、孔隙多,通透性好,对毛竹鞭根伸展和发笋十分有利④。

2)种间物种作用关系

(1)毛竹的自我生长快,竞争力强。毛竹属于典型的无性系繁殖植物,竹林通过地下竹鞭繁育,生长快速,其自我扩张能力极强⑤。

在毛竹与阔叶树竞争的混交林中,毛竹细根生长速率和周转率均高于阔叶树,具有更高的资源获取能力⑥。强劲的竞争优势使得天目山保护区中的毛竹林可以逐渐挤占原有林分中其他树木的生存空间,并阻碍林下乔木幼苗的自然更新,从而形成了竹进树退的竞争局面⑦。

(2)柳杉的大面积死亡,给毛竹林扩张提供了空间。柳杉是天目山保护区中的重要物种,但是近年来柳杉退化严重。通过调查发现柳杉中,长势较差的占28.1％,而死亡率竟高达8.2％,可见柳杉种群衰退之严重⑧。毛竹需要空间才能轻松扩张,柳杉林的严重退化给周边毛竹林的扩展提供了空间。

3)人类管理子系统胁迫因素

(1)缺乏传统的毛竹管理方式。在天目山成立保护区以前,人们对毛竹林一直采取钩梢、间伐、维持毛竹林合理密度等管理方式,这对于减缓毛竹林向外扩张具有一定作用,从毛竹林扩张的图表(见图5-36)可以看出,1990年之前在居民的

① 丁丽霞,王祖良,周国模,等.天目山国家级自然保护区毛竹林扩张遥感监测[J].浙江林学院学报,2006(03):297-300.
② 张雪林.天目山竹资源优势与地理环境分析[J].浙江师范大学学报(自然科学版),1994(03):9-12.
③ 同上。
④ 同上。
⑤ 浙江天目山管理局.浙江天目山国家级自然保护区总体规划(2015—2024)[R].临安:浙江天目山管理局,2014.
⑥ 刘骏,杨清培,宋庆妮,等.毛竹种群向常绿阔叶林扩张的细根策略[J].植物生态学报,2013(03):230-238.
⑦ 浙江天目山管理局.浙江天目山国家级自然保护区总体规划(2015—2024)[R].临安:浙江天目山管理局,2014.
⑧ 宋艳,骆晓菁.天目山古柳杉衰退原因初探[J].科技资讯,2012(17):137.

传统管理下的毛竹林扩张缓慢,而之后缺失了人类管理,毛竹扩张十分迅速。

(2)国家对于保护区的政策是"保护区一草一木不能动"。天目山成立保护区后,不允许以传统的做法管理毛竹林,导致了毛竹长得过密过高,不断向四周扩散[1]。

(3)对毛竹林入侵问题管理薄弱。由于管理不科学、缺乏管理资金等原因,天目山保护区对毛竹林入侵问题的管理效果一直不好[2]。

4)人类社区子系统胁迫因素

毛竹一直是重要的经济作物。天目山保护区建立后,农民收入受到很大限制,为了促进经济发展、增加农民收入,周边农民在毗邻保护区的山坡上开荒种竹,毛竹林面积迅速增加,并有向保护区内渗透之势(见图5-58)。

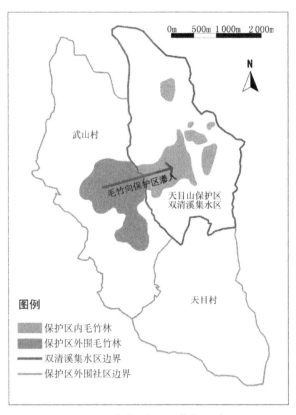

图5-58　保护区外围毛竹林渗入示意

① 王献溥,于顺利,朱景新.天目山保护区有效管理的成就和展望[J].长江流域资源与环境,2008(06):962-967.
② 浙江天目山管理局.浙江天目山国家级自然保护区总体规划(2015—2024)[R].临安:浙江天目山管理局,2014.

另外,管理资金不足、科学研究不足、生态补偿低、气候变化、周边社区居民的经济收入低等也是引起毛竹入侵的因素。

2. 胁迫因素筛选

前面已经总结了很多毛竹入侵胁迫因子,但并不是所有的胁迫因子都是很重要的,我们还要通过专家评价法和频度分析法来删选出毛竹入侵的主要胁迫因子,以方便后面针对性管理。

让相关专家、管理者和利益相关者对已总结出的胁迫因子进行定性选择[1],根据入选率来确定主要胁迫因子(见表5-11)。

表5-11 毛竹入侵胁迫因子频度分析

编号	胁 迫 因 子	入选数(总共为20个评价者)	入选率
1	毛竹自我繁殖能力强、毛竹生长迅速	18	90%
2	天目山地理环境、气候条件适宜毛竹生长	17	85%
3	毛竹林周边植被退化(柳杉),为毛竹提供了扩散空间	15	75%
4	保护区外围毛竹林深入	14	70%
5	毛竹缺失了传统经营管理	13	65%
6	政府政策问题(禁止动一草一木)	13	65%
7	对毛竹入侵管理薄弱	12	60%
8	管理资金不足	12	60%
9	科学研究不足	12	60%
10	生态补偿低	10	50%
11	气候变化	8	40%
12	经营毛竹是当地居民的重要经济来源	5	25%
13	周边社区居民的经济收入低	3	15%

通过频度分析法,我们确定入选率60%以上的指标作为天目山毛竹林入侵问

---

[1] 本书选择相关专家、天目山保护区管理者、当地居民共20人,对天目山保护区生态问题胁迫因素进行了筛选评价。

题的主要胁迫因子,共有9个因子。

3. 胁迫机制分析

主要采用上文提出的建构"胁迫链"和"胁迫网"的方法来进行天目山保护区毛竹入侵胁迫机制分析。

1) 胁迫链建构

毛竹入侵胁迫链的建构,主要通过相关专家和天目山保护区管理者共同讨论确定,最终根据前面筛选出的9个因子构建出如图5-59所示的胁迫链。

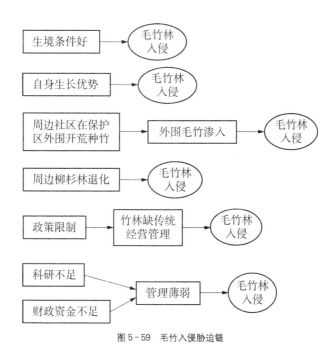

图5-59 毛竹入侵胁迫链

2) 胁迫网构建

根据以上6条胁迫链,构建出天目山保护区毛竹入侵胁迫网(见图5-60)。

(三) 居民经济收入不满的胁迫因素分析

1. 胁迫因子分析

同样根据前文中提出的对国家公园生态系统胁迫因素的分析方法,来展开对天目山保护区居民经济收入不满意问题的胁迫因素分析。

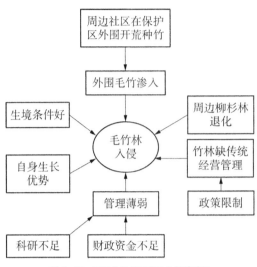

图 5-60　天目山保护区毛竹入侵胁迫网

首先,我们可以确定居民经济收入不满意是人类系统问题。根据人类系统胁迫机制分析的一般框架(见图 5-13),我们进一步可以确定居民经济收入不满意问题属于经济问题,并且是社区系统经济方面问题。

根据分析框架,对于社区经济问题主要应用天目山保护区社区系统结构模型进行分析。天目山保护区社区系统居民对经济收入不满问题主要可以分两方面看待(见图 5-61):居民需求得不到满足和经济收入不足。而居民需求方面受到管理者的宣传教育、居民素质和社区文化等的影响;居民需求又会影响居民的活动类型和方式。所以,天目山保护区居民经济收入不满问题可以从居民需求、经济收入情况、居民素质、管理系统、居民活动等方面分析。

本书通过问卷调查、深入访谈和统计分析等手段,并借鉴多年来天目山管理局和相关院校专家对天目山保护区内社会经济方面的相关研究,得出结论:天目山保护区社会居民对经济收入不满的胁迫因素主要体现在居民经济收入、居民活动、管理调控、居民素质等方面。

1) 居民经济收入因素

(1) 社区平均经济收入分析　我们首先来考察天目山保护区周边居民的经济

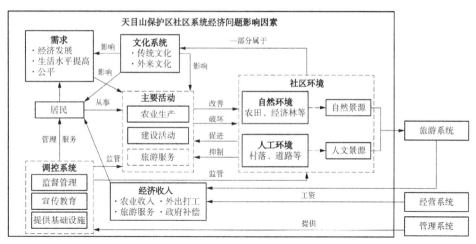

图 5-61　天目山保护区社区系统经济问题影响因素

收入总体情况。

　　天目山保护区处于长三角地区,区域经济基础很好。当地农民主要依靠经营毛竹、山核桃及借助保护区开展"农家乐"为其主要经济来源,天目山保护区所在的天目山镇 2013 年农村居民人均纯收入为 18 750 元[①],是全国平均的 2 倍多(见图 5-62)。

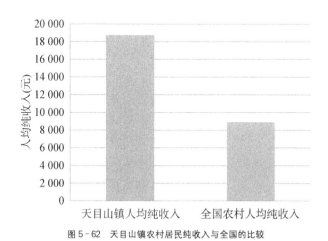

图 5-62　天目山镇农村居民纯收入与全国的比较

---

① 临安区地方志编纂委员会.临安年鉴(2014)[M].北京:方志出版社,2014.

可见,天目山镇农村居民收入与全国平均农村居民收入相比还是比较高的。看来,绝对经济收入状况并不能解释为什么天目山保护区周边社区居民对经济收入不满。

(2) 社区居民收入的相对比较 既然居民的经济收入水平并不低,那么,为什么天目山保护区周边的居民对于经济收入的满意度较低呢?

前文中,我们把天目山保护区周边居民分农家乐居民和非农家乐居民进行分析发现,其实农家乐居民对于其经济收入满意度还是较高的,主要是非农家乐居民对经济收入的满意度比较低。在此,我们还是将农家乐居民和非农家乐居民区分来进行分析[①]。根据调查结果(见图 5-63),非农家乐居民平均收入为 18 833 元,农家乐居民平均收入为 53 667 元。农家乐居民平均收入约为非农家乐居民平均收入的 2.8 倍,可见二者的收入差距是很大的。

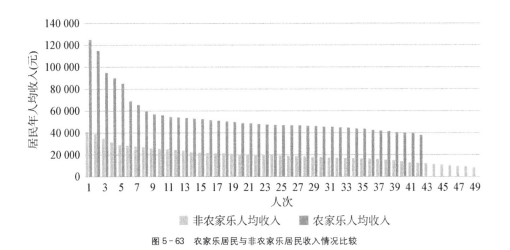

图 5-63 农家乐居民与非农家乐居民收入情况比较

由于非农家乐居民跟农家乐居民收入比较后认为自己的收入过低了,于是产生对经济收入的不满意情绪,这一点笔者在和非农家乐居民的访谈交流中也得到了证实。

---

① 本次调查共发放问卷 100 份,实际回收 94 份,其中有效问卷数为 91 份,其中农家乐居民 42 份,非农家乐居民 49 份,有效回收率为 91%。

2) 居民活动因素

为了进一步分析天目山保护区周边社区的经济状况，寻找引起天目山保护区周边社区经济不满问题的深层原因，我们对社区居民经济活动和收入组成结构作了进一步的分析。

（1）收入构成和比例分析　对非农家乐居民的收入构成进行统计分析得出，其家庭收入中农业收入主要来自毛竹经营收入和山核桃收入，分别占家庭

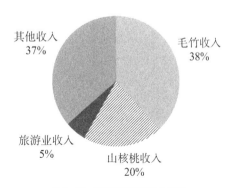

图 5-64　非农家乐居民收入构成

总收入的 38% 和 20%；旅游业收入占家庭总收入的 5%，主要来自部分居民从事特产销售和抬轿等旅游服务；其他收入占家庭总收入的 37%（见图 5-64）。

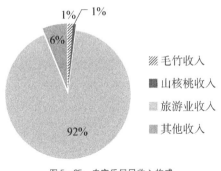

图 5-65　农家乐居民收入构成

对农家乐居民的收入构成进行统计分析发现，其家庭收入主要来自旅游业收入（农家乐），约占家庭总收入的 92%，毛竹经营收入和山核桃收入，都仅占家庭总收入的 1%；其他收入占家庭总收入的 6%（见图 5-65）。可见，农家乐居民主要以从事旅游业为主，基本摆脱农业经营。

（2）人均收入水平与不同收入来源的相关性分析　对天目山保护区社区居民农业经营收入（主要为毛竹和山核桃收入）与家庭人均经济收入进行回归分析（见图 5-66）。

可以发现，居民农业经营收入与家庭人均收入呈线性负相关关系，即随着家庭人均收入的增加，农业经营收入逐渐减少，人均收入超过 50 000 元的家庭基本摆脱农业经营。

对天目山保护区周边居民旅游业收入与家庭人均经济收入进行回归分析（见图 5-67）。

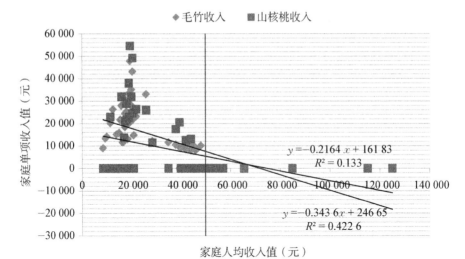

图 5-66　农业经营收入与家庭人均经济收入的关系

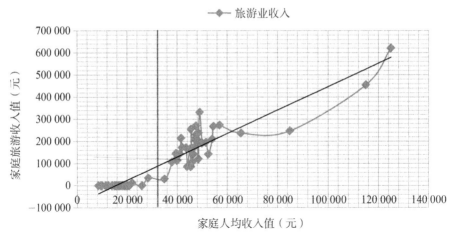

图 5-67　旅游业收入与家庭人均经济收入的关系

　　可以发现,居民旅游收入跟家庭人均收入呈线性正相关,即随着家庭人均收入的增加,旅游业收入也逐渐增加,人均收入不到 30 000 元的家庭几乎没有旅游收入,人均收入超过 30 000 元的家庭则随着人均收入的增加,旅游收入额也增加迅速。

　　由此可见,能否参与到旅游业中是影响天目山保护区周边社区居民经济收入的重要因素。

（3）讨论　从农家乐居民和非农家乐居民的经济活动和经济收入构成分析可以看出：农家乐居民主要以旅游业经营（开展农家乐）为主，经济收入较高，他们正逐渐摆脱农业经营活动。非农家乐居民主要以农业经营（毛竹和山核桃经营）为主，另外大部分年轻人选择外出打工，由于家庭区位和保护区政策等原因难以参与到旅游业中。但是农业经营收入和外出打工收入都相对较少，所以非农家乐居民家庭经济收入普遍较低，对经济收入不满。

由此可见，农业经营收入低、打工等其他收入也较低都是非农家乐居民经济收入不满的影响因素。另外，能否参与到旅游业中来也是影响居民经济收入是否满意的一个重要因素。

3）管理调控因素

（1）国家政策限制了居民对资源的利用　林业生产经营是天目山保护区周边社区的主要经济来源，但自然保护区成立和扩建后，由于保护区内"一草一木都不能动"的国家政策，天目山保护区的社区发展受到了较多限制，经济收入受到很大影响。比如天目山山林被划入自然保护区后，野生竹笋抚育经营受到限制，而毛竹经营收入是当地非农家乐居民的重要经济来源，所以居民的经济收入明显下降[1]。

另外，在访谈中被调查居民普遍认为，由于自然保护区的一些限制政策，当地乡镇企业得不到应有的发展，比如天目山地区丰富的水电资源开发受到限制，也影响了当地的经济发展。

（2）生态补偿低　由于天目山成立自然保护区后对当地居民的资源利用进行了严格限制，损害了居民的利益，所以天目山管理局通过生态补偿的方式给予一定的弥补。但是由于国家拨款有限，天目山保护区对社区居民的生态补偿也很有限。据访谈了解到当前天目山保护区社区居民每年得到的生态补偿费用约为每年每户500元，但是因政策限制而导致山林经营收入减少，平均每户至少有 5 000 元，所以生态补偿费用明显难以弥补居民的山林经营损失。天目山保护区社区居民普遍对此感到不满意。

（3）利益没有共享　天目山自然保护区在1994年扩建时，与周边社区根据"权

---

① 姜春前,吴伟光,沈月琴,等.天目山自然保护区与周边社区的冲突和成因分析[J].东北林业大学学报,2005(04)：
　　85 - 87.

第五章　国家公园生态系统胁迫机制分析方法　　237

属不变、农户不迁、统一管理、利益分享"的原则签订了协议,按规定,当天目山保护区发展获得经济收益时,周边社区可以分配到一定的利益补偿。天目山保护区近年来开展生态旅游每年有 900 多万元的收益[①],但保护区社区居民却并没有获得应有的收益分享。天目山保护区居民的利益因保护区的成立而受到了限制,但是合理的生态补偿和利益的分享却没有兑现。因而,保护区周边社区居民对此较为不满,甚至与天目山管理局和当地政府之间出现过较严重的纠纷,比如发生过鲍家村村民要求天目山管理局和当地政府给予经济补偿的诉讼案件[②]。

4) 居民素质因素

据访谈了解到,天目山保护区中的年轻人普遍向往城市生活,大都选择去城里打工。而留守天目山的上年纪的村民受教育水平普遍不高,以小学及以下教育程度的半文盲为主。

天目山保护区社区居民又主要以务农为生,没有其他职业技能,所以参与旅游服务业的能力不足。据访谈了解到,参与旅游服务业的村民主要从事卫生保洁、安保、特产销售、农家乐等较为简单的旅游服务工作,难以胜任有较高技能要求的事务。

由于教育水平低,职业技能弱,天目山保护区村民只能以从事农业活动为主,而难以从事旅游服务业工作。而农业收入较低,年轻人外出打工收入也较低,居民又不能广泛参与旅游业工作,所以非农家乐居民经济收入普遍不高,对经济收入满意度较低。

2. 胁迫因子筛选

前面已经分析总结了很多居民对经济收入不满的胁迫因子,我们还要通过专家评价法和频度分析法来筛选出经济收入不满的主要胁迫因子,以方便后面针对性管理。

让相关专家、管理者和利益相关者对已总结出的全部胁迫因子进行定性选择[③],根据入选率来确定主要胁迫因子(见表 5 - 12)。

---

① 范昕俏,陆诤岚,王祖良.天目山自然保护区生态旅游对周边社区经济影响研究报告[J].江苏商论,2012(08):106 - 109.
② 吴伟光,楼涛,郑旭理,等.自然保护区相关利益者分析及其冲突管理——以天目山自然保护区为例[J].林业经济问题,2005(05):270 - 274.
③ 本研究选择相关专家、天目山保护区管理者、当地居民共 20 人,对天目山保护区生态问题胁迫因素进行了筛选评价。

表 5-12　非农家乐居民对经济收入不满胁迫因素频度分析

编号	胁 迫 因 子	入选数（总共为 20 个评价者）	入选率
1	相对经济收入低（相比农家乐居民收入）、贫富差距大	16	80%
2	生态补偿低	15	75%
3	政策限制了居民资源利用	13	65%
4	难以参加旅游业	12	60%
5	利益分享机制不合理	10	50%
6	教育水平低、职业技能弱	8	40%
7	毛竹、山核桃等农林经营收入低	8	40%
8	打工等其他收入低	5	25%

通过频度分析法，我们确定入选率 50% 以上的指标作为天目山居民对经济收入不满问题的主要驱动因子，共有 5 个驱动因子。

3. 胁迫机制分析

主要采用上文中提出的建构"胁迫链"和"胁迫网"的方法来进行天目山保护区居民对经济收入不满的胁迫机制分析。

1）胁迫链建构

根据上述分析，我们可以得出如图 5-68 所示的胁迫链。

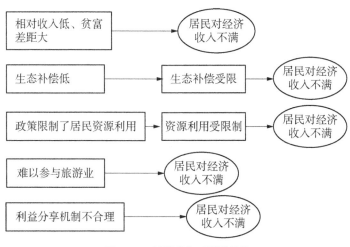

图 5-68　居民经济收入不满胁迫链

2）胁迫网建构

根据以上5条胁迫链,构建出天目山保护区居民对经济收入不满的胁迫网(图5-69)。

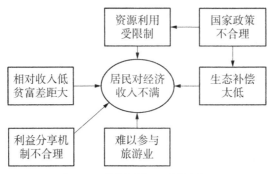

图5-69　居民经济收入不满的胁迫网

分析可知天目山保护区社区中农业收入(毛竹收入和山核桃收入)与人均经济收入呈线性负相关,而旅游业收入与人均经济收入呈正相关,所以,农业并非天目山居民致富的正确道路,积极参与到旅游业中才是缩小贫富差距的有效途径。

天目山保护区周边社区中,人均收入较高的居民家庭逐渐放弃了毛竹经营,只有人均收入较低的非农家乐居民,由于没有机会参与到旅游服务业中,才不得不选择开荒种竹,通过毛竹经营来增加微薄的经济收益。而正是这些非农家乐居民开荒种竹,导致了毛竹逐渐向天目山保护区内渗透,加速了保护区毛竹林入侵的速度。

四、天目山保护区生态系统空间胁迫机制分析

对天目山保护区生态系统的空间胁迫分析就是从空间角度分析生态系统问题出现的可能原因。

天目山保护区生态系统的空间胁迫分析主要采用上文中提出的国家公园生态系统空间胁迫机制分析方法,将天目山保护区中人类活动空间与保护区生态系统的敏感性分级图进行叠加分析,寻找二者冲突的地方。

1. 空间胁迫分析

前面已经绘制了天目山保护区生态系统敏感性分区图和人类系统空间分布图，包括旅游系统空间、社区系统空间、宗教系统空间、经营系统空间和管理系统空间。天目山保护区中人类系统空间应该与保护区的敏感性分区保持一致，即在保护区中一级敏感区（高敏感区），尽量不与人类系统空间重叠，二级敏感区可以分布较低活动强度的人类空间，而三级敏感区则可允许分布较高活动强度的人类空间。

将天目山保护区人类活动空间与天目山保护区生态系统敏感性分区图进行叠加（见图5-70），确实发现了一些人类活动空间与保护区敏感区域冲突的地方，仔细分析可以发现，主要是天目山保护区中旅游活动空间和宗教活动空间与保护区中一级敏感区发生重叠。将柳杉林空间范围也叠加到图中，可以发现柳杉退化较

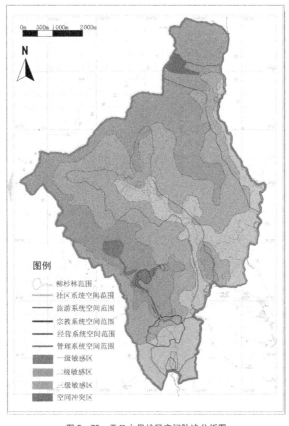

图5-70　天目山保护区空间胁迫分析图

严重的区域正好就是人类活动与保护区敏感性区域冲突的区域。这从空间角度找到了柳杉退化的一个胁迫因素。

2. 空间胁迫链建构

根据上述对天目山保护区人类活动空间与保护区敏感性分区叠加分析可知，天目山保护区中旅游活动空间和宗教活动空间与保护区的一级敏感区域相冲突。而一级敏感区是生态环境很敏感和脆弱的区域，一旦有较强的人类活动干扰极可能造成环境退化，暴露生态问题。从相冲突的空间区域看，这里正好是天目山保护区中景观质量较高（大树王即在此区域中）、旅游活动较为频繁的区域，同时也是柳杉林集中分布的区域，游客的大量进入，对土壤的踩踏、对树木的触摸等行为，必然对该区域敏感的生态环境造成较大影响，从而引起生态问题，比如导致柳杉退化。所以，据此可以构建出柳杉退化的又一条胁迫链（见图5-71）。

图 5-71　柳杉退化空间胁迫链

五、天目山保护区生态系统综合胁迫机制分析

综合胁迫机制分析，就是要从整个生态系统的视角对存在的生态系统问题进行综合的分析，寻找出相互之间的关联关系，从而找出关键的驱动因素。

根据相关专家、管理者和当地利益相关者的讨论和进一步分析可以发现天目山保护区柳杉退化、毛竹入侵和居民经济收入不满几个主要问题之间是相互关联的（见图5-72）。

1. 经济问题加剧毛竹扩散

由于天目山保护区非农家乐居民对自己经济收入不满，又难以参与保护区旅游业，于是期望加强农业经营来增加其经济收入，从而不断在保护区外围开荒种毛竹，导致毛竹不断向保护区内渗入（如图5-72中箭头②），进一步促进了毛竹林在

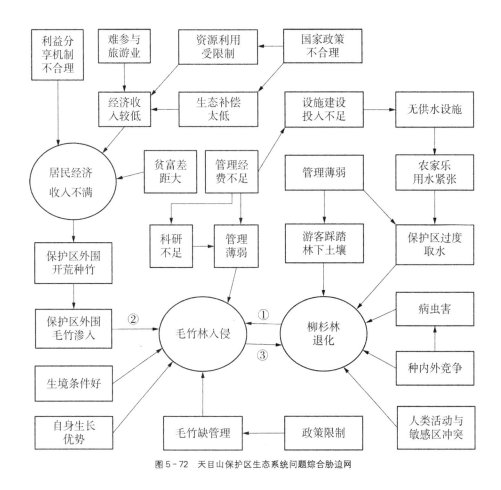

图 5-72　天目山保护区生态系统问题综合胁迫网

保护区内扩张。

2. 毛竹扩散与柳杉退化互为影响

柳杉退化和毛竹林入侵是相互影响的,毛竹入侵加速了柳杉林的退化,而柳杉林的退化又为毛竹入侵提供了空间(如图 5-72 中①和③)。

由此可见天目山保护区中几个生态问题相互关联,促进了生态问题的恶化。

由于天目山保护区中暴露的几个生态问题是相互关联的系统性问题,要解决这些问题,就需要从天目山保护区生态系统整体考虑,通过系统分析、系统管理来解决这些问题,实现生态系统管理目标。

六、天目山保护区生态系统关键胁迫因素分析

本书已经分析了天目山保护区生态系统问题的种种胁迫因素,既有自然胁迫因素也有人为胁迫因素,既有直接胁迫因素又有间接胁迫因素;有些是重要的因素,有些是轻微的因素;有些因素是人类难以改变的,如毛竹自身特点、地理环境气候条件等,而有些因素是人类通过努力可以改善的,比如加强管理力度、增加设施投入等。所以,我们需要对胁迫因素进行梳理,找出关键的可以管理的胁迫因素,从而进行针对性管理。

前面已经对天目山保护区生态系统问题的胁迫链和胁迫网进行了分析和建构,我们通过分析生态胁迫链和生态胁迫网中的端头位置和分支多的交叉点因子,经过天目山协调委员会相关专家和管理者的共同研究讨论,总结了天目山保护区当前生态问题的关键胁迫因素。

1. 农家乐居民过度汲取保护区水资源

由于没有自来水设施,而农家乐又需要大量用水,所以天目山保护区周边农家乐居民都从保护区内过度取水,使柳杉生长受影响而出现退化,对风景资源(柳杉是天目山保护区重要的生物景源)造成破坏。

2. 游客踩踏柳杉附近土壤

由于天目山保护区缺少必要的警示标识和防护设施,对游客管理不够,使得游客触摸、踩踏柳杉等古树名木的根部土壤,导致柳杉退化。

3. 毛竹入侵严重

本身就是个生态问题,也是个关键的胁迫因素,是导致柳杉退化的一个重要原因。

4. 非农家乐居民在保护区外围开荒种竹

非农家乐居民由于难以参与到旅游服务业中来,只得依靠农业经营取得经济收入,而天目山地区农业经营主要就是毛竹和山核桃,所以非农家乐居民便不断在保护区外围开荒种竹,加剧了保护区毛竹入侵问题。

5. 天目山保护区毛竹林缺乏人工管理

因国家政策限制人类干预自然保护区内一草一木的规定,使得天目山保护区内毛竹林缺乏人工管理,于是毛竹疯狂生长,不断向周边入侵。

6. 非农家乐居民经济收入相对较低

天目山保护区非农家乐居民难以参与到旅游业中来,农业经营收入又有限,相对于农家乐居民的高收入有很大心理落差,从而引起他们对经济收入较为不满。

7. 管理者管理薄弱

出于管理经费有限、科学研究不足、管理体制不完善等原因,天目山保护区管理机构管理薄弱,对游客、居民等监管不力,对资源保护不到位,对设施建设投入不足,缺乏必要的服务设施和标识系统,导致游客的不良行为和社区居民过度汲取保护区水资源等问题的发生。

第六章

国家公园生态系统的调控管理方法

本章主要是探讨如何对国家公园生态系统进行调控和管理,以控制生态系统的胁迫因素,解决存在的问题,协调人与环境的关系,促进国家公园生态系统可持续发展。

本章主要有两部分内容(见图 6-1):前半部分阐释国家公园生态系统调控管理的方法,后半部分主要是对天目山保护区进行生态系统调控管理的实证研究。国家公园生态系统调控管理的方法包括国家公园生态系统调控内容和管理方式两

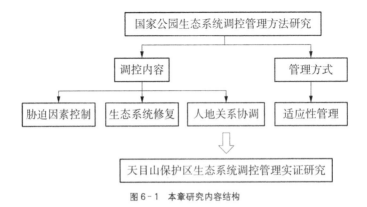

图 6-1　本章研究内容结构

个方面。调控内容包括国家公园生态系统胁迫因素的控制、生态系统修复和人与环境关系(人地关系)的协调;管理方式主要采用适应性管理方法,通过管理和反馈的循环过程逐渐实现管理目标。最后,运用本章所提出的调控管理方法,对天目山保护区进行生态系统调控管理的实证研究。

第一节　国家公园生态系统调控内容

国家公园生态系统的管理目标就是使整个国家公园生态系统可持续发展。但是来自自然和人为的胁迫因素会打破国家公园生态系统的稳定状态,导致系统偏离可持续发展的轨道,所以国家公园生态系统的管理首先就是要控制系统的胁迫因子,排除其对系统的不良影响。

在胁迫压力下,国家公园生态系统的稳定状态会被打破,从而引起系统的退化。因而,控制住系统胁迫因子后,还需要对退化系统进行恢复。

在国家公园复合生态系统中,人类系统与自然系统的矛盾关系是影响系统发展状况的核心问题,生态系统问题的出现往往都是因为人与环境关系的不协调造成的[①]。所以,对国家公园生态系统的管理,还需要协调人类与自然环境的关系(见图6-2)。

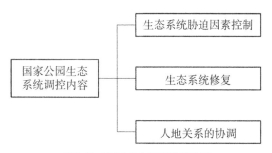

图6-2　国家公园生态系统调控内容

---

① 杨青山.对人地关系地域系统协调发展的概念性认识[J].经济地理,2002,22(03):289-292;吴传钧.人地关系地域系统的理论研究及调控[J].云南师范大学学报(哲学社会科学版),2008(02):1-3;周慧杰.复合生态系统演变与生态经济发展模式——以广西大新县湿热岩溶山区为例[M].北京:科学出版社,2015.

所以国家公园生态系统调控内容主要包括三个方面：生态系统胁迫因素控制、生态系统恢复和人与环境关系（人地关系）协调。

一、国家公园生态系统胁迫因素控制

国家公园生态系统的胁迫因素有自然因素和人为因素，对于自然胁迫因素和人为胁迫因素的控制方法会有所不同。

（一）自然胁迫因素控制

国家公园生态系统自然胁迫因素的控制主要关注三个问题：

1. 该胁迫因素是否可控

对于外界引起的自然干扰，比如酸雨、气候变化等，在国家公园内是没法进行管理的，因此不作为国家公园生态胁迫因素控制的内容，如果确实有必要则需要与外界相关单位和个人进行协调，共同处理。

2. 该胁迫因素需不需要控制

国家公园中的自然胁迫因素有些是正常自然现象，如自然引起的火灾、地质灾害等，对这些因素应以少掺入人类干预为原则，一般可以不进行人为干预。而当这些自然胁迫因素对自然人文资源和人类财产及安全造成影响或者对国家公园生态系统造成持续的不可逆退化时，应考虑进行人为调控。

3. 胁迫因素如何调控

由于自然胁迫因素往往较为复杂，甚至有些看似是胁迫因素的自然现象有可能是自然演替过程的有利因素；而人类的干预行为本身又可能会对生态系统造成不良影响，所以对国家公园中自然胁迫的调控一般需要先由相关专家进行专门的研究，明确利害关系，从而谨慎调控。

（二）人为胁迫因素控制

在国家公园生态系统中出现的问题其实主要是由人类活动与环境系统的矛盾冲突引起的，人为胁迫因素是国家公园生态系统的主要胁迫来源。国家公园自然环境系统是整个国家公园生态系统存在和发展的基础,环境系统通过其生态系统服务功能支撑着人类的生存活动,也是人类发展的基础,所以当人类活动与自然环境系统形成冲突时,应以维持环境系统的稳定可持续为基本前提,保证人类活动与之相协调。

所以,对于国家公园中人为胁迫因素,主要就是要控制人类不合理的行为,使人类活动与国家公园自然生态系统相协调,同时尽量兼顾人类的福祉。

国家公园中人为胁迫因素主要是由人类的不合理活动引起的,主要包括生产活动、建设活动、旅游活动、宗教活动、资源利用活动和生活污染排放等,而国家公园中的每个人类子系统都对应了多个可能对国家公园生态系统造成不利影响的人类活动(见图 6-3)。一个人为胁迫因素的产生可能是由多个其他因素共同作用引起的,所以不能孤立调控,需要在其所在的人类系统中综合分析、协同调控。

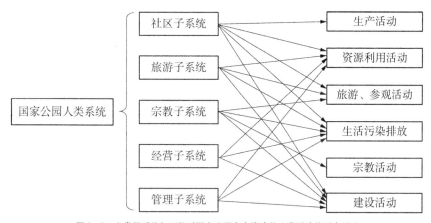

图 6-3　人类子系统与可能对国家公园产生胁迫的人类活动的对应关系

人为胁迫的控制主要是对人类不合理活动的控制。对人类活动的控制可以有软性控制策略和硬性控制策略。软性控制策略主要是通过法规政策等方式,硬性控制策略主要是通过一些硬件工程设施等方式进行管理控制。前文中已经探讨过人类的素质、需求结构和思想观念等都会对人类的活动方式产生影响,所以除了对人类活动的控制外还需要对人进行教育引导,提升人口素质和思想价值观念。人为胁迫因素的控制主要有三种方式:

（1）教育引导：包括以知识培训、文件和网络宣传等方式，提升大众的文化素质、环保意识等，引导健康合理的人类活动方式。

（2）软性控制：包括制定资源利用、旅游开发、污染物排放等方面的法规和制度，通过限制、处罚、监督等规制手段进行控制。

（3）硬性控制：包括采取封山育林、加设防护栏、对道路进行铺装等工程措施进行控制。

（三）胁迫因素控制的注意原则

对国家公园生态系统胁迫因素的控制不能孤立进行，需要综合分析和系统控制，应该注意以下原则：

（1）要依据胁迫机制分析结果进行胁迫因素的管理；

（2）要从关键胁迫因子入手进行调控管理；

（3）要重点关注对自然人文资源造成直接或间接影响的胁迫因子；

（4）对引起生态问题的整个胁迫链进行分析和管理；

（5）要基于科学研究；

（6）要综合考虑对整个生态系统的影响。

二、国家公园生态系统修复

（一）概念

生态系统修复是指采用生态工程或生物技术，使受损生态系统恢复到原来或接近原来的结构和功能状态①。

国家公园生态系统修复是一项复杂的系统工程，主要目的是修复国家公园生态系统的退化部分，尤其是对自然人文资源质量具有重要影响的部分，使之恢复到接近原来的状态，但生态修复不应只是关注自然环境本身，还要兼顾人类生产生活的改善。

---

① 王震洪，朱晓柯. 国内外生态修复研究综述［C］//发展水土保持科技实现人与自然和谐中国水土保持学会第三次全国会员代表大会学术论文集. 北京，2006：25 - 31.

(二) 生态系统修复的技术体系

由于不同国家公园生态系统特征的差异和外来干扰的类型、强度的不同,导致不同生态系统退化呈现出不同阶段、不同退化类型和过程。对于不同退化阶段的生态系统,其修复的目标、侧重点和方法技术都会有所不同。一般来说,生态系统修复主要分三方面技术体系:非生物环境恢复、物种恢复、生态系统恢复[①]。

生态系统退化的三个阶段与生态修复三方面的技术体系存在对应关系(见图6-4)。在物种退化阶段,主要以物种恢复为主;在环境因子退化阶段,主要以非生物环境修复和物种恢复为主;在生态系统退化阶段,恢复内容包括生态系统恢复、非生物环境恢复和物种的恢复。

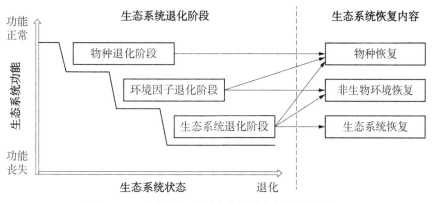

图6-4 不同生态系统退化阶段与生态系统恢复内容的对应关系

1. 生态修复三方面技术方法

1) 生物修复技术

植物修复的技术体系,包括物种的引入、品种的改良、林分改造、林灌草搭配技术、群落组建技术、封山育林技术等。

动物修复的技术体系,包括捕食者的引进、食物链的修复、栖息地的修复、保护地的划定、生物通廊开辟和修复技术等。

---

① 任海,彭少麟.恢复生态学导论[M].北京:科学出版社,2001.

微生物修复的技术包括微生物的引种、微生物的控制技术等。

2）非生物环境修复技术

土壤修复技术体系，包括生物培肥技术、耕作制度和方式的改变、有机肥技术、土壤改良技术、表土稳定、控制水土侵蚀、生物篱笆技术、土壤生物自净技术、深翻深埋技术、水洗技术、换土及分解污染物等。

水体修复技术体系，包括污染控制的生物物理化学技术、富营养化控制技术、排涝技术、节水灌溉技术、集水技术等。

空气修复技术体系，包括烟尘控制技术、生物和化学吸附技术、可再生能源技术、温室气体的固定转化技术等[①]。

3）生态系统修复技术

生态系统修复技术包括流域综合治理技术、生态工程技术、生态系统结构优化技术、生态网络技术、生态区划规划技术等[②]。

2. 生态系统修复的方式

生态系统修复包括自然恢复和人工修复两种方式[③]。

自然恢复是指在解除干扰的情况下，人类不投入物质和能量，生态系统依靠本身的自我调节能力，按生态系统自身演替规律，通过其休养生息的漫长过程，使生态系统向结构和功能不断完善的方向发展，逐渐恢复到原来或接近原生态系统的状态。

人工修复是指为了加速已破坏生态系统的恢复，通过辅助人工措施使受损生态系统较快恢复到结构和功能较完善的状态。

（三）国家公园生态系统修复的原则

第一，国家公园生态系统一般生态状态较好，生态破坏范围和影响较小，所以可尽量使用自然恢复的方式来修复生态系统，既节省成本又生态环保。但是一些国家公园中确实存在自然恢复难度较大、恢复速度要求较高的情况，这时可以考虑

---

① 董世魁,刘世梁,邵新庆. 恢复生态学[M].北京：高等教育出版社,2009；任海,彭少麟,陆宏芳. 退化生态系统恢复与恢复生态学[J].生态学报,2004,24(08)：188-196.
② 同上。
③ 王震洪,朱晓柯. 国内外生态修复研究综述[C]//发展水土保持科技实现人与自然和谐中国水土保持学会第三次全国会员代表大会学术论文集.北京,2006：25-31.

使用人工修复技术。

第二,自然人文资源是国家公园存在和发展的基础,自然人文资源需要依托国家公园生态系统物质实体而存在,生态系统的退化会影响自然人文资源的质量;国家公园生态系统修复需要重点考虑对自然人文资源的影响,要以维护自然人文资源、提升自然人文资源质量为宗旨。

第三,国家公园中生态修复还需要考虑公众参与机制,同时兼顾社区经济发展。在生态修复中尽量引导周边社区居民参与到工程中来,让社区居民共同修复和管理国家公园生态系统,使生态修复工作能将提升国家公园生态环境质量与改善社区的生产生活条件相结合,同时给国家公园和周边社区带来利益。

第四,生态修复是复杂的技术工程,而国家公园往往具有很高的生态系统价值,对国家公园生态系统的修复应该小心谨慎。国家公园管理部门应该邀请专家来做专门研究和指导,保证国家公园生态修复的科学性和可行性。

三、国家公园人地关系的协调

根据国家公园人地共生原理,国家公园生态系统问题主要是由人类活动与环境系统(人地关系)的矛盾造成的,而国家公园生态系统管理的目标就是使自然环境系统和人类系统都能健康可持续发展,也就是人与环境协调发展。所以,人与环境关系的协调是生态系统管理的重要内容。

由于人类的不合理活动,使得人类系统和环境系统之间、各系统构成要素和组成部分之间出现了不平衡状况[①]。人是人地矛盾的始作俑者,人地矛盾的产生,主要是人类对资源的过度索取超过了自然系统的再生能力,人类向环境系统排放超过其自净能力的污染物。因此人地关系的矛盾归根到底需要人类来协调[②]。

一个系统的协调关系一般是指系统与环境之间,系统的各个组分之间相互协作、相互促进的和谐关系[③]。国家公园中人与环境的协调主要就是要达到三个目

---

① 吴传钧. 论地理学的研究核心——人地关系地域系统[J]. 经济地理,1991(03):7-12.
② 陈国阶. 可持续发展的人文机制——人地关系矛盾反思[J]. 中国人口·资源与环境,2000(03):8-10.
③ 杨青山. 对人地关系地域系统协调发展的概念性认识[J]. 经济地理,2002,22(03):289-292.

标：自然系统自身的平衡、人类系统自身的平衡、人类与自然的平衡。

(一) 协调方法

第四章中已探讨过国家公园中人类系统是包含于自然系统内的,所以国家公园中人与环境关系既包括人类系统内部人与环境的关系,还包括人类与人类系统空间外边的自然环境的关系;而国家公园人类系统又细分为五个子系统,各子系统内部以及子系统之间也存在相互作用关系。

所以,本书从国家公园人类子系统内部人地关系、五个子系统间的关系和人类系统与自然系统的空间关系三方面来探讨国家公园人地关系的协调。

1. 人类子系统内部关系的协调

根据人地关系理论,国家公园中每个人类子系统都是由人的需求结构、人的活动结构、人的素质、调控管理系统、经济系统、文化系统以及环境系统等要素和子系统构成的。在每个系统中最重要的是人类活动结构与环境系统之间的作用关系,它集中反映了该系统的人与环境的关系。而人类活动特征又主要是由人类的需求特点、人的素质、经济系统、文化系统和调控管理系统共同决定的;而调控管理系统又可以对人的需求结构、人的基本素质、经济系统、文化系统等起到重要影响,并对人类活动和环境系统具有监管作用(见图6-5)。

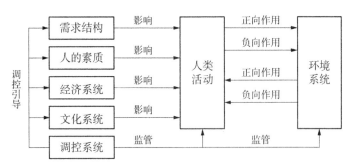

图6-5 国家公园人类子系统内部各要素相互关系

所以,协调国家公园中每个人类子系统时,主要就是要分析系统中需求结构、活动结构、人的素质、经济系统、文化系统、调控系统和环境系统等要素和子系统以及相互之间的作用关系,从而找出其中的不协调因素,进行调控管理,以实现人与环境关系的协调。

2. 人类子系统间的协调

除了协调每个系统外,还要对五个系统相互之间的关系(见图6-6)进行协调。国家公园中的社区系统和宗教系统是较早出现的人类系统,对旅游系统具有一定支撑作用,旅游系统随着旅游业的蓬勃发展已经成为国家公园中重要的系统,经营系统负责保护区的经营和旅游服务的提供,对旅游系统具有一定的支撑作用,管理系统是整个国家公园的主要调控者,对其他四个系统具有调控作用。

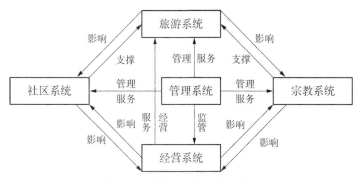

图6-6 国家公园人类子系统相互关系

调控国家公园中五个人类子系统时,主要是分析各子系统之间的相互关系,排除不协调因素,促进各子系统之间相互协作、相互补充、相互促进,实现和谐共存的关系。

3. 人与自然空间关系协调

国家公园中人地矛盾关系在空间上主要表现为人类活动空间与自然空间环境特征是否相适宜的问题。

国家公园自然环境在不同空间范围表现出不同的生态特征,有些区域生态脆弱、敏感性高,对外来干扰的承受能力低,而有些区域则生态不敏感、稳定性高,对外来干扰具有较强的抵抗力。

人类活动空间应该遵循环境系统的空间特征,生态敏感度高的区域,应该以保护为主,不宜开发利用;生态敏感性低的区域,可开展一定强度的开发利用工作。

所以国家公园人类活动空间与自然环境协调的主要策略就是使国家公园中的旅游系统空间、社会系统空间、宗教系统空间、经营系统空间和管理系统空间都尽量避免高敏感环境区域,而应该位于敏感性较低的区域。对于已经出现的人类活动空间与自然环境空间冲突的地方,应尽快停止人类活动,保护自然系统;如果一时间实在难以停止人类活动的,尽量采取相应的控制措施,将人类活动对自然系统的干扰和影响降到最低程度。

(二) 人与环境关系协调的原则

1. 尊重自然环境,以自然为重

人类来自自然,人类的生存和发展依托于自然环境,人类文明必须建立在对自然环境高度尊重的文化基础之上。人类各项活动必须遵从自然规律和环境要求,在与自然环境的和谐关系中进行。

2. 增加正向作用,减少负向作用

人与环境系统相互作用可以分为两类:一是正向作用,即环境可以向人类提供资源和生存环境,促进人类进步,而人类也可以通过环境保护行为维护环境系统,促进环境稳定可持续发展;二是负向作用,即人类从环境系统中过度汲取资源、排放废弃物,对环境系统造成破坏,从而引发自然灾害,对人类生存和发展造成不利影响。

"加正减负"就是要尽量增加人与环境之间的正向作用,减少二者间的负向作用。"加正"主要指人类加强环境保护力度,通过科学技术的进步,提升环境系统自我调节能力和生产能力,使环境可以给人类带来更高质量的生态服务。"减负"就是要求人类提高资源利用效率,减少向环境排放废弃物,减少对环境系统的不利影响;同时加强环境防护,减少环境对人类的不利影响。

3. 提倡适度消费、绿色生活

人口和消费水平的增长是引起人类与环境系统矛盾的重要原因。随着人口增长和物质消费水平不断提高,人类就会向地球环境索取更多的资源,给环境系统造成巨大压力。人类需要改变过度消费的观念与消费方式,提倡适度消费与绿色生活,把人类的消费需求压力控制在生态环境可以承受的范围内,提高人类生活水平和保护生态环境系统协调发展。

第二节　国家公园生态系统适应性管理方式

由于国家公园生态系统具有复杂性和不确定性,人类对国家公园生态系统的准确理解和把握还很困难,需要在管理实践中不断加深认识。而适应性管理正是一种基于学习的管理方式,所以国家公园生态系统管理主要采用适应性管理方式。

一、适应性管理方法简介

适应性管理是基于学习决策的一种资源管理方法,是通过实施可操作性的资源管理计划,从中获得新知,进而不断改进管理策略,推进管理实践的系统化过程[①]。

适应性管理是由美国学者霍林于 1978 年在充分考虑生态系统的不确定性、复杂性以及人类对生态系统认识的局限性和时滞性的基础上提出的管理理念[②]。随后这一思想得到了深入研究,并应用到生态系统管理的众多领域[③]。适应性管理的前提是人类对生态系统行为和响应的认识能力存在固有局限性,因此管理必须具有适应性,通过积累、吸收以往经验和见解改变管理实践的能力,通过不断调整战略、目标及方案等,以适应不断变化的社会经济状况与环境[④]。适应性管理因其足够的弹性和适应能力,可以适应不断变化的生物物理环境和人类目标变化,因而适

---

① 徐广才,康慕谊,史亚军. 自然资源适应性管理研究综述[J]. 自然资源学报,2013(10):1797 - 1807.

② Holling C. Adaptive environmental assessment and management [M]. New York: John Wiley and Sons, 1978.

③ Lee N K. Compass and gyroscope: integrating science and politics for the environment [M]. Washington D C: Island Press, 1993.

④ 金帅,盛昭瀚,刘小峰. 流域系统复杂性与适应性管理[J]. 中国人口·资源与环境,2010,20(07):60 - 67.

应性管理可能是应对生态系统不确定性和知识不断积累条件下唯一合乎逻辑的方法①。

适应性管理方法与传统管理的根本区别在于：适应性管理是从试错角度出发，管理者随环境变化，不断调整战略来适应管理需要；而传统管理模式一般采用行政指令，对不确定问题的考虑甚少，管理较为僵化②。

适应性管理在欧美众多领域中得到了很好的应用与推广③，并已有了不少成功案例，如美国密西西比河流域野生物种与鱼类保护计划④、密苏里河流域生态恢复工程⑤、澳大利亚大堡礁水质改善项目⑥等。

适应性管理过程一般可以分为六个步骤，即问题和目标界定、方案制订、方案执行、实施监测、管理评价、管理改进（重新管理实验），这六要素构成了螺旋式管理循环⑦（见图 6-7）。管理问题和目标的界定是适应性管理的前提，一般由相关专家、管理者和利益相关者共同讨论，就系统当前的问题、胁迫因素、管理日标等基本内容形成统一认识。基于现有知识，针对管理问题和目标，制订管理方案。方案制订是关键，直接关系到适应性管理的实施，通常需要考虑成本等实际因素。方案执

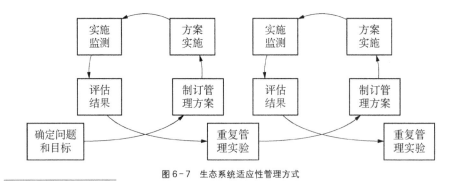

图 6-7　生态系统适应性管理方式

① 杨荣金,傅伯杰,刘国华,等.生态系统可持续管理的原理和方法[J].生态学杂志,2004,23(03)：103-108.
② 佟金萍,王慧敏.流域水资源适应性管理研究[J].软科学,2006,20(02)：59-61.
③ Berkes F. Evolution of co-management: role of knowledge generation, bridging organizations and social learning [J]. Journal of Environmental Management, 2009,90(05)：1692-1702.
④ National Research Council. Adaptive management for water resources project planning [M]. Washington D C: National Academies Press, 2004.
⑤ Prato T. Adaptive management of large rivers with special reference to the Missouri river [J]. Journal of the American Water Resources Association, 2003,39(04)：935-946.
⑥ Broderick K. Adaptive management for water quality improvement in the Great Barrier Reef catchments: learning on the edge [J]. Geographical Research, 2008,46(03)：303-313.
⑦ 徐广才,康慕谊,史亚军.自然资源适应性管理研究综述[J].自然资源学报,2013(10)：1797-1807.

行和监测是适应性管理的核心过程,监测在执行中很关键,监测内容一般包括管理计划实施情况、关键指标状况和方案实施运转效果三个方面。评估阶段是分析监测结果,将监测结果与管理目标比较,检验规划方案的合理性和管理措施的有效性。管理改进就是根据监测和评估结果调整管理目标和方案,重新进入新一轮的管理阶段,这是继续推进适应性管理的重要步骤,从管理实践中所获取的知识增加了管理者对管理过程的认识,降低了管理的不确定性,可以据此对管理方案和管理措施做出相应的调整和完善。

二、国家公园生态系统适应性管理方法

国家公园生态系统也是十分复杂的系统,具有动态性和不确定性特征,人类对于国家公园生态系统的认识还很粗浅,以往对国家公园的管理方式总是难以达到预期的效果。对国家公园生态系统的管理也需要采用适应性管理方法。通过灵活的管理方式,在管理过程中不断学习,不断改进管理策略,逐渐加深对国家公园生态系统的认识,提高管理的科学性和有效性,逐渐逼近管理目标,实现国家公园生态系统的可持续发展。

以下按六个步骤对国家公园生态系统适应性管理方法进行阐释。

(一) 确定系统问题和管理目标

明确生态系统的问题和管理目标是适应性管理的首要任务。

通过国家公园生态系统可持续评价已经识别出了系统中存在的主要问题,并且通过胁迫机制的分析确定了主要的生态系统胁迫因子,根据国家公园生态系统问题和主要胁迫因子,可以指导国家公园生态系统适应性管理目标的制订。第四章中已经论述过国家公园生态系统管理目标分为综合目标(长期目标)和具体目标(近期目标),这里适应性管理的目标主要是为解决当前国家公园的生态问题而制订的具体管理目标,为近期(5年左右)国家公园生态系统适应性管理提供指南。

1. 确定要解决的生态系统问题

国家公园生态系统适应性管理首先要明确需要解决的问题以及问题发生的原

因和机制。

前面国家公园生态系统可持续评价和胁迫机制分析已经找出了系统主要的生态问题和胁迫因子,直接可以用来为适应性管理服务。

2. 管理目标的制订

管理都需要有明确的目标,国家公园适应性管理也需要先明确其管理目标。

一般来说,需要综合考虑生态系统的特征、价值体系、利益相关者的需求等多方面。一个生态系统适应性管理的目标并没有一个固定的模式,具备不同价值取向与偏好的管理决策者可能对同样的系统形成内容、结构完全不同的目标体系。

对国家公园生态系统适应性管理主要从管理内容的三方面即胁迫因素控制、生态系统修复、人地关系协调来考虑确定管理具体目标。

国家公园生态系统适应性管理目标应该由管理者和各利益相关者共同协商来确定,组建公众参与的协商平台和相应的体制保证很重要,一般需要政府机构负责组建协商平台,确定协商的规则,并邀请相关科学家、专家提供科学信息和专业技术的指导。

根据以往关于生态系统适应性管理的文献和实践,总结出管理目标制订的一些原则:

(1)要考虑生态系统的功能和价值;

(2)目标要针对相对明确的生态系统问题;

(3)目标要具体、易测量,有可操作性;

(4)目标制订要考虑多方利益,需要公众参与;

(5)目标都是由管理者和科学家及各利益相关者共同商量制订,方便后面的实施管理;

(6)目标要与现有体制相适应。

(二) 适应性管理方案制订

适应性管理方案的制订就是根据科学分析,制订出一整套科学、具体、切实可行的生态系统适应性管理方案的过程①。方案制订一般主要有三个步骤：①管理内容的分析和方案初拟；②方案的选择；③授权实施被选择的方案②。

1. 管理内容的分析和方案初拟

国家公园管理方案制订主要围绕国家公园生态系统调控的三个方面，即生态系统胁迫因素控制、生态系统修复和人与环境关系的协调。

生态系统胁迫因素控制主要是对关键胁迫因素的管控；生态系统恢复主要是对系统中已经退化的部分进行恢复和优化；人与环境关系的协调是针对更深层次的人地矛盾的协调以及对前两个管控内容的完善（比如生态系统恢复需要资金、人力等，需要进行协调；关键胁迫因子控制可能产生负面影响，也需要进行协调）。

2. 方案的选择

初拟的方案在每项管理目标的实现上往往有多种可能性，还需要通过商议选定最终的做法。方案选择主要是先由相关专家把已制订方案的具体情况介绍给各利益相关者；再由利益相关者共同商议并做出选择。

3. 授权实施被选择的方案

主要就是确定最终方案的各项内容由哪些单位或个人负责实施，由谁负责监督，并规定一定的实施原则和要求。授权工作的完成标志着规划阶段的结束和实施阶段的开始。

总之，国家公园生态系统适应性管理方案的制订必须经过广泛的民主讨论和科学分析，使管理者、经营者和公众了解存在的问题、管理目标和规划方案预期结果等，还要通过对公众的宣传教育，使他们理解和参与到适应性管理行动中来。

（三）方案的实施

前面两个步骤已经确定了国家公园适应性管理的目标和实施方案，实施阶段则主要是确定如何、在哪里、何时去实施行动，以实现上述目标。

① 张永民，席桂萍. 生态系统管理的概念·框架与建议[J]. 安徽农业科学，2009,37(13)：6075－6076,6079.
② Rauscher H. Ecosystem management decision support for federal forests in the United States: a review [J]. Forest Ecology and Management, 1999,114(02－03)：173－197.

实施之前,需要先制订一套合适的行动计划,行动计划需要以文件形式记录在案。

在实施过程中需要注意的一些原则:①应当承认管理方案的权威性,不可以随意改动;②保证实施中所需要的各种条件,如管理队伍、所需设备等;③要严格按照管理计划的要求,认真完成管理计划中所规定的各项任务。

(四) 对实施过程的监测

一般监测与实施过程是同步进行的。在管理方案实施之前,就要先设定监测内容。一般监测内容包括对国家公园生态系统管理目标实现状况的监测和对实施行动过程的监测。

监测结果也需要详细记录,这样就可以有完整的资料和信息为后面的评价阶段服务。

要注意,每个具体的案例都有独特的管理目标和管理方案,每个案例都可能有自己的监测需求,因而,没有普适的、涵盖面很广的监测内容框架存在[①]。

(五) 管理结果评价

通过评价管理结果调整改进管理方案是生态系统适应性管理的重要内容。管理评价包括对管理行动过程的评价和管理成效的评价,一般可以对照最初制订的管理目标和监测结果,评价各项指标是否达到预期要求。管理评价的结果应该形成一个书面报告,供各利益相关者、管理者和相关专家等讨论交流[②]。评价应该定期进行,根据评价结果改进管理方案,以指导后面的适应性管理行动[③]。

(六) 重新调整方案,改进管理

通过监测和评价适应性管理实施的效果,可以了解管理措施对国家公园生态系统的影响;可以了解哪些管理措施是有利的、可行的,哪些管理措施是有问题的。

---

① Rauscher H. Ecosystem management decision support for federal forests in the United States: a review [J]. Forest Ecology and Management, 1999,114(02-03): 173-197.

② 同上。

③ 同上。

在此基础上,管理者可以与利益相关者和相关专家再次商议,根据评价结果和管理目标进一步改善管理方案,从而不断改善生态系统的管理状况,逐渐接近国家公园生态系统的可持续发展目标。

所以,国家公园生态系统适应性管理的六步骤模式如图6-8所示。

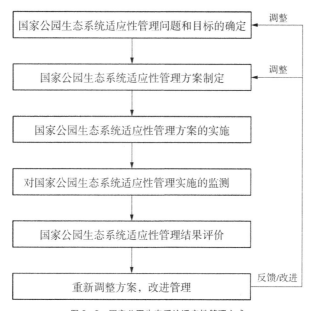

图6-8　国家公园生态系统适应性管理方式

三、国家公园生态系统适应性管理环境要求

适应性管理和传统管理方式有较大不同,它对于管理环境的要求较高,国家公园生态系统适应性管理首先必须要构建好的管理条件和管理环境。

创造一个可以良好运行的生态系统适应性管理环境是难题,还没有统一答案[1],但一般来说,包括三个方面内容,即制度环境改善、协作机制建构、科研服务管理的环境改善。

① Rauscher H. Ecosystem management decision support for federal forests in the United States：a review [J]. Forest Ecology and Management，1999,114(02－03)：173－197.

(一) 国家公园制度环境改善

生态系统适应性管理是以有效的沟通和协商,各类利益相关者和政府等共同分享管理权利与责任为基础的;需要在体制方面,完善公众参与的相关法律制度,以及利益相关者参与管理和利益共享的法规和制度。

当前我国保护地体系相关法律制度不健全,尤其缺乏公众参与和利益共享的法律基础。所以改善保护地体系当前的制度环境很有必要。

第一,完善立法。从国际经验来看,与我国国家公园较类似的美国国家公园有较完善的法律体系,它作为管理国家公园的重要依据,起到了很好的效果。我国必须加强国家公园立法,提高国家公园相关法规的地位,完善相关法律法规,尤其是加强公众参与的相关法规,才能为国家公园开展生态系统适应性管理提供好的制度环境。

第二,在相关立法出来之前,也可以通过上级部门授权的方式,制定多部门协作的协议、社区共管的协议等,以建构多方合作、公众参与的协作规则,方便适应性管理的实施。

(二) 协作机制建构

生态系统适应性管理涉及诸多部门、机构和众多其他利益相关者,因而需要建立有效的公众参与的协作机制,使各利益相关者和管理组织机构可以公平协商和对话,以达到共赢的目标[①]。

对于国家公园生态系统适应性管理,建立公共治理的协调机制也是管理顺利运行的重要条件,协作机制一般包括建立协调组织、制定协调机制和建构协商平台等。

1. 协调组织的建立

适应性管理是多主体互动合作的多中心治理方式,这种合作治理模式就需要有一个"桥梁"组织,来协调各个社会力量共同参与适应性管理。一个有效的"桥梁"组织是生态系统适应性管理成功的重要因素。比如美国黄石公园的"大黄石协

---

① Rauscher H. Ecosystem management decision support for federal forests in the United States: a review [J]. Forest Ecology and Management, 1999,114(02 - 03): 173 - 197.

调委员会(GYCC)",它在黄石国家公园生态系统适应性管理中起到了重要作用①。

适应性管理的协调组织一般由管理机构、研究组织和各利益相关者组成,通常需要政府协调组建,并尽可能包含各利益相关方,以实现广泛的公众参与。

这里对利益相关者范围的界定较为重要,本书在此给出国家公园利益相关者的界定方法。

"利益相关者(stakeholder)"是一个来自管理学的概念,是指"任何能影响组织目标实现或被该目标影响的群体或个人"②。不少学者提出了利益相关者的界定方法③。

门德鲁(Mendelow)④提出的运用利益相关者"权力—利益矩阵"(见图 6-9)来界定利益相关者的方法较有普遍性。该矩阵主要考虑两方面因素:利益关系强弱和拥有多大权力。利益和权力都较高者为核心相关者,利益和权力都较低者为边缘相关者,其余两类为紧密相关者。

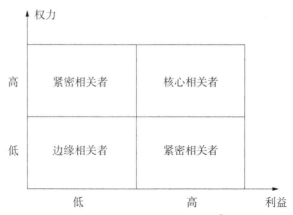

图 6-9　利益相关者界定模型:权力—利益矩阵⑤(作者改绘)

---

① 吴承照,周思瑜,陶聪.国家公园生态系统管理及其体制适应性研究——以美国黄石国家公园为例[J].中国园林,2014(08):21-25.

② 周玲.旅游规划与管理中利益相关者研究进展[J].旅游学刊,2004(06):53-59.

③ 保继刚,钟新民.桂林市旅游发展总体规划(2001—2020)[M].北京:中国旅游出版社,2002;Wheeler D, Maria S. Including the stakeholders: the business case [J]. Long Range Planning, 1998,31(02):201-210;Mitchell R K, Agle B R, Wood D J. Toward a theory of stakeholder identification and salience: defining the principle of who and what really counts [J]. The Academy of Management Review, 1997,22(04):853-886.

④ Mendelow A. Proceedings of second international conference on information systems [M]. Cambridge: MA, 1991.

⑤ Markwick M C. Golf tourism development, stakeholders, differing discourses and alternative agendas: the case of Malta [J]. Tourism Management. 2000,21(05):515-524.

根据国家公园利益协调原理,我国的国家公园也同样存在多种利益相关者。因此,国家公园生态系统适应性管理需要分析界定不同的利益相关者(见表6-1)。

表6-1 国家公园利益相关者界定

利益相关者类型	利益	权力	具 体 成 员
核心相关者	高	高	管理机构、经营者、社区居民、游客、宗教组织等
紧密相关者	高	低	资源行政主管部门、中央政府、地方政府等
	低	高	
边缘相关者	低	低	科研机构、旅游中介、社会媒体、旅游协会、环保部门、非政府组织等

本书认为门德鲁提出的用利益相关者"权力—利益矩阵"来确定利益相关者的方法运用简便、实用性强,因而运用该方法来确定国家公园利益相关者。

主要利益相关者一般包括核心利益相关者和部分紧密利益相关者。我国国家公园的主要利益相关者有:管理机构、经营者、游客、社区居民、宗教组织、资源行政主管部门、中央和地方政府等。

2. 协商平台建构

对于政府和各利益主体共同参与商议的决策协商平台,可以通过构建决策系统、网站平台、GIS数据库等方式,达到协商的目的。

(三) 国家公园科研服务管理的环境改善

第一,构建科研合作平台。生态系统适应性管理是基于科学研究的科学管理方法,往往需要涉及自然科学和社会科学的多学科合作研究。要将各个学科的知识结合起来共同指导管理,就需要构架自然科学与社会科学、科学与政策、社会与环境之间沟通、协作的科研平台。国家公园的科研平台可以由科研实验室、科研设施、科教基地等形式组建。

第二,完善科研服务管理的机制。为了使科研成果更好地指导管理实践,还要建立科学研究者从管理顾问向决策参与者角色转变的机制。

第三,根据管理的需要设立专门的科研专题和基金,这样才能更好地吸引科研团队参与国家公园的研究,并使科学研究更好地服务于管理实践。

第三节　天目山保护区生态系统适应性管理研究

一、天目山保护区生态系统适应性管理思路

　　天目山保护区生态系统管理主要采用适应性管理方式。适应性管理对管理决策环境要求较高，所以实施天目山保护区生态系统适应性管理之前首先要改善管理环境；然后再根据国家公园生态系统适应性管理六步骤循环模式进行管理，即：确定生态问题和管理目标、制订适应性管理的规划方案、实施规划、监测管理的实施过程、评价管理结果，并根据反馈进一步调整管理方案，通过该过程的不断循环，促进天目山保护区向健康可持续的方向发展。

二、天目山保护区生态系统管理环境的改善

　　良好的管理环境是国家公园生态系统适应性管理顺利开展的基本条件。天目山保护区要进行生态系统管理，首先须改善管理环境。管理环境改善主要体现在三个方面：制度环境改善、协作机制构建、科研合作平台的完善。为了符合生态系统适应性管理的要求，我们改进了天目山保护区的制度环境，构建了利于公众参与的协调组织和协商机制，并完善了科研合作平台，为天目山保护区生态系统适应性管理创造较好的管理决策环境。

（一）制度环境改善

　　优良的社会经济和制度环境是生态系统适应性管理顺利施行的重要条件[①]。天目山保护区具有较好的社会经济背景，也制定了不少管理规章制度。但是，仍然存在一定问题，比如生态补偿不足、利益共享机制不完善等；尤其是制度方面，从国

---

① Rauscher H. Ecosystem management decision support for federal forests in the United States: a review [J]. Forest Ecology and Management, 1999, 114(02 - 03): 173 - 197.

家层面到地方层面,保护地立法不完善、权责不清、政策模糊等,给天目山生态系统适应性管理带来了很多障碍。本书从生态系统适应性管理的要求出发,改进了天目山保护区的社会制度环境。

1. 当前天目山保护区制度环境现状

1)国家层面制度环境

由于生态系统适应性管理方法是一种多中心治理、自下而上的管理方法,需要建立一种在微观领域对政府、市场的作用进行补充或替代的制度形态和相应的协调机构,以利于公众参与、上下互动,但我国保护地体系当前主要采取的是自上而下的行政管理方式,没有这样的组织形式和相应的制度。

2)天目山保护区层面制度环境

当前,天目山保护区管理中存在的一个问题是与周边社区居民之间的利益共享机制尚未形成。社区居民在保护区管理中参与度低,只是被动地参与保护区一些简单的防火、护林等工作[1]。

天目山保护区自 1956 年制定《西天目山保护区管理办法》开始,先后制定了《天目山自然保护区守则》《天目山自然保护核心区守则》等一系列规章制度[2]。但是,因其法律地位过低,在很多矛盾冲突面前无法发挥很好的效力。

2. 制度环境的改进

国家层面:在天目山保护区案例中,虽然我们不可能彻底改变国家层面的管理环境,但是对于案例中遇到的一些不合理的国家政策,及时向上级部门的反映,适当调整和灵活使用案例,确实是有用和可行的。比如,天目山保护区是国家级自然保护区,国家政策规定区内一草一木都是不能人为干预的,但是由于存在毛竹林入侵问题,如果人为不干预可能会导致天目山保护区整个生态系统出现问题,所以天目山管理机构及时向省厅主管部门提出"人工管理毛竹林"的申请,并获得林业部的批准,从而为天目山保护区生态系统适应性管理的实施提供了政策支持。

保护区层面:天目山保护区为了提高公众参与,进行生态系统适应性管理,管

---

① 吴伟光,赵明水,刘微,等.基于 SWOT 分析构建天目山国家级自然保护区管理策略[J].浙江林学院学报,2006
　(01):13-18.
② 浙江天目山管理局.浙江天目山国家级自然保护区总体规划(2015—2024)[R].临安:浙江天目山管理局,2014.

理局与周边乡镇村共同签订了《天目山国家级自然保护区联合保护公约》，对联合各利益相关方、共同管理天目山保护区发挥了一定的作用[①]。

(二) 协作机制的改善

建立公共治理的协调机制和决策平台也是生态系统适应性管理顺利运行的重要条件。本书通过构建"协调委员会—协调机制—协商平台"的协作机制，为天目山保护区生态系统管理提供了群体决策的平台。

1. 建立协调共管委员会

一个有效的"桥梁"组织是生态系统适应性管理成功的一个重要因素。

天目山保护区较早开始了社区共管经营模式的探索。1987年，管理局与周边乡镇村及各有关单位共同成立了天目山保护区联合保护管理委员会，并建立有关制度、公约[②]。2006年，管理局联合西天目、千洪两乡17村，及区内各单位共同组建了天目山保护区社区共管委员会[③]。但是，参与这两个共管委员会的利益相关者不广泛，也没有专家参与，对于管理的科学指导不够。

为了满足天目山保护区生态系统适应性管理的要求，本书研究团队和天目山管理局合议，改进原来的共管委员会。

管理协调"桥梁"组织应该是包含各利益相关者，体现广泛公众参与，为制订体现各方利益的适应性管理目标和顺利实施管理方案而组建的协调组织。为了尽量反映保护区所有利益相关者的利益，首先需要明确保护区的利益相关者情况。

本书主要依据权力—利益矩阵模型、问卷调查和频度分析法来确定天目山保护区利益相关者。通过问卷调查的方式[④]，让天目山管理局、当地社会居民、保护区经营者、寺庙僧尼、游客、相关专家等对天目山保护区的主要利益相关者进行选择，并通过频度分析法，选择出现频度较高的选项作为最终的利益相关者（见表6-2）。

---

① 吴伟光，赵明水，刘微，等. 基于SWOT分析构建天目山国家级自然保护区管理策略[J]. 浙江林学院学报，2006 (01)：13-18.

② 重修西天目山志编纂委员会. 西天目山志[M]. 北京：方志出版社，2009.

③ 同上。

④ 2014年初，本研究运用问卷调查，对天目山保护区管理者、当地社会居民、保护区经营者、寺庙僧尼、游客、相关专家等共20人关于"天目山保护区的主要利益相关者"问题进行了调查。

表 6-2　天目山保护区利益相关者

利益相关者类型	利益	权力	具 体 成 员
核心相关者	高	高	天目山管理局、大华公司(旅游企业)、社区居民、游客、僧侣、餐饮住宿经营者
紧密相关者	高	低	小商贩、香客、旅游中介
	低	高	天目山镇政府、临安区政府、中央政府、资源行政主管部门
边缘相关者	低	低	科研院校、旅游协会、环保部门

　　2013 年底,保护区管理者、相关专家和其他利益相关者基本形成共识:依据继承原有管理组织体制的原则,我们不重新设立天目山生态系统管理委员会,而是完善以往已经成立的共管委员会[更名为"天目山保护区协调共管委员会(简称协调委员会)"],将以前未参与的主要利益相关者如旅游经营者、宗教僧侣等,以及相关专家等都纳入共管委员会,让他们共同参与天目山保护区生态系统适应性管理项目。协调委员会成员最终由管理局管理人员、周边社区代表、经营者代表、僧侣、天目山镇政府代表、游客代表、专家组等人员构成(见图 6-10),为了使协调委员会具有一定的权限和效力,委员会还向临安区政府申请获得政府授权。

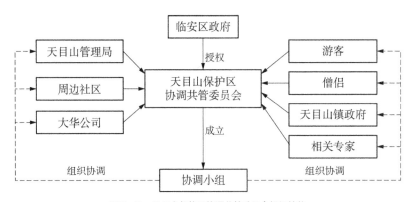

图 6-10　天目山保护区协调共管委员会组织结构

　　经过筹备,在 2014 年 3 月,天目山管理人员和主要利益相关者代表以及来自高校和科研机构的相关专家,召开了第一次协调委员会议会,会上还组建了近期管理项目协调小组。天目山管理局安排一个主要负责人负责整个协调委员会的事务;周边社区居民选择一名代表负责收集、传达村民意见;经营者为大华公司代表;

专家组由同济大学、上海交通大学、华东师范大学、浙江农林大学的几位专家组成。协调小组的日常事务主要有：发布通知、收集利益相关者意见、组织协商会议、相关协调工作、管理方案实施监督等。

2. 协调机制构建

为使天目山协调委员会发挥实质性作用，本案例还建立了促进有效协调合作的管理机制。

组建协作共管议会。议会由1名会长和4名议员组成，以保证权威性，会长最好由地方政府或上级主管部门领导担任，由于议会组建仓促，暂时由天目山管理局主管领导担任第一次议会的会长；议员由委员会全体成员推荐产生，由专家、社区居民代表、大华公司代表、天目山管理局代表各一人共同组成，每届任期五年；会长和议员负责制订和实施议会计划和工作安排。

配备专职管理员。由天目山管理局配备专业技术人员任共管委员会管理员，负责执行具体的管理任务。

定期召开年会。规定每年召开一次年会，总结上一年的管理成果和存在的问题，并制订下一年的管理方案。

资金筹集。利用天目山保护区作为国家自然保护区、联合国生物圈保护区、全国科普教育基地的有利条件，积极争取国际国内组织和个人对社区共管的资金和项目支持。

3. 网站平台建设

对于适应性管理这样的复杂事务，有效的决策工具和协商平台可以为人们的协商工作和决策工作顺利进行提供重要帮助。

为方便天目山保护区生态系统适应性管理的有效开展，本书还专门建立了"天目山生态系统管理"网站（见图6-11）。"天目山生态系统管理"网站旨在服务整个天目山保护区生态系统的管理。网站内容和功能包括：公示天目山保护区生态系统管理目标和工作计划、发布生态系统评价结果、公布近期管理项目、展示科研成果、公布相关新闻和通知，以及为天目山协调共管委员会成员提供"协商论坛"。

图6-11 天目山保护区生态系统管理网站首页

(三) 科研合作平台的完善

科学指导管理是生态系统适应性管理的重要特征,将科研和管理结合起来是生态系统适应性管理成功的重要因素。要想有效地将科研和管理结合起来,就需要有好的科研平台,有将科学信息传达给大众的好的方式。

当前天目山保护区已经具备了一定的科研基础条件:①科研机构方面,管理局下设科研所,负责保护区的科研管理、基础研究、相关资料收集、对外宣传、社区实用技术推广应用培训等[①];②具备一定规模的科研设施,天目山保护区基本具备

---

① 重修西天目山志编纂委员会. 西天目山志[M]. 北京:方志出版社,2009.

保护、科教、管理的基础设施条件,并且建立了固定标准样地、环境质量监测站和地理信息系统(GIS)数据库;③科教基地建设方面,天目山保护区已与浙江大学、复旦大学、华东师范大学、浙江大学、浙江农林大学、同济大学等 10 余所科教单位建立了"共建共管共享"天目山资源的伙伴关系,建成了科教基地;并逐步与科研单位合作开展柳杉古树群落衰退死亡原因研究、古树名木复壮研究、生态旅游生态影响研究、新扩区本底资源调查等科研工作①。

为了完善天目山保护区的科研平台,在本课题组的建议之下:①天目山管理局已筹备科研项目资金,通过基金项目更好地与相关科研机构展开科研合作;②完善科研合作的机制,建立学术顾问委员会,让专家在协调委员会中有更多话语权、指导权,从而达到以科研指导天目山保护区生态系统管理的目的;③通过建设生态系统管理网站,将科研成果在网站上向大众展示和宣传教育。

三、天目山保护区生态问题和适应性管理目标的确定

(一) 明确生态问题及胁迫因子

国家公园生态系统适应性管理首先要明确需要解决的问题以及问题发生的原因和机制。

前面天目山保护区生态系统可持续评价和胁迫机制分析已经找出了系统主要的三个生态问题和胁迫因子,直接可以用来为适应性管理服务。当前天目山保护区生态系统的主要问题为:柳杉退化、毛竹入侵和居民经济收入不满。针对这三个生态问题,找出了主要胁迫因素包括的七个关键胁迫因子:农家乐居民过度汲取保护区水资源、游客踩踏柳杉根部土壤、毛竹林入侵严重、非农家乐居民在保护区外围开荒种竹、天目山保护区毛竹林缺乏人工管理、非农家乐居民经济收入相对较低、管理者管理薄弱等;以及其他一些相关胁迫因素,如基础设施不足、管理经费不足、病虫害、科研不足等。

天目山保护区生态系统适应性管理将上述生态问题和胁迫因子作为主要要解

---

① 浙江天目山管理局.浙江天目山国家级自然保护区总体规划(2015—2024)[R].临安:浙江天目山管理局,2014.

决的问题和控制的因素。

(二) 适应性管理目标的确定

确定管理目标是管理工作开展的关键环节。天目山保护区生态系统适应性管理目标主要根据保护区中三个主要生态系统问题及其胁迫因素来制订。主要从国家公园生态系统调控管理的三方面内容来分析,包括胁迫因素控制、生态系统恢复、人地关系的协调。并由专家组和管理者及各利益相关者,通过研究和协商来确定管控内容和管理目标,具体情况如下:

1. 管控内容分析

1) 胁迫因子控制

胁迫因子的控制主要就是对上一章中分析得出的天目山保护区生态系统七个关键胁迫因子的控制。

(1) 农家乐居民过度汲取保护区水资源　控制目标:农家乐居民都从保护区内过度取水是引起柳杉退化的重要因素之一,且天目山保护区是国家级自然保护区,区内自然资源本来就需要严格保护,不允许随便取水,所以理应严格禁止居民去保护区内非法取水。

(2) 游客踩踏柳杉根部土壤　控制目标:游客踩踏柳杉根部土壤,也是导致柳杉退化的重要胁迫因素,大家认为应该通过措施管控游客不良行为,杜绝游客对保护区生态环境的破坏行为。

(3) 毛竹林入侵(扩散)　对于毛竹问题需要辩证看待:天目山保护区中的毛竹林不断向四周扩散,入侵保护区原有植物群落,对于保护区森林生态系统保护来说,毛竹是一种胁迫因素;但是对于风景资源来说,毛竹本身具有景观美学价值,也是风景资源。所以,对于毛竹问题的管理,大家认为在天目山保护区一级和二级敏感区,由于生态价值高、生态又很脆弱,该区域以生态价值为重,所以该区域的毛竹应该砍伐;而在保护区三级敏感区,生态不脆弱,生态价值不高,以人类活动为主,毛竹具有美学价值,可以烘托宗教气氛,所以在三级敏感区内的毛竹予以适当保留。

控制目标:经商议认为将天目山保护区环境敏感性一级和二级区域内的毛竹

全部砍伐,保留三级区域宗教系统空间内的毛竹,砍伐面积约为959亩。

(4)非农家乐居民在保护区外围开荒种竹　控制目标:居民在保护区外围开荒种竹,毛竹林不断向保护区内扩散,是引起保护区毛竹入侵的一个重要因素,对此大家商议认为应该禁止居民在保护区周边100 m范围内种植毛竹,以避免毛竹向保护区内扩散。

(5)天目山保护区毛竹林缺乏人工管理　控制目标:天目山成立自然保护区以来保护区内毛竹林就不再进行人工管理,导致毛竹狂长,不断向周边入侵。对此,应该向上级申请继续对天目山保护区内毛竹林进行人工管理,控制毛竹林范围。

(6)非农家乐居民经济收入相对较低　控制目标:天目山保护区非农家乐居民收入较低,相对于农家乐居民的高收入有很大心理落差,是他们对经济收入较为不满的主要原因。对此增加非农家乐居民的经济收入并使其感到较为满意是主要目标。

(7)管理者管理薄弱　控制目标:天目山管理局管理薄弱、力度不够,是导致游客不良行为发生和社区居民非法汲取保护区水资源等问题的重要原因之一。对此协调委员会要求天目山管理局加强管理力度,以控制保护区破坏行为。

2)生态系统恢复

天目山保护区暴露的生态问题主要是植物的退化问题,环境因子和生态系统层面没有明显退化迹象。所以生态恢复工作主要就是对保护区植被的恢复,包括退化柳杉林的恢复和毛竹砍伐区植被恢复。

(1)柳杉林的恢复　管理目标:主要是将已退化范围内的柳杉林(有些已被毛竹林侵占),恢复成近似退化前状态的柳杉林群落。

(2)毛竹砍伐区植被恢复　管理目标:毛竹砍伐区面积计划为959亩,希望恢复成与周边类似的植物群落状态,提升生物多样性。

3)人地关系的协调

人地关系的不协调是引起保护区出现问题的根源,人地关系的协调既是管理的目标也是管理的重要手段,天目山保护区中人地关系的协调主要就是对一些间接的深层的胁迫因素的协调,以及对保护区胁迫因子控制和生态修复过程中可能出现的问题的综合协调。

（1）增加生态补偿　管理目标：生态补偿低是导致天目山保护区居民对经济收入不满的原因之一，需要增加生态补偿缓解居民不满情绪，鉴于原来的生态补偿很低（农田退耕一次性补偿3万多元，之后每年每户补偿约500元），商定通过多种办法将生态补偿增加一倍。

（2）增加社区居民参与到保护区旅游服务业中的比重　管理目标：天目山保护区居民参与到旅游业中是提高收入的主要途径，应多提供社区居民参与到旅游业中的机会，提升居民的旅游业参与度。

（3）协调人类活动空间与保护区敏感区的空间冲突问题　管理目标：上一章分析过空间冲突问题是引起天目山保护区柳杉退化的一个重要因素，应尽量避免人类对敏感区干扰，解除空间冲突问题。

（4）加强居民和游客环保意识　管理目标：游客和居民的生态保护意识不够，导致游客和居民对生态环境的破坏行为，所以，应通过天目山管理局开展宣传教育等手段增加大众环保意识。

（5）协调社会冲突问题　管理目标：由于天目山保护区的成立限制了社区对资源的利用权限，但又没有合理的生态补偿，导致社区居民与保护区管理常存在一定冲突，需要通过加强管理和协商合作，减少社会冲突事件。

（6）增加管理局经费来源　管理目标：管理者认为管理经费不足是导致保护区设施投入不足和管理薄弱的重要原因之一，认为应拓宽保护区收益渠道，使管理经费增加30％，以满足适应性管理中增设科研基金和增建水利设施的需要。

（7）增加科研投入、加强科学研究　管理目标：科学研究是生态系统适应性管理的基础，但以往由于管理资金有限，对科研资金投入较少，需要增加保护区科研资金投入，加强科学研究。

2. 管理目标的制订

根据上述对天目山保护区管控内容的探讨，并经过天目山协调共管委员会各利益相关者的共同协商，确定了天目山保护区生态系统适应性管理的近期目标（见表6-3），期望在6年内完成。

表6-3 天目山保护区生态系统适应性管理近期目标

调控内容	目 标	量 化 指 标
胁迫因素控制	1. 禁止居民从保护区内非法偷取水资源	没有居民从保护区内偷取水资源的情况发生
	2. 加强游客行为管理	杜绝游客对保护区环境的破坏行为
	3. 缩小天目山毛竹林面积	6 年内减少 959 亩毛竹林;平均每年减少 160 亩
	4. 控制非农家乐居民开荒种竹	禁止在天目山保护区周边 100 米范围内种毛竹
	5. 改变保护区毛竹林缺乏人工管理的状况	通过向上级申请实现对保护区内毛竹林的人工管理
	6. 增加周边社区居民的收入	周边社区居民收入满意度达到"良好"
	7. 天目山管理局加强管理力度	天目山管理局加强管理力度,使保护区破坏行为得到 100%控制
生态修复	8. 柳杉的恢复和保护	解决柳杉退化问题
	9. 恢复毛竹林砍伐区植被	毛竹林砍伐区植被得到全面恢复
人地关系协调	10. 增加生态补偿	生态补偿翻倍
	11. 增加社区居民的旅游参与度	社区居民旅游参与度达到 40%以上
	12. 人类活动空间与保护区敏感区冲突的协调	避免人类对敏感区干扰,解除空间冲突问题
	13. 增强大众环保意识	环保宣传教育经费增加 100%
	14. 减少社会冲突问题	做到没有社会冲突事件发生
	15. 增加天目山管理局收入	增加天目山管理局收入 30%
	16. 增加科研资金投入	科研资金投入达到 50 万

四、天目山保护区生态系统适应性管理方案的制订

天目山保护区生态系统适应性管理方案的制订主要依据前文中提出的国家公园生态系统适应性管理方案制订的方法和步骤,制订过程也主要包括:管理内容和方案的初拟、方案的确定和方案的授权实施三个步骤,另外,方案的实施过程需要同步监测,所以在方案制订完之后还要确定实施监测的内容。

(一) 管理内容和方案的初拟

天目山保护区生态系统适应性管理既涉及自然科学问题也涉及社会问题,因而需要社会科学家、自然科学家和当地利益相关者共同组建规划团队。本研究中,由来自同济大学、上海交通大学、华东师范大学、复旦大学、浙江农林大学的规划专家、社会专家、动植物专家、生态专家和天目山保护区管理者以及主要利益相关者

代表共同组成规划协商小组。

主要由相关专家在咨询管理者和其他利益相关者的情况下负责拟定初步方案。

初拟管理方案时,主要根据天目山保护区生态系统的问题、胁迫因素和管理目标,从国家公园调控内容的三个方面进行分析,制订相应的管理措施,每个调控或修复项目都可能有多种方案,待下阶段协商确定最终的实施方案。

初拟方案内容如下:

1. 生态系统胁迫因素控制

1) 对农家乐居民过度汲取保护区水资源行为的管控

因天目山保护区缺乏供水基础设施,农家乐居民便从保护区内非法过度取水,这是引起柳杉退化的重要因素之一,管理目标是要禁止居民去保护区内非法取水,控制策略有两种。

控制策略 a:不考虑增加水利设施,主要通过教育和强制手段严格禁止居民到保护区偷用水资源。具体管理办法包括:天目山管理局通过发放宣传单教育居民保护保护区水资源的重要性;与居民约定,禁止在保护区内非法取水;在保护区内适当位置设置禁止取水警示牌;清除原有的取水管线;对再次发现非法取水情况予以一定的处罚。

控制策略 b:建设水利设施,保证社区水资源供应。具体由天目山保护区、天目山镇和村民合资建小型自来水厂,以保证社区居民用水问题,投资约为 300 万元。

2) 对游客踩踏柳杉附近土壤行为的管控

由于天目山保护区缺少必要的警示标识和防护设施,对游客管理不够,使得游客发生踩踏柳杉根部土壤的行为,导致柳杉退化。

控制策略:对游客进行宣传教育、设置警示标识、加强防护措施。

具体手段:天目山管理局给游客印发生态保护的宣传单,告之哪些是禁止的不合理行为;柳杉附近设置警示牌,告之游客不可靠近和触摸柳杉;在柳杉附近设置围栏,阻止游客靠近。

3) 对毛竹林面积不断扩大问题的控制

由于毛竹竞争力强,容易入侵周边的林地,而天目山保护区敏感性较高的区域内分布有重点保护的物种(如柳杉),毛竹入侵容易对其产生不良影响。

控制策略：由天目山管理局向上级部门申请砍伐天目山保护区内毛竹林，通过人工砍伐减少保护区毛竹林面积，控制毛竹入侵问题。管理局和相关专家讨论决定将天目山保护区环境敏感性一级和二级区域内的毛竹全部砍伐，砍伐面积约为959亩毛竹林，分6年砍伐完；毛竹具有景观美学价值，可以烘托宗教气氛，所以在三级敏感区宗教系统空间内的毛竹应予以保留，面积约为700亩，施行人工抚育，如图6-12所示。

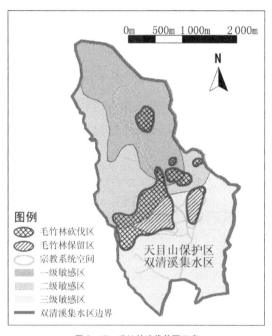

图6-12 毛竹林砍伐范围示意

毛竹清理的方案有两种。

第一，管理局自行处理毛竹砍伐清理工作。

天目山管理局采用招标方式清理毛竹林，将砍伐清理毛竹林工作承包出去。承包价预设定为60万元（对方给管理局60万元），砍伐的毛竹归承包方所有。

第二，由周边居民参与管理毛竹林。

方式：周边社区（武山村）非农家乐居民参与毛竹林砍伐和经营；天目山管理局只负责监督。

收入分配：净伐林的毛竹收益中一半归管理局所有，其他收入（抚育林收入以及另外一半净伐林毛竹收入）归周边社区居民所有；天目山管理局不需要向居民发工资。

2013 年天目山保护区内毛竹林总面积约为 110.6 公顷，约 1 659 亩。决定保留毛竹林 700 亩进行抚育间伐，其他毛竹林（约 959 亩）全部砍伐不做抚育，分 6 年完成；抚育间伐的毛竹林，每亩立竹株数为 210 株。

根据管理局的统计，天目山保护区内现有毛竹纯林密度约为 760 株/亩。

按计划每年净伐毛竹林面积约 160 亩，约毛竹量 Q＝760×160 株＝121 600 株。

第一年需将抚育间伐的 700 亩毛竹林减少为 210 株/亩，每亩需砍伐约 550 株，共约 385 000 株；以后抚育采伐 3 轮以上毛竹，每年可采伐毛竹 70 株/亩。

据市场了解，当时毛竹单价平均约 10 元 1 株，则每年在天目山保护区毛竹采伐经营中，周边社区和天目山管理局的收入情况如表 6-4 所示。

表 6-4　天目山保护区毛竹采伐经营收入预算

年份	净伐面积（亩）	砍伐数量（株）	抚育面积（亩）	采伐数量（株）	总收获数量（株）	单价（元/株）	总收入（万元）	居民收入（万元）	管理局收入（万元）
第 1 年	160	121 600	700	385 000	506 600	10	506.6	445.8	60.8
第 2 年	160	121 600	700	49 000	170 600	10	170.6	109.8	60.8
第 3 年	160	121 600	700	49 000	170 600	10	170.6	109.8	60.8
第 4 年	160	121 600	700	49 000	170 600	10	170.6	109.8	60.8
第 5 年	160	121 600	700	49 000	170 600	10	170.6	109.8	60.8
第 6 年	160	121 600	700	49 000	170 600	10	170.6	109.8	60.8
以后每年	0	0	700	49 000	49 000	10	49.0	49.0	0

计算可得：天目山保护区毛竹林采伐项目可使周边社区前 6 年收入增加 994.8 万元，以后每年增收 49 万元；可增加天目山管理局收入 60.8×6＝364.8 万元。

4) 对非农家乐在天目山保护区外围开荒种竹的调控

非农家乐居民在天目山保护区外围开荒种竹使毛竹向保护区内渗入，是引起天目山保护区毛竹入侵的重要原因之一。

控制策略：对居民进行宣传教育，并由天目山管理局和周边社区居民商定禁止在保护区外围 100 m 范围内种毛竹，对该范围内已有的毛竹进行砍伐，以避免毛竹向保护区内渗透,由天目山管理局负责监督。

5) 对天目山保护区毛竹林缺乏人工管理的调控

国家政策限制人类干预自然保护区内一草一木的规定使得天目山保护区内毛竹林缺乏人工管理,导致毛竹疯狂生长,不断向周边入侵。

控制措施:由天目山管理局向上级部门申请人工管理天目山保护区内毛竹林的权利,以对毛竹进行人工管理,控制毛竹林范围。

6) 对非农家乐居民经济收入较低因素的调控

由于天目山保护区很多周边社区居民很难参与到旅游服务业中来,农业经营收入又有限,生态补偿又低,所以经济收入相对较低。

控制措施:增加非农家乐居民收入渠道,提供周边居民参与到旅游业中的机会。

7) 对管理机构管理薄弱的调控

天目山管理局管理薄弱,是导致保护区生态环境问题的重要原因之一,而管理资金不足、科研指导不足等是导致管理机构管理薄弱的重要因素。

控制策略:增加管理局财政资金来源;加强科学研究;加强考核机制,从而督促管理者加强管理力度。

2. 生态系统修复

1) 柳杉林恢复

对于天目山保护区柳杉林的恢复,有两种方案:

第一,采用自然恢复方式。相关研究发现由于柳杉的枯枝落叶在天然条件下很难分解,致使天目山保护区中的柳杉幼苗无法扎根于地上而不能成活,而倒木或伐桩,反而可以给幼苗提供扎根生长的条件①。所以,先砍伐柳杉林中的毛竹,并适当清理林中落叶,保留倒木,以方便柳杉小苗生长,然后尽量不进行人工干预,让柳杉林自然恢复。

第二,采取人工方式恢复柳杉林。首先将柳杉林中的毛竹全部砍伐,对林中落叶进行适当清理,并在专家指导下,人工栽植一定量的柳杉幼苗,并进行一定培育。

执行者:由天目山管理局监管;相关植物专家做指导;周边社区居民参与植被

---

① 夏爱梅,达良俊,朱虹霞,等.天目山柳杉群落结构及其更新类型[J].浙江林学院学报,2004(01):46-52.

恢复,由此可得到一定报酬。

2) 毛竹砍伐区植被恢复

对于天目山保护区毛竹林砍伐区植被的恢复,也有两种方案:

第一,采用自然恢复方式恢复毛竹林砍伐区植被。将毛竹林砍伐后(每年还需将新笋砍伐掉),让砍伐区内植被按照自然演替规律自行恢复。

第二,采用人工方式恢复毛竹林砍伐区植被。将毛竹林砍伐后(每年还需将新笋砍伐掉),在植物专家指导下,通过人工栽植杉树和松树混交林进行植被恢复。

执行者:由植物专家做指导;天目山管理负责监管;周边社区居民参与植被恢复,由此可得到一定报酬。

3. 人地关系的协调

1) 生态补偿过低问题的协调

生态补偿低是引起天目山保护区居民对经济收入不满的原因之一。

管理策略:增加生态补偿金额,商定在未来 3 年内对天目山保护区社区生态增加一倍补偿。

2) 增加社区居民参与保护区旅游服务业的比重

天目山保护区居民参与旅游业是提高收入的主要途径,提升居民的旅游业参与度可以缓解其经济收入不满问题。

管理策略:以往天目山保护区周边一些居民(如武山村居民)因为其田地没有被划入保护区而没有获得参与保护区旅游业的名额,此次为缓解其经济收入较低的问题,保护区也允许他们参与保护区旅游服务工作,比如可以参与抬轿、卫生清洁、食品销售、安保等工作。

3) 协调人类活动空间与保护区敏感区的空间冲突问题

空间冲突是导致柳杉退化的一个重要因素,需要避免人类对敏感区干扰,解除空间冲突问题。

深入分析天目山保护区的空间冲突问题可知,主要是保护区的开山老殿以及其连接禅源寺的道路位于天目山保护区的一级生态敏感区中(见图 6-13),由于游客在此区域中活动频繁且有踩踏柳杉根部土壤的不良行为而引起柳杉退化。上一章中已经探讨过,人类活动空间原则上不应该与保护区一级环境敏感区重叠,但是实际在天目山保护区中,开山老殿是重要的文化旅游资源和佛教圣地,将其移除的可行性极低;而连接开山老殿和禅源寺的道路又是二者之间唯一的步行通道,且具有较高的历史价值和景观价值。对此,围绕是否将人类活动移除到天目山保护区一级敏感区之外,有两个不同的管理方案。

第一,不移除开山老殿和步行通道,而通过相关措施,将人类对环境的影响降到最小:①通过对游客开展宣传教育,禁止不合理旅游行为;②在柳杉等敏感物种附近设置警示牌;③加强防护措施,如在柳杉附近设置围栏;④在旅游高峰期,控制该游步道游客人数。

第二,保留开山老殿,但关闭该步行通道,在保护区一级敏感区外围另建一条连通两座寺庙的新步行通道(见图6-13),以避免空间冲突。

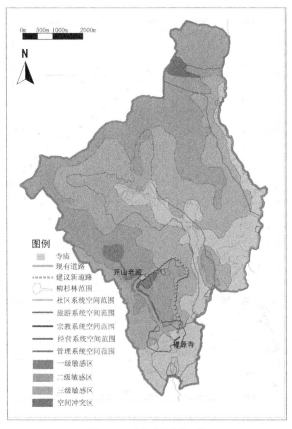

图6-13 步行道路改动示意

4) 加强居民和游客环保意识

游客和居民的生态保护意识不够,导致一些破坏生态环境的事件发生,需要加强大众环保意识。

管理策略:通过一些宣传教育和培训手段,完善解说系统,来宣传生态环保知识,提升居民和游客的生态保护意识。

5) 协调社会冲突问题

由于天目山保护区中社区资源利用受限制,又没有合适的补偿,社会冲突问题并不少见。

管理策略:通过加强管理和协商合作,帮助社区发展,增加对社区的经济补偿,从而减少社会冲突事件发生。

6) 增加管理局经费来源

管理经费不足是导致保护区设施建设不足、科研投入少和管理薄弱的重要原因之一。

管理策略:向上级政府申请增加财政拨款、增加保护区收益、争取社会资金。

7) 增加科研投入、加强科学研究

科学研究是生态系统适应性管理的基础,以往天目山管理局只提供科研基地和基本设施条件,协助相关科研院校和研究机构展开天目山保护区的相关研究,但不提供项目资金,科研合作效果不佳。

管理措施:建立柳杉退化、毛竹林入侵问题研究和监测项目基金(共50万),激励相关科研院校和研究机构投入天目山保护区生态系统的研究。

(二) 方案的确定

管理方案初拟时,专家对于一些调控或修复项目给出了多种可能做法,并通过协调委员会商讨研究以确定最后的执行方案。

对于天目山保护区生态系统适应性管理方案,经2014年3月的协调委员会会议,通过天目山管理局和其他各利益相关者,围绕柳杉维护、毛竹管理、管理费用、社区收入增加情况、保护区资源保护、植被恢复等大家关心的核心议题展开商议,确定了最终方案(见表6-5)。

表6-5 天目山保护区生态系统适应性管理最终方案概述

主要内容	主要管控项目(目标)	被选序号	主要调控管理内容	执行者	资金投入/收入
胁迫因子控制	对农家乐居民过度汲取保护区水资源的管控	Ⅰa	不考虑增加水利设施,主要通过教育和强制手段严格禁止居民到保护区偷用水资源	天目山管理局	投入1万元
	对游客踩踏柳杉附近土壤问题的管控	Ⅱ	对游客进行宣传教育、设置警示标识、加强防护措施	天目山管理局	投入约10万元
	对毛竹林面积不断扩大问题的控制	Ⅲb	周边居民参与砍伐毛竹林,并负责毛竹林抚育工作	天目山管理局、武山村居民	武山村居民增收994.8万元;管理局增收364.8万元
	对非农家乐在天目山保护区外围开荒种竹的调控	Ⅳ	进行宣传教育,以协商方式禁止居民在保护区外围100米区域内种毛竹	天目山管理局	投入约1 000元
	对天目山保护区毛竹林缺乏人工管理的调控	Ⅴ	由天目山管理局向上级部门申请人工管理天目山保护区内毛竹林的权利,以对毛竹进行人工管理,控制毛竹林范围	天目山管理局、武山村居民	/
	对非农家乐居民经济收入较低因素的调控	Ⅵ	增加非农家乐居民收入渠道,提供周边居民参与到旅游业中的机会	天目山管理局、大华公司、武山村居民	/
	对管理机构管理薄弱的调控	Ⅶ	加强考核机制,从而督促管理者加强管理力度	协调委员会	/
生态修复	柳杉林恢复	Ⅷa	采用自然恢复方式,不进行人工干预,让柳杉林自然恢复	天目山管理局	/
	毛竹砍伐区植被恢复	Ⅸa	采用自然恢复方式恢复毛竹林砍伐区植被	天目山管理局	/
人地关系协调	对生态补偿低问题的协调	Ⅹ	增加生态补偿金额,商定将天目山保护区社区生态补偿增加一倍	天目山管理局	增加财政支出约28 500元
	增加社区居民参与到保护区旅游服务业中的比重	Ⅺ	保护区给社区提供更多参与保护区旅游服务业的机会	天目山管理局、大华公司	/
	协调人类活动空间与保护区敏感区的冲突问题	Ⅻa	不移除开山老殿和步行通道,而通过宣传教育、设置警示标识、加设防护栏、控制高峰期游客量方式进行管控	天目山管理局、大华公司	投入约50万元
	加强居民和游客环保意识	ⅩⅢ	通过一些宣传教育和培训手段,并完善解说系统,来宣传生态环保知识,提升居民和游客的生态保护意识	天目山管理局	投入约10万元

主要内容	主要管控项目（目标）	被选序号	主要调控管理内容	执行者	资金投入/收入
	协调社会冲突问题	XIV	通过加强管理和协商合作，帮助社区发展，增加对社区的经济补偿，从而减少社会冲突事件发生	协调委员会	/
	增加管理局经费来源	XV	向上级政府申请增加财政拨款、增加保护区收益、争取社会资金	天目山管理局	/
	增加科研投入、加强科学研究	XVI	建立柳杉退化、毛竹林入侵问题研究和监测项目基金	天目山管理局	投入 50 万元

对天目山保护区生态系统适应性管理最终方案的说明：

（1）柳杉林和毛竹砍伐区植被采用自然恢复方式较为省事省钱，且尊重了生态自然演替规律，但是恢复效果尚待检验；

（2）达到了减少毛竹林面积的管理要求，毛竹林逐年减少，对剩余毛竹林进行经营管理，不再扩散；

（3）增加了周边社区的经济收入和参与旅游业的机会，通过毛竹共管项目使保护区周边社区前 6 年增收约 994.8 万元，以后每年增收约 49 万元；

（4）保护了保护区的水资源；

（5）提供科研基金，有利于加强科研；

（6）通过毛竹林的社区共管项目，节省了管理局的管理工作和时间，还使管理局增加了 364.8 万元的收益。

（7）整个管理方案旨在增加天目山管理局的经费来源，而不会增加其经费负担。

（三）授权实施

经过协调委员会的讨论决定：

（1）由天目山保护区周边的武山村村民进行毛竹林经营管理，天目山管理局负责监督；

（2）其余各项工作主要由天目山管理局负责执行；

（3）协调委员会负责各项工作的协调和监督工作。

(四) 确定监测内容

适应性管理监测的目的主要是对管理目标执行情况、管理过程等的监督以便及时发现问题。天目山保护区生态系统管理的监测内容主要包括管理目标监测和管理过程监测两方面(见表6-6)。

表6-6 天目山保护区生态系统适应性管理监测内容

监测分类	具体监测内容	监测方式	负责单位或个人
管理目标监测	毛竹林面积变化情况	遥感监测结合实地考察	天目山管理局
	周边毛竹林渗入控制情况	实地考察	天目山管理局
	管理局费用收支	统计数据	天目山管理局
	科研投入	统计数据	天目山管理局
	周边社区经济收入变化	统计数据、问卷调查	当地政府、协调委员会
	生态补偿	统计数据、访谈	天目山管理局
	冲突事件数	统计数据	天目山管理局
	退化柳杉林恢复情况	实地考察	天目山管理局、相关专家
	毛竹砍伐区植被恢复情况	实地考察	天目山管理局、相关专家
	有没有增加社区参加旅游业的机会	访谈	协调委员会
	有无在天目山保护区非法偷水情况	实地考察、监管	天目山管理局
	环保宣传教育情况	统计数据、访谈	协调委员会
管理过程的监测	会议召开	定期核查	协调委员会
	按计划完成情况	定期核查	协调委员会
	信息及时公布	实时核查	协调委员会
	宣传教育工作	定期核查、访谈	协调委员会

五、天目山保护区生态系统适应性管理项目实施过程

(一) 项目实施的基本规定

天目山保护区生态系统适应性管理项目实施,包括了制订年度实施计划、方案实施、实施监测、结果评价与方案调整再实施的一系列循环过程。

经过2014年3月的第一次协调委员会年会全体成员的商议,对天目山保护区生态系统管理项目的实施总计划、实施原则、项目监测管理方式、管理结果评价与方案调整方式做了规定。

1. 项目总计划

(1) 天目山保护区生态系统近期管理项目总共分6年完成；

(2) 每年公布一次工作进展，平时如有相关事宜将在天目山生态系统管理网站上发布；

(3) 每年开一次协调委员会会议，总结前一年情况，根据情况相应调整管理策略，为下一年制订年度计划。

2. 项目实施原则

(1) 由协调委员会负责总体工作协调；

(2) 由天目山管理局负责管理和监督各项工作；

(3) 协调委员会负责及时将项目进展情况告知各利益相关者，及时通过网站或书面形式发布各项通知和工作任务，并将各项工作记录在案；

(4) 各单位和个人必须严格按照工作计划开展工作，如有变动，必须向委员会说明情况。

3. 监测方式

天目山保护区生态系统适应性管理的监测工作自项目实施开始便同步进行，主要由天目山协调共管委员会、天目山管理局和相关专家等负责监测工作。

监测分为定期核查和实时核查，监测方式包括实地考察、访谈、统计数据等。监测结果记录在案，部分内容在天目山生态系统管理网站上及时公布。

4. 管理结果评价与方案调整方式

规定在每年年初的天目山协调委员会会议上，针对上一年的管理实施的成果和问题进行总结，并调整管理方案，在新的一年继续执行。

(二) 2014 年项目实施情况

1. 2014 年度计划

第一、第二季度计划：

(1) 由天目山管理局向浙江省林业厅尽快提出人工管理保护区毛竹林的申请。

(2) 申请成功后，天目山管理局立刻邀请周边社区居民和相关专家召开一次会议,协商如何让周边居民配合管理局砍伐和管理保护区内毛竹林;划定第一年需要砍伐的面积和空间范围,签订社区共管毛竹林的协议,并尽快执行。

（3）为了保护天目山保护区的水资源,禁止村民在天目山保护区内取水;在5月份前,居民须自行完成清除原有取水管线工作;由管理局负责监督和定期检查,管委会如发现有没清除的管线,可以强制将其清除;一旦出现矛盾问题,立即向协调委员会寻求协调。

（4）在柳杉等敏感物种附近设置警示标识、加设护栏。

（5）由天目山管理局和相关专家合作,尽快构建天目山生态系统管理网站,为顺利开展管理和宣传工作、协商相关事宜提供平台。

（6）天目山管理局负责宣传教育生态保护知识,引导社区合理利用水资源,引导游客不要破坏区内生态环境。

（7）加强科研合作,由天目山管理局协助各相关合作科研机构和专家进行毛竹林入侵、柳杉恢复、毛竹砍伐后植被恢复等问题的研究。

（8）与武山村居民协商,要求其对保护区外围 100 m 范围内的毛竹进行砍伐,从而提供他们一些参与抬轿、卫生清洁、食品销售、安保等工作。

第三、第四季度计划:

（1）由周边武山村居民负责逐步砍伐第一年砍伐区内的毛竹,并进行场地清理和新生毛竹的清理。

（2）由武山村居民负责对保留的毛竹林进行抚育,将区内过密的毛竹纯林(约760 株/亩)减少至合理密度(210 株/亩),以后每年进行抚育更新采伐,控制毛竹林合理密度。

（3）对柳杉退化区域和毛竹林砍伐后的空地,减少人为干扰,尝试采取自然恢复的方式进行植被恢复。

（4）旅游高峰期控制开山老殿与禅源寺之间步行道的游客量。

2. 2014 年实施过程

第一、第二季度主要实施内容有:

（1）天目山管理局向省林业厅提交了砍伐毛竹林的申请,但是并没有预想的顺利,一直没有等到上级申请批复。

（2）由于砍伐毛竹林申请的批复没有下来，所以一、二季度一直没能开展下一步关于保护区内毛竹林砍伐的相关事宜。

（3）在天目山管理局的监督下，基本清除了保护区内原有的居民违规取水的现象。

（4）在柳杉等敏感物种附近设置警示标识。

（5）本研究团队在与天目山管理局的合作下，初步构建了天目山生态系统管理网站，为顺利开展天目山生态系统管理提供了便利。

（6）天目山管理局通过纸质材料和网站宣传，向社区居民和旅游者传递了生态保护知识、合理利用保护区资源等信息。

（7）天目山管理局协助高校和科研机构的相关专家逐步开展了毛竹林入侵、柳杉恢复、毛竹砍伐后植被恢复等问题的研究工作。

（8）武山村居民陆续对保护区外围 100 m 范围内的毛竹林进行处理；管理局和大华旅游公司商定，允许让武山村居民参与抬轿、卫生清洁、食品销售、安保等工作。

第三、第四季度主要实施内容有：

（1）2014 年 7 月，砍伐毛竹林的申请终于得到省林业厅的批复。

（2）暑期旅游高峰期，管理局和大华公司联合对开山老殿与禅源寺之间步行道的游客量进行管控。

（3）砍伐毛竹林的申请通过后，2014 年 9 月，天目山管理局邀请武山村和天目村居民与相关专家召开了一次会议，协商如何让周边居民配合管理局砍伐和管理保护区内毛竹林；确定了未来一年内进行管理局和周边社区共管毛竹林砍伐和抚育的试验，并签订了社区共管毛竹林的相关协议，划定第一年需要砍伐的面积为160 亩，第一年砍伐区位于天目山保护区靠近武山村边界的附近。毛竹林砍伐和抚育工作主要由保护区周边的武山村非农家乐居民负责，天目山管理局负责监督工作；第一年砍伐毛竹的一半资金归天目山管理局，其余归参与毛竹砍伐和抚育的居民。随后武山村居民开始逐步砍伐第一年砍伐区内的毛竹，并进行场地清理；并对抚育区竹林逐步开展抚育采伐工作。

（4）对毛竹林砍伐后的空地，尝试采取自然恢复的方式进行植被恢复。

（5）生态补偿金额增加了50%。

（6）随着夏天旅游旺季的到来，农家乐用水量大增，天目山保护区内又出现了居民到山上违规接水的情况，管理局管理人员制止后，居民和管理局产生一些冲突，居民不认为从山上取水影响生态保护，不肯停止从山上取水，他们表示除非政府帮他们提供自来水，否则他们没地方取水只能到山上取水；由于，天目山管理局缺乏强有力的规制手段，因而只得向居民妥协；协调委员会出面也难以调和。

（7）天目山管理局与相关科研院校开展了关于毛竹林入侵、柳杉退化与恢复问题的相关合作研究，如天目山毛竹林生长周期研究[1]、天目山毛竹林扩张对生物多样性的影响研究[2]、天目山柳杉林特征研究[3]等。

3. 方案实施监测

至2015年初，天目山保护区生态系统适应性管理各项内容的监测结果（见表6-7）。

表6-7　2014年天目山保护区生态系统适应性管理监测结果

监测分类	具体监测内容	监测结果	可能原因
管理目标监测	毛竹林面积变化情况	年底毛竹林面积减少小于预期	工作开展较晚
	周边毛竹林渗入控制情况	基本没有发现周边毛竹渗入情况	/
	管理局费用收支	约增加42万元收入	主要来自毛竹砍伐经营收入
	科研投入	尚未投入	尚未进入财政计划中
	周边社区砍伐保护区毛竹收入	增加约350万元收入	毛竹经营
	生态补偿	增加了50%	/
	冲突事件数	4起	主要因保护区内水资源利用问题
	砍伐区植被恢复情况	时间较短尚难检验恢复效果	/
	退化柳杉林恢复情况	效果不是很明显	
	有没有增加社区参加旅游业的机会	通过大华公司让武山村部分非农家乐村民参加抬轿、卫生清洁等工作	/
	有无天目山偷取水情况	有不少	农家乐用水量大

① 汤孟平,沈利芬,赵赛赛,等.基于谱分析的天目山毛竹林生长周期[J].林业科学,2014(09)：184-188.
② 林倩倩,王彬,马元丹,等.天目山国家级自然保护区毛竹林扩张对生物多样性的影响[J].东北林业大学学报,2014(09)：43-47.
③ 唐吕君,赵明水,李静,等.天目山不同海拔柳杉群落特征与空气负离子效应分析[J].中南林业科技大学学报,2014(02)：85-89.

监测分类	具体监测内容	监测结果	可能原因
过程的监测	会议召开	一次	/
	按计划完成情况	拖延较严重	毛竹林砍伐审批过慢
	信息及时公布	基本得到发布	/
	宣传教育工作	开展了一些教育、培训工作	/

4. 管理评价和方案调整

2015年2月,天目山协调委员会召开了第二次会议,但是会议人员缺席较多。会议主要针对2014年的生态系统管理情况进行了讨论,总结了过去一年的成果和问题,并调整了下一年的方案。

1) 成果总结

(1) 天目山管理局向省林业厅提交的砍伐毛竹林的申请成功获得了批复。

(2) 本研究团队在与天目山管理局的合作下,初步构建了天目山生态系统管理网站。

(3) 已经开始对毛竹林进行人工管理,并砍伐了一部分毛竹林,基本控制了毛竹的扩散。

(4) 通过对保护区毛竹林的共管,保护区周边社区居民和天目山管理局都获得了一定的收益。

(5) 生态补偿得到增加。

(6) 天目山管理局通过多种方式,向社区居民和旅游者传递了生态保护知识、合理利用保护区资源等信息。

(7) 天目山管理局与相关科研院校机构合作,开展了一些关于毛竹林入侵、柳杉死亡等问题的研究。

2) 问题总结

(1) 由于上级政府对于天目山砍伐毛竹林的申请批复较慢,2014年的许多工作往后推了较长时间。

(2) 虽然在2014年初,大家开会约定了周边居民不再从保护区内取水,但是到了夏季旅游旺季,居民仍然从保护区山上非法取水;管理局由于没有强有力的规制手段,只得妥协。

（3）居民净伐面积不准确,居民对于砍伐后场地处理不干净。

（4）保护区社会冲突问题仍在发生。

（5）虽然天目山管理局和一些研究机构合作,对柳杉退化、毛竹入侵等问题开展了一定的研究,但是由于天目山保护区并没有提供项目资金,因而,这些研究都只能靠研究者自发开展,研究力度有限,难以为天目山生态系统管理提供强有力的支持。

3）方案调整

基于对2014年天目山生态系统管理的分析总结,经过大家的讨论,决定对原来选定的管理方案进行适应性调整。

针对主要问题,主要调整三个方面:

（1）水资源利用管理方面,改变原方案Ⅰa只禁止居民利用保护区内水资源,但不提供其他水资源的做法,决定采用方案Ⅰb做法:由天目山镇、天目山保护区和周边社区共同筹资建自来水设施,满足周边社区居民用水问题,从而保护天目山保护区水资源。

（2）对社区经营保护区内毛竹林出现的一些不符合方案规定的做法,需要加强天目山管理局的规制力度,建议制定相关法规,保证管理局的监督效力。

（3）加强科学研究。建议管理局拿出毛竹砍伐中获得的一部分收益,设立科研基金,从而加强相关科研机构对于天目山保护区生态系统研究的积极性,加强天目山保护区的科研力度。

（三）2015—2018年项目实施概述

1. 2015—2018年适应性管理实施情况分析

2014年之后天目山保护区生态系统适应性管理基本按照2014年的模式,依据2014年初拟定的管理方案中的16个具体管控项目进行管理。每年年底召开一次协调委员会会议,总结前一年情况,制订下一年年度计划,根据管理方案实际执行过程中的反馈信息,可以对管理方案和措施做出相应的调整和完善,提高管理的有效性,从而逐渐逼近最初确定的天目山保护区生态系统适应性管理目标。2015—2018年天目山保护区生态系统适应性管理的执行情况如表6-8、表6-9所示。

表6-8 天目山保护区生态系统适应性管理方案2015—2018年实施情况概述(一)

主要方面	主要管控项目(目标)	初定管理方案	2015实施情况	2016实施情况
胁迫因子控制	对农家乐居民过度汲取保护区水资源的管控	Ⅰa不考虑增加水利设施,主要通过教育和强制手段严格禁止居民到保护区偷用水资源	改变原方案为Ⅰb计划,由天目山镇和天目山管理局共同筹建自来水设施,造价预计为300万,但本年度尚未实施	保护区启动了引水上山工程,适当缓解了用水状况
	对游客踩踏柳杉附近土壤问题的管控	Ⅱ对游客进行宣传教育、设置警示标识、加强防护措施	在柳杉等敏感物种附近增设警示标识、加设护栏	旅游高峰期对柳杉等敏感物种护栏附近进行行人监管
	对毛竹林面积不断扩大问题的控制	Ⅲb周边居民参与砍伐毛竹林,并负责毛竹抚育工作	由武山村居民继续负责逐步净伐毛竹林,并进行场地清理、新生毛竹的清理	由武山村居民继续负责逐步净伐毛竹林,并进行场地和新生毛竹的清理
	对非农家乐在天目山保护区外围开荒种竹的调控	Ⅳ进行宣传教育,协商方式禁止居民在保护区外围100 m区域内种毛竹	天目山管理局与天目山镇联合监管,要求武山村居民继续对保护区外围100 m范围内毛竹林进行处理	天目山管理局与天目山镇联合监管,周边武山村居民继续对保护区外围100 m范围内毛竹林进行处理
	对天目山保护区毛竹林缺乏人工管理的调控	Ⅴ由天目山管理局向上级部门申请人工管理天目山保护区内毛竹林的权利,以对毛竹进行人工管理,控制毛竹林范围	由武山村居民负责继续对保留区内毛竹林进行抚育,控制毛竹林合理密度,防止毛竹林扩散	由武山村居民负责继续对保留区内毛竹林进行抚育
	对非农家乐居民经济收入较低因素的调控	Ⅵ增加非农家乐居民收入渠道,提供周边居民参与到旅游业中的机会	让周边武山村村民参与砍伐毛竹林增加收入约325万元;允许村民进入景区内进行土特产销售。	让周边武山村村民参与砍伐毛竹林增加收入约170万元;允许村民进入景区内进行土特产销售
	对管理机构管理薄弱的调控	Ⅶ加强考核机制,从而督促管理者加强管理力度	协调委员会建议天目山管理局制定绩效考核制度,但尚未实施	天目山管理局通过年度总结/计划会,要求全员严格执法
生态修复	柳杉林恢复	Ⅷa采用自然恢复方式,不进行人工干预,让柳杉林自然恢复	邀请华东师范大学和浙江农林大学的相关植物专家对柳杉林恢复进行研究	根据相关研究,对柳杉退化进行治理,并在局部柳树退化严重区域栽植柳杉
	毛竹砍伐区植被恢复	Ⅸa采用自然恢复方式恢复毛竹林砍伐区植被	继续对毛竹林砍伐地采用自然恢复方式进行植被恢复	仍然采取自然恢复的方式进行植被恢复,为了景观效果在游步道附近一定范围内采用人工方式栽植柳杉

主要方面	主要管控项目（目标）	初定管理方案	2015 实施情况	2016 实施情况
人地关系协调	生态补偿低问题的协调	X 增加生态补偿金额，商定将天目山保护区社区生态增加一倍补偿	生态补偿金额在 2014 年基础上再提升 50%	生态补偿金额与 2015 年持平
	增加社区居民参与到保护区旅游服务业中的比重	XI 保护区给社区提供更多参与保护区旅游服务业的机会	增加武山村居民参与抬轿、卫生清洁、安保等工作的名额。	允许武山村有意愿的居民逐渐参与抬轿、卫生清洁、安保等工作。
	协调人类活动空间与保护区敏感区的冲突问题	XII a 不移除开山老殿和步行通道，而通过宣传教育、设置警示标识、加设防护栏、控制高峰期游客量的方式进行管控	对开山老殿与禅源寺之间步行道的游客量进行管控	改用方案 XII b 在保护区一级敏感区外围另建一条连通两座寺庙的新步行通道，缓解原道路压力，建设中尚能能使用
	加强居民和游客环保意识	XIII 通过一些宣传教育和培训手段，并完善解说系统，来宣传生态环保知识，提升居民和游客的生态保护意识	通过线上线下结合方式，对游客进行环保教育宣传	继续通过线上线下结合方式，对游客进行环保教育宣传
	协调社会冲突问题	XIV 通过加强管理和协商合作，帮助社区发展，增加对社区的经济补偿，从而减少社会冲突事件发生	尝试制定有助于社区共管有效执行的相关法规，但尚未制定出来	社区共管的相关法规仍未制定出来
	增加管理局经费来源	XV 向上级政府申请增加财政拨款、增加保护区收益、争取社会资金。	通过毛竹砍伐经营约增加 76 万元收入	通过毛竹砍伐经营约增加 120 万元收入；积极向上级申请保护区建设管理的专项资金
	增加科研投入、加强科学研究	XVI 建立柳杉退化、毛竹林入侵问题研究和监测项目基金	加强科研合作，计划由管理局从毛竹砍伐获得的收益中拿出 50 万元设立科研基金，但尚未成立	科研基金尚未成立；天目山管理局继续通过与高校开展联合研究项目，加强保护区科学研究

表 6-9　天目山保护区生态系统适应性管理方案 2014—2018 年执行情况（二）

主要方面	主要管控项目（目标）	2017 实施情况	2018 实施情况
胁迫因子控制	对农家乐居民过度汲取保护区水资源的管控	保护区启动引水上山二期工程，进一步缓解了区内外用水状况	针对保护区内仍有违规取水情况，天目山管理局和天目山镇和周边社区共同研究完成天目山水资源统筹管理方案
	对游客踩踏柳杉附近土壤问题的管控	维护破旧指示牌；在旅游高峰期继续对柳杉等敏感物种护栏附近进行行人监管	在旅游高峰期继续对柳杉等敏感物种护栏附近进行行人监管
	对毛竹林面积不断扩大问题的控制	武山村居民继续净伐毛竹林，到本年底入侵毛竹林砍伐任务基本完成，并进行场地和新生毛竹的清理	武山村居民继续进行场地和新生毛竹的清理

主要方面	主要管控项目（目标）	2017 实施情况	2018 实施情况
	对非农家乐在天目山保护区外开荒种竹的调控	天目山管理局与天目山镇联合监管，严禁保护区外围 100 m 范围内种植毛竹林；	天目山管理局与天目山镇联合监管，严禁保护区外围 100 m 范围内种植毛竹林；
	对天目山保护区毛竹林缺乏人工管理的调控	由武山村居民负责继续对保留区内毛竹林进行抚育	由武山村居民负责继续对保留区内毛竹林进行抚育
	对非农家乐居民经济收入较低因素的调控	继续让武山村村民参与砍伐毛竹林增加收入约 170 万元；允许村民进入景区内进行土特产销售	继续让武山村村民参与砍伐毛竹林增加收入约 170 万元；允许村民进入景区内进行土特产销售
	对管理机构管理薄弱的调控	对内要求严格区内执法；对外通过加大宣传力度和落实三包责任制，双管齐下，提高监督检查力度和村民、游客环保意识	对内尝试建立天目山管理局绩效考核制度，本年尚未实施；对外继续加大宣传力度和落实三包责任制
生态修复	柳杉林恢复	开展古树名木"一树一策"工程，对 200 多株古树实施全面救护	继续执行古树名木"一树一策"工程
	毛竹砍伐区植被恢复	继续采取自然恢复的方式进行植被恢复；并开展毛竹林采伐试点治理的监测项目，监管恢复效果	继续采取自然恢复的方式进行植被恢复；并继续执行治理监测项目，监管恢复效果
人地关系协调	生态补偿低问题的协调	生态补偿金额与 2015 年持平	生态补偿金额与 2015 年持平
	增加社区居民参与到保护区旅游服务业中的比重	允许武山村有意愿的居民逐渐参与抬轿、卫生清洁、安保等工作。	允许武山村有意愿的居民逐渐参与抬轿、卫生清洁、安保等工作。
	协调人类活动空间与保护区敏感区的冲突问题	保护区一级敏感区外围连通两座寺庙的新步行通道建成使用，缓解了原步道的人流压力	新步道分流和开山老殿与禅源寺之间步行道的游客量管控相结合
	加强居民和游客环保意识	继续通过线上线下结合方式，对游客进行环保教育宣传；对青少年开展自然教育	继续通过线上线下结合方式，对游客进行环保教育宣传；对青少年开展自然教育
	协调社会冲突问题	通过配合周边美丽乡村建设，换取村民对保护管理工作的支持	天目山管理局组织区内外各单位代表召开了保护区生产经营活动规范管理培训班，创造公众参与、共建共管的社会环境
	增加管理局经费来源	通过毛竹砍伐经营约增加 120 万元收入；并积极向上级申请保护区建设管理的专项资金	积极向上级申请保护区建设管理的专项资金
	增加科研投入、加强科学研究	改为与高校院所联合申报课题项目的方式，推动科研发展；联合申报项目经费逾千万元	继续与高校院所联合申报课题项目，推动科研发展

2. 2015—2018 年管理方案实施结果分析

对适应性管理实施过程的监测可以了解实施效果，发现管理过程中出现的问题，及时对方案进行调整和完善。天目山保护区生态系统适应性管理主要对管理目标实现状况和实施过程两方面进行监测(见表6-10、表6-11)。

表6-10　2015—2016年天目山保护区生态系统适应性管理监测结果

监测分类	具体监测内容	2015监测结果	2016监测结果
管理目标监测	毛竹林面积变化情况	毛竹林面积基本按照计划在缩小，至本年底共约砍伐320亩	本年度毛竹林面积约缩小320亩
	周边毛竹林渗入控制情况	基本控制住了周边毛竹向保护区渗入的情况	基本控制住了周边毛竹向保护区渗入的情况
	管理局费用收支	通过毛竹砍伐经营增加约76万元	通过毛竹砍伐经营增加约120万元
	科研投入	50万元科研基金尚未投入	改为与科研院所进行项目联合申报方式，共申报经费逾千万元
	周边社区砍伐/抚育保护区毛竹收入	增加收入约325万元	增加收入约340万元
	生态补偿	与2014年持平	与2014年持平
	冲突事件数	3起	3起
	砍伐区植被恢复情况	时间较短尚难检验恢复效果	自然恢复目前呈现灌草状
	退化柳杉林恢复情况	仍以自然恢复为主，效果不明显	基于与浙江农林大学关于柳杉退化的联合研究，基本控制了柳杉退化问题
	有没有增加社区参加旅游业的机会	增加了武山村居民参与抬轿、卫生清洁、安保等工作的名额	参与抬轿、卫生清洁、安保等工作的武山村居民人数略有增加
	有无天目山偷取水情况	有不少	明显较少
过程的监测	会议召开	一次	一次
	按计划完成情况	有不少内容未能执行	部分方案有所调整
	信息及时公布	基本得到发布	基本得到发布
	宣传教育工作	开展了一些教育、培训工作	在原来例行宣传教育工作的基础上，增加了自然教育工作

表6-11　2017—2018年天目山保护区生态系统适应性管理监测结果

监测分类	具体监测内容	2017监测结果	2018监测结果
管理目标监测	毛竹林面积变化情况	本年度毛竹林面积约缩小320亩，砍伐任务基本完成	与去年持平
	周边毛竹林渗入控制情况	基本控制住了周边毛竹向保护区渗入的情况	基本控制住了周边毛竹向保护区渗入的情况
	管理局费用收支	通过毛竹砍伐经营增加约120万元	/
	科研投入	继续与科研院所进行项目联合申报，经费逾千万元	继续与科研院所进行项目联合申报

监测分类	具体监测内容	2017 监测结果	2018 监测结果
	周边社区砍伐/抚育保护区毛竹收入	增加收入约 340 万	增加收入约 50 万
	生态补偿	与 2014 年持平	与 2014 年持平
	冲突事件数	0 起	1 起
	砍伐区植被恢复情况	自然恢复目前呈现灌草状	自然恢复目前呈现灌草状
	退化柳杉林恢复情况	通过"一树一策"工程,年底完成对 200 多株古树实施全面救护	通过"一树一策"工程,柳杉林恢复良好
	有没有增加社区参加旅游业的机会	武山村居民参与抬轿、卫生清洁、安保等工作的人数略有增加	武山村居民参与抬轿、卫生清洁、安保等工作的人数略有增加
	有无天目山偷取水情况	发现 7 起	发现 3 起
过程的监测	会议召开	一次	一次
	按计划完成情况	部分项目执行度不高	部分项目执行度不高
	信息及时公布	基本得到发布	基本得到发布
	宣传教育工作	在去年宣传教育工作基础上,增加了社区共管培训	延续去年的宣传、教育、培训工作

(四) 生态系统适应性管理项目实施的总结与评价

1. 适应性管理项目实施总结

从 2014 年至 2018 年,天目山保护区生态系统适应性管理主要围绕 2014 年制订的方案中 16 个具体项目展开的。虽然天目山保护区生态系统近期管理项目还没到期,但截至 2018 年底大部分管控项目已经基本接近预期目标,甚至部分管控项目已提前完成任务。下面对 16 个具体项目在这 5 年中的执行情况进行分析和总结。

管控项目 1：对农家乐居民过度汲取保护区水资源的管控。

天目山管理局与天目山镇和周边社区共同筹资建自来水设施(300 万),却一直难以落实；后依托保护区"引水上山"防护项目,得以顺利实施二期,较有效缓解用水压力,但水量还不够,偶尔仍出现偷水现象,需要统筹协调会进行监管。

管控项目 2：对游客踩踏柳杉附近土壤问题的管控。

针对保护区中柳杉踩踏问题,主要通过设置围栏,结合警示标识和旅游高峰期监管,使问题得以缓解;后期新增了另外一条上山道,从根本上缓解了原来上山道的人流压力,基本解决了柳杉踩踏的问题。

管控项目 3:对毛竹林面积不断扩大问题的控制。

在砍伐毛竹林的申请得到省林业厅的批复后,保护区主要通过人工管理方式,让保护区周边武山村非农家乐村民对毛竹林进行砍伐和清理工作,保护区内毛竹林逐年减少,2016 年起加快了砍伐力度,至 2017 年底提前完成了入侵毛竹林砍伐任务。

管控项目 4:对非农家乐在天目山保护区外围开荒种竹的调控。

天目山管理局与天目山镇联合监管,要求武山村居民继续对保护区外围 100 m 范围内毛竹林进行处理;由于保护区给予武山村民参与保护区中旅游业和参与毛竹砍伐项目的机会,增加了村民的收益,村民愿意配合外围毛竹林的处理,从而使保护区外围开荒种竹问题得到了较好的控制。

管控项目 5:对天目山保护区毛竹林缺乏人工管理的调控。

天目山管理局向省林业厅提交的砍伐毛竹林的申请成功获得了批复,经协商,由周边武山村村民负责砍伐入侵毛竹林以及对保留区内毛竹林进行抚育;通过砍伐和抚育毛竹林工作,可以每年增加武山村民 300 多万的收益,因而毛竹砍伐和抚育工作开展较为顺利。

管控项目 6:对非农家乐居民经济收入较低因素的调控。

主要通过增加非农家乐居民收入渠道,提供其参与到旅游业中的机会等方式,让周边武山村村民参与砍伐和抚育毛竹林,每年可增加收入 300 多万元,并允许村民进入景区内进行土特产销售,生态补偿费用也增加了 50%,从而较好缓解了非农家乐居民经济收入较低的问题。

管控项目 7:对管理机构管理薄弱的调控。

天目山管理局一直尝试建立管理局内部成员绩效考核制度,但一直难以实施;对外主要通过宣传工作和落实三包责任制,这对于提升保护区管理效益起到一定的作用。

管控项目 8:柳杉林恢复。

天目山管理局对保护区内柳杉林主要采用自然恢复方式,并通过与浙江农林大学关于柳杉退化和恢复的联合研究,基本控制了柳杉退化问题,2017 年起开展古树名木"一树一策"工程,柳杉林得到较好恢复。

管控项目 9:毛竹砍伐区植被恢复。

保护区对毛竹林砍伐后的空地主要采取自然恢复的方式进行植被恢复,为了追求景观效果,在游步道附近一定范围内采用人工方式栽植柳杉;为准确了解毛竹林砍伐后植被恢复情况,天目山管理局自 2017 年开始委托浙江农林大学开展毛竹林采伐试点治理的监测项目,监测恢复效果,目前自然恢复呈现灌草状。

管控项目 10:生态补偿低问题的协调。

天目山管理局于 2014 年和 2015 年分别提升生态补偿金 50％,比 2013 年增加了一倍多,之后每年都维持在 2015 年的水平,保护区居民基本表示满意。

管控项目 11:增加社区居民参与到保护区旅游服务业中的比重。

2014 年天目山管理局和大华旅游公司商定,允许让武山村居民参与抬轿、卫生清洁、安保等工作,以后逐年增加参与的名额,基本得到周边社区居民的认可。

管控项目 12:协调人类活动与保护区敏感区的冲突问题。

2014 年开始,保护区通过设置警示标识,在敏感树木根部加设防护栏,以及在旅游高峰期控制游客量等方式,对保护区一级敏感区(主要为开山老殿与禅源寺之间的步行道)内的人类活动进行管控;2016 年在保护区一级敏感区外围另建了一条连通两座寺庙的新步行通道,根本性缓解了敏感区内人类活动的压力。

管控项目 13:加强居民和游客环保意识。

保护区主要通过建立天目山生态系统管理网站,采用线上线下相结合方式向社区居民和旅游者传递生态环保知识。

管控项目 14:协调社会冲突问题。

天目山管理局最初通过让周边村民共管毛竹林、加入旅游业等方式适当增加其收入,适当缓解社会矛盾;并尝试制定有助于社区共管的相关法规,但一直难以实施;2017 年通过配合周边美丽乡村建设,换取村民对保护管理工作的支持,并组织区内外各单位代表开办保护区生产经营活动规范管理培训班,积极创造共建共管的社会环境,保护区内社会冲突逐渐较少。

管控项目 15：增加管理局经费来源。

天目山管理局通过毛竹砍伐经营增加了一定的财政收入,并积极向上级申请保护区建设管理的专项资金,但经费增加有限。

管控项目 16：增加科研投入、加强科学研究

由于天目山管理局内部意见不统一,2014 年确定的 50 万元科研基金一直难以设立,管理局和相关研究机构的科研合作难以深入;2017 年起,天目山管理局改为与高校院所联合申报课题项目的方式推动科研发展,当年联合申报项目经费逾千万元,有力增加了科研资金投入,促进了天目山保护区科研的发展。

总的来说,大部分管控项目都得到较好的执行,也基本符合管理预期目标。在项目执行中,有 7 个管控项目中途调整了管理策略,其他管控项目基本按原方案有序推进;从管控成效看,大部分管控项目的实施效果与管理预期目标基本保持一致,仅有 3～4 个项目与预期有一定差距[①],还需要在后期进一步寻找更好的应对策略和方法。

2. 项目实施效果的评价

根据对天目山保护区生态系统适应性管理 5 年来实施状况的监测(见表 6-7、表 6-10、表 6-11),对适应性管理的效果进行分析和总结。

从管理目标看,生态方面,入侵毛竹林的面积削减目标提前完成,保护区周边毛竹向区内渗透问题也基本得到控制,退化柳杉林得到良好恢复,但由于恢复方法不尽合理和财力投入不足,导致毛竹林砍伐后植被恢复效果一般;人地协调方面,伴随着毛竹林砍伐的社区参与、生态补偿的增加,周边社区村民和天目山管理局都一定程度地增加了经济收益;周边村民也更多地参与到旅游业中来,增加了就业和收入;社会冲突有所减少,保护区偷水问题基本得到控制;科研资金投入虽然一直存在困难,但是保护区也找到了和科研院所联合申报项目的方式,基本保证了保护区科研工作的顺利开展。

---

① 管控项目 1,对农家乐居民过度汲取保护区水资源的管控,管理策略几经调整,目前虽有较大改观,但是问题仍没有根除;管控项目 7,对管理机构管理薄弱的调控,一直没有找到有效的办法,管理效率的提升不明显;管控项目 9,毛竹砍伐区植被恢复,由于研究和财力不足,主要采用自然恢复方式,效果不佳;管控项目 15,增加管理局经费来源问题,虽然这几年经费有所提升,但是增加额度较有限。

从管理过程看,整个适应性管理过程基本按照计划在推进,但是相对于前几年各利益相关方较为积极配合,后面几年参与热情减弱。最初方案在后期执行中发现不少问题,有近一半的项目①在执行中改变了原定的策略,有的项目甚至经多次调整,才最终达到了不错的效果,这也切实反映了适应性管理的重要性和必要性。

天目山保护区生态系统近期管理计划虽然还没结束,但从目前的执行情况看,约80%的管理项目都基本达到预期,仅有3～4个管控项目离管理目标有一定差距,天目山保护区生态系统适应性管理总的来说成效良好。

(五) 案例小结

通过此案例,可证实生态系统管理在我国国家公园中具有可行性;但同时也发现我国当前保护地管理制度等方面存在不少问题,尤其关于公众参与制度的缺失对施行国家公园生态系统管理有较多阻碍,必须予以改进。

本案例执行生态系统适应性管理方式,考虑天目山保护区生态系统的胁迫因素和各利益相关者的诉求、跨边界的管理以及公众参与的重要性,相较以往,在增加社区经济收入、增加管理局收益、保护生态环境、管理系统性等方面都有改进,这体现了生态系统管理方式的优越性。

从天目山保护区生态系统管理的案例可以发现,生态系统管理比以往的管理方式更复杂,是一个系统工程,需要多学科的交叉合作研究,需要政府、专家、公众等多方面共同参与。生态系统管理采用适应性管理方式,过程中需要对管理效果进行全程监测,根据反馈回来的信息及时调整管理措施,不断尝试直到找到合适的解决办法。生态系统适应性管理推进过程中,平衡各方利益很关键,真正实现"互惠互利、利益交换"时,往往容易促成项目的顺利开展;当利益冲突较强烈时,事情不容易协调,保护地内使用的法规政策往往层级较低,难以对社区村民或游客破坏生态环境的行为进行有效约束。这一方面突显了我国保护地管理强制性规制力需要加强,另外一方面也体现了在适应性管理执行中平衡各利益相关者的利益的重要性。

---

① 最初制订的16个项目中有7个在中途改变了执行策略。

第七章

结 论 与 展 望

第一节　主要研究内容和结论

一、国家公园生态系统的内涵和特征

国家公园生态系统是指国家公园地域范围内的所有生物和非生物环境之间相互作用所形成的统一整体。它是一个复杂的大系统,不仅包括了一般生物要素及非生物的环境要素,还包括了人类要素。因此,国家公园是自然生态环境与人类经济社会系统相互作用、相互依存,共同构成的具有特定结构、能完成特定功能的复合生态系统。

作为复合生态系统国家公园既有自然生态系统的特性,又有经济社会系统的特性,因而比自然生态系统更为复杂。国家公园复合生态系统主要包括自然系统和人类系统两大组成部分。自然系统和人类系统是紧密关联的,任何一个系统出现问题,都会与另一个系统产生联系,从而影响整个国家公园生态系统的状态。

国家公园自然系统具有自我调节能力,只要国家公园中自然和人为干扰不超

过自然系统的自我调节能力,自然系统就可以维持稳定可持续状态。国家公园人类系统可分为5个子系统:社区系统、旅游系统、宗教系统、经营系统和管理系统,本书通过建构国家公园人类系统的基本结构模型,阐释了国家公园人类系统的结构和作用机理。在国家公园生态系统中,自然系统和人类系统之间主要存在如下的基本关系:自然系统对人类系统的包含关系、二者的空间叠加关系、自然系统和人类系统的矛盾关系。其中,自然系统和人类系统的矛盾关系是国家公园生态系统的主要矛盾。

国家公园生态系统具有整体性、层次性、边界的不确定性、动态变化性、人类占系统主导地位等特征。

二、国家公园生态系统管理方法体系的建构

基于国家公园生态系统的特征和管理目标,本书提出了国家公园生态系统管理的基本思路:识别国家公园生态系统的状态→弄清国家公园生态系统变化(出现问题)的原因→对国家公园生态系统进行管理调控。

由此,国家公园生态系统管理需要解决3个主要问题:如何分析国家公园生态系统的状态?如何分析国家公园生态系统出现问题的原因?如何对国家公园生态系统进行管理调控?

本书建构了国家公园生态系统管理方法体系框架。主要包括3个步骤的内容:国家公园生态系统可持续评价、国家公园生态系统胁迫机制分析、国家公园生态系统调控管理。

国家公园生态系统可持续评价主要包括生态系统可持续评价和生态系统问题的识别。

国家公园生态系统胁迫机制分析主要是分析系统出现生态问题的原因,找到主要胁迫因素。

国家公园生态系统调控管理主要采用适应性管理方式,包括近期适应性管理和长期适应性管理,近期适应性管理就是针对已经找到的系统问题和近期管理目标而进行的适应性管理(一般3~10年),长期适应性管理就是针对国家公园可持

续发展的总目标而进行的适应性管理(一般 10 年以上),对国家公园生态系统进行定期可持续评价,寻找新问题,分析新的胁迫因素,从而调整管理方针。

三、国家公园生态系统可持续评价方法

国家公园生态系统可持续评价主要采用多指标综合评价方法。本书根据国家公园复合生态系统的特征,借鉴 IUCN 的"福祉蛋"思想,建构了国家公园可持续评价的指标体系框架和评价方法。国家公园生态系统可持续评价指标体系主要分自然系统状况和人类系统状况两方面,自然系统状况又分为系统结构、物化环境、物种状况和资源状况 4 个维度;人类系统状况分为社会状况、经济状况、文化状况和管理状况 4 个维度。国家公园可持续评价方法主要采用多因子加权综合评价法。

本书还给出了根据可持续评价结果对国家公园生态系统问题进行识别的方法。对国家公园生态问题的识别主要分两个步骤:一是根据可持续评价结果识别所有的国家公园生态系统问题,二是再根据管理目标、自然人文资源和国家公园特色选择主要的生态系统问题,作为近期主要的管理对象。

本书运用国家公园可持续评价方法对天目山自然保护区进行了实证研究,评价结果显示:天目山保护区生态系统综合可持续状态、自然子系统和人类子系统的可持续状态都为良,反映了天目山自然保护区整体可持续状况良好。8 个维度中,生态系统维度和物化环境维度评价等级为"优",自然资源、社会状况、文化状况和管理状况等维度评价等级为"良",说明这 6 个维度可持续状况良好,但是,物种状况维度和经济状况维度评价等级为"中",这两项处于不可持续状态。

在评价基础上,本书根据国家公园生态问题的识别方法总结出了天目山自然保护区生态系统中存在的 3 个主要问题:柳杉退化、毛竹入侵和社区居民对经济收入不满。

四、国家公园生态系统胁迫机制分析方法

国家公园生态系统胁迫机制分析方法主要分两个部分,第一部分是对国家公

园生态系统的特征分析,包括国家公园自然系统特征分析和国家公园人类系统特征分析;第二部分是国家公园生态系统的胁迫机制分析,包括胁迫因子分析和空间胁迫因素分析,以及多个胁迫因素构成的胁迫链和胁迫网分析。胁迫要素分析主要从国家公园自然系统和人类系统两方面展开;空间胁迫因素分析主要通过生态系统敏感性分区和人类活动空间的叠加分析来实现。根据分析出的各个胁迫因子间的相互作用关系,构建出胁迫链和胁迫网。

本书依据胁迫机制分析方法对天目山自然保护区生态系统中的 3 个主要生态问题进行胁迫机制分析研究,解析 3 个问题的胁迫机制,并识别出关键胁迫因子,包括:农家乐居民过度汲取保护区水资源、游客踩踏柳杉附近土壤、毛竹入侵严重、非农家乐居民在保护区外围开荒种竹、天目山保护区毛竹林缺乏人工管理、非农家乐居民经济收入相对较低、管理者管理薄弱等。

五、国家公园生态系统调控管理方法

国家公园生态系统调控管理的内容主要包括胁迫因素控制、生态系统修复和人地关系协调三部分;国家公园生态系统管理方式主要采用适应性管理方法,通过问题和目标界定、方案制订、方案执行、实施监测、管理评价、管理改进六个环节构成管理循环,通过管理和反馈的循环过程逐渐实现管理目标。

运用该调控管理方法,本书对天目山自然保护区进行了生态系统调控管理实证研究,基本证实生态系统管理在中国国家公园中具有可行性;并且通过比较分析,证实在国家公园中施行生态系统管理模式比以往的传统自然资源管理方式具有优越性。

同时也发现了一些问题和经验:我国保护地体系在当前的管理体制和组织架构等方面不太适应生态系统管理方式,需要进行调整;生态系统管理比以往的管理方式更复杂,是一个系统工程。因而,在国家公园中施行生态系统管理需要多学科的交叉研究,需要政府、专家、公众等多方面参与;生态系统管理是一种适应性管理方式,在国家公园生态系统管理过程中对管理行为过程和管理效果进行监测很重要,需要根据反馈回来的信息及时调整管理措施,使管理不断完善;生态系统管理过程中,当各方利益得到平衡,各自都有所获时,事情推进较为顺利;当利益冲突较强烈时,事情不容易协调,适用于自然保护地的法规往往难以对环境破坏行为进行有效约束。

六、国家公园生态系统管理方法的特征

1. 基于生态系统特征的系统性管理方法

生态系统管理是资源管理的新阶段,是一种遵从生态系统特征的管理方法,通俗地讲就是"基于生态系统特征进行系统性管理的方法"。

以往人们对自然人文资源的管理往往是孤立的管理,容易顾此失彼,国家公园生态系统管理则是针对国家公园生态系统特征进行的系统性管理。国家公园生态系统管理关注对整个生态系统的维护管理,认为只有维护好整个国家公园生态系统,里面的资源才能保护好;不但如此,国家公园生态系统管理还注重管理的系统性,既关注自然系统的保护,还考虑人类社会经济的发展、各利益相关者的利益平衡、管理部门的协调合作,以及考虑对管理过程的监控和对管理结果的反馈,从而实现适应性管理。通过对整个国家公园生态系统综合、系统的管理,协调人与自然的关系,协调保护与利用的关系,最终保护好自然人文资源,实现国家公园的可持续发展。

2. 人类活动是管理重点

国家公园生态系统管理是期望通过对整个国家公园生态系统的管理来保护好国家公园自然和人文资源,使之能为人类可持续利用,其管理的主要对象是人类活动。因为在国家公园生态系统中,人类是主要的干扰因素,正是由于人类的旅游活动、建设活动、生产活动等造成了国家公园生态环境问题。如果没有人类的干扰,则自然生态系统往往被认为是可持续的[①],所以,国家公园生态系统管理主要是对人类的管理,协调人类与自然的关系,达到整个系统可持续的目标。当然,对已经被人类破坏的自然人文资源和环境,需要对其进行修复,对自然人文资源和环境的

---

① 黄宝荣,欧阳志云,郑华,等.生态系统完整性内涵及评价方法研究综述[J].应用生态学报,2006,17(11):2196 - 2202.

维护管理也是管理的重要内容。

3. 被动管理转向主动管理

以往对于保护地的资源管理,往往是等问题出现了,然后才去管理,就像人生病了才去医院看病一样,是被动的管理方式。但是国家公园生态系统管理方法,则是主动对生态系统进行分析和检查,去寻找系统内存在的不合理之处,从而尽早地进行预防和管理,尽早解决问题,就如同现代医学重视定期进行对人类的全身检查,尽早发现存在的问题,以实现预防和早期治疗的目的,是主动的管理方式。

第二节 研 究 展 望

生态系统适应性管理是一项长期的工作,本书对天目山自然保护区案例的追踪时间还较短,对于国家公园生态系统管理的实证还需要更长时间,才能有更好的管理效果。

本书主要是从管理的技术方法层面分析了国家公园当前的管理问题,提出改善管理的新思路和新方法,但对于管理体制和管理制度等方面没有过多涉及。未来将考虑加强对我国国家公园管理体制改善的研究,为生态系统管理实施营造更好的管理环境。

国家公园的人类系统是十分复杂的,本书虽然建构了国家公园人类系统基本结构模型,但主要还只是概念模型,该模型只是起到了作为分析框架的作用,没有模拟系统运行的功能。未来还需要加强对模型中量化关系的研究,以逐渐完善模型。

由于不同国家公园的生态系统特征差异较大,本书只给出了国家公园可持续评价指标体系的建构框架,但是没有建构出具有普遍适用性的完整的评价指标体系,对于具体的案例还需要研究者根据指标框架再建构具体的评价指标体系。未来,有必要对国家公园进行分类研究,对每一类国家公园提出一个较有普遍性的评价指标体系,方便实践者直接运用。

参 考 文 献

［1］［英］E. 马尔特比. 生态系统管理：科学与社会问题［M］. 康乐，韩兴国，等，译. 北京：科学出版社，2003.

［2］常杰，葛滢. 生态学［M］. 北京：高等教育出版社，2010.

［3］曹凑贵. 生态学概论［M］. 北京：高等教育出版社，2006.

［4］蔡晓明，蔡博峰. 生态系统的理论和实践［M］. 北京：化学工业出版社，2012.

［5］［美］K. A. 沃格特，J. C. 戈尔登，J. P. 瓦尔格，等. 生态系统：平衡与管理的科学［M］. 欧阳华，王政权，王群力，等，译. 北京：科学出版社，2002.

［6］刘永，郭怀成. 湖泊—流域生态系统管理研究［M］. 北京：科学出版社，2008.

［7］孙濡泳. 生态学进展［M］. 北京：高等教育出版社，2008.

［8］周鸿. 人类生态学［M］. 北京：高等教育出版社，2001.

［9］杨湘桃. 风景地貌学［M］. 长沙：中南大学出版社，2005.

［10］盛连喜. 环境生态学导论(第二版)［M］. 北京：高等教育出版社，2009.

［11］邬建国. 景观生态学——格局、过程、尺度与等级(第二版)［M］. 北京：高等教育出版社，2007.

［12］潘玉君，武友德，邹平，等. 可持续发展原理［M］. 北京：中国社会科学出版社，2005.

［13］任启平. 人地关系地域系统要素与结构研究［M］. 北京：中国财政经济出版社，2007.

［14］周三多，陈传明. 管理学原理［M］. 南京：南京大学出版社，2005.

［15］张坤明，温宗国，杜斌，等. 生态城市评估与指标体系［M］. 北京：化学工业出版社，2003.

［16］重修西天目山志编纂委员会. 西天目山志［M］. 北京：方志出版社，2009.

［17］临安区地方志编纂委员会.临安年鉴（2014）［M］.北京：方志出版社,2014.

［18］林鹏.植物群落学［M］.上海：上海科学技术出版社,1986.

［19］魏志刚.恢复生态学原理与应用［M］.哈尔滨：哈尔滨工业大学出版社,2012.

［20］任海,彭少麟.恢复生态学导论［M］.北京：科学出版社,2001.

［21］赵晓英,陈怀顺,孙成权.恢复生态学——生态恢复的原理与方法［M］.北京：中国环境科学出版社,2001.

［22］顾卫兵.环境生态学［M］.北京：中国环境科学出版社,2007.

［23］董世魁,刘世梁,邵新庆.恢复生态学［M］.北京：高等教育出版社,2009.

［24］［美］E.P.奥德姆.生态学基础［M］.孙儒泳,钱国桢,林浩然,等,译.北京：人民教育出版社,1981.

［25］［美］福斯特·恩杜比斯.生态规划历史比较与分析［M］.陈蔚镇,王云才,译.北京：中国建筑工业出版社,2013.

［26］Halvorson W L, Davis G E. Science and ecosystem management in the natioanal parks ［M］. Tucson：The University of Arizona Press, 1996.

［27］Agee J, Johnson D. Ecosystem management for parks and wilderness ［M］. Seattle：University of Washington Press, 1988.

［28］William L H, Gary E D. Science and ecosystem management in the national parks ［M］. Tucson：The University of Arizona Press, 1996.

［29］Vogt K A. Ecosystems：balancing science with management ［M］. New York：Springer, 1996.

［30］Freeman R E. Strategic management：a stakeholder approach ［M］. Boston：Pitman Publishing Inc, 1984.

［31］Holling C. Adaptive environmental assessment and management ［M］. New York：John Wiley and Sons, 1978.

［32］Lee N K. Compass and gyroscope：integrating science and politics for the environment ［M］. Washington D C：Island Press, 1993.

［33］National Research Council. Adaptive management for water resources project planning ［M］. Washington D C：National Academies Press, 2004.

［34］Mendelow A. Proceedings of second international conference on information systems ［M］. Cambridge：MA, 1991.

索　引